Franco Foresta Martin
Geppi Calcara

Per una storia della geofisica italiana

La nascita dell'Istituto Nazionale di Geofisica (1936) e la figura di Antonino Lo Surdo

 Springer

FRANCO FORESTA MARTIN
Giornalista e divulgatore scientifico
GEPPI CALCARA
Istituto Nazionale di Geofisica e Vulcanologia;
distaccata all'Archivio Centrale di Stato

Collana *i blu - pagine di scienza* ideata e curata da Marina Forlizzi

ISBN 978-88-470-1577-7   e-ISBN 978-88-470-1578-4
DOI 10.1007/978-88-470-1578-4
© Springer-Verlag Italia 2010

Redazione: Pierpaolo Riva
Progetto grafico, impaginazione e copertina: Valentina Greco, Milano
Progetto grafico originale della copertina: Simona Colombo, Milano
In copertina: "Allegoria della fisica terrestre", tratta da De Marchi L. (1905) La
Fisica Terrestre, in *Il secolo XIX nella vita e nella cultura dei popoli*, Vallardi, Milano
Stampa: Grafiche Porpora, Segrate, Milano

Stampato in Italia
Springer-Verlag Italia S.r.l., via Decembrio 28, I-20137 Milano
Springer-Verlag fa parte di Springer Science+Business Media (www.springer.com)

Premessa

*Un libro che abbia per oggetto
la cognizione del mondo fisico
non caverà una lagrima, non farà perdere
un minuto di sonno.*

Antonio Stoppani, geologo e naturalista, 1876

In Italia, nel corso degli anni Trenta, l'esigenza di riorganizzare gli studi e i servizi relativi alla geofisica, o fisica terrestre, nelle sue più svariate e sparse articolazioni (meteorologia, sismologia, vulcanologia, magnetismo ecc.) alimentò un vivace dibattito tra ricercatori e politici la cui lettura risulta oggi utile per ricostruire un periodo di grandi trasformazioni della ricerca scientifica nazionale.

Teatro del lungo confronto, che portò nel novembre 1936 alla costituzione dell'Istituto Nazionale di Geofisica (ING)[1], fu il Consiglio Nazionale delle Ricerche (CNR) da poco riformato, al quale il capo del governo e del regime fascista Benito Mussolini aveva affidato il compito di rilanciare la ricerca scientifica italiana, rendendola funzionale agli obiettivi di sviluppo del fascismo[2]. Protagonisti furono: Guglielmo Marconi, premio Nobel per la Fisica nel 1909 per l'invenzione della "telegrafia senza fili", fervente ammiratore del fascismo, dal 1927 presidente del CNR per diretta volontà del duce; Antonino Lo Surdo, un rinomato fisico sperimentale che coltivava anche gli studi di geofisica, tanto da essere prescelto come fondatore e primo direttore dell'ING; e altri responsabili di istituti di ricerca, accademici di varie università, ricercatori e ministri del Regno.

Il ritrovamento di documenti inediti del Fondo CNR (custodito presso l'Archivio Centrale dello Stato) e dell'Archivio Storico

[1] Divenuto con D. lgs. 29.9.1999, n. 381 Istituto Nazionale di Geofisica e Vulcanologia (INGV).
[2] Simili R., Paoloni G. (2001) Guglielmo Marconi Presidente del CNR, *Ricerca e Futuro*, Rivista trimestrale del CNR, n. 21, ottobre 2001, pp. 62-71.

Guglielmo Marconi (a destra), in veste di presidente della Reale Accademia d'Italia, accanto a Benito Mussolini. Il duce affidò all'inventore della "telegrafia senza fili" il compito di rilanciare la ricerca scientifica italiana nominandolo, fra l'altro, presidente del Consiglio Nazionale delle Ricerche nel 1927. In questa veste Marconi recepì subito le istanze di rinnovamento della geofisica che venivano sia dallo stesso CNR sia dagli atenei (Archivio Centrale dello Stato, PNF, Ufficio Propaganda Attività del Duce)

dell'ING (presso l'Istituto Nazionale di Geofisica e Vulcanologia)[3], e l'analisi di numerose pubblicazioni scientifiche dell'epoca, ci hanno permesso di ricostruire i passaggi più significativi di questo capitolo della storia della ricerca italiana che si sviluppa nello stesso contesto della scuola di fisica romana degli anni Trenta, coinvolgendo molti dei collaboratori e allievi di Enrico Fermi.

Attorno alla fondazione dell'ING convergono, spesso in modo caotico e conflittuale, varie istanze: le esigenze di ammodernamento e migliore coordinamento delle attività di ricerca maturate fra gli stessi studiosi di geofisica; la resistenza al cambiamento di chi occupava posizioni di prestigio in istituzioni storiche ancor-

---

[3] Sui contenuti dell'Archivio Storico dell'ING, riordinato da uno degli autori del presente volume, si veda Calcara G. (2009) The Istituto Nazionale di Geofisica and his historial archives, *Annals of Geophysics*, LII, n. 5.

ché inefficienti; la preoccupazione dei ministri finanziari di dover fronteggiare aumenti di spesa in un periodo di crisi economica interna e internazionale; non ultimo, il fermo proposito del regime di collocare individui di sicura fede politica nei posti chiave delle imprese tecnico-scientifiche.

Fanno da sfondo, prima gli anni dell'esaltato consenso al fascismo, poi quelli tragici della guerra mondiale e della defascistizzazione, nel corso dei quali le virtù scientifiche e le debolezze umane di alcuni dei protagonisti si evidenziano con stridente contrasto.

Le istanze e le tensioni che accompagnarono l'impresa tuttavia si ricomposero, portando all'attuazione di un progetto di ING fortemente innovativo, capace di rilanciare il panorama ristagnante della ricerca geofisica italiana e delle sue numerose applicazioni.

Per la somma di tutti questi motivi, ci sembra che la storia della lunga gestazione, della nascita e dei primi passi mossi dall'ING, fino alla conclusione della direzione Lo Surdo nel 1949, superi i ristretti interessi della geofisica e offra uno spaccato, ancora attuale, delle virtù e dei vizi che caratterizzano il nostro sistema della ricerca e del difficile rapporto tra scienza e potere politico.

Abbiamo ritenuto, infine, che l'incontro con una personalità come quella del professor Antonino Lo Surdo, finora ricordato più per la sua rivalità nei confronti di Fermi e di alcuni componenti del suo gruppo che per i suoi meriti di scienziato e di organizzatore della ricerca, non dovesse esaurirsi nella ricostruzione del suo ruolo di fondatore dell'ING, ma fosse l'occasione per riportare alla luce il suo più vasto e articolato contributo alla ricerca – su cui è stato operato una sorta di processo di rimozione – e i suoi controversi aspetti umani.

Indice

Per una storia della geofisica italiana

Capitolo 1
Meteorologia e geofisica

La fisica terrestre si può dire
una scienza non nata,
ma rinata, col XIX secolo.
Luigi De Marchi, geofisico, inizi Novecento

1.1. I tanti volti della fisica terrestre

Da un'analisi cronologica dei documenti, colpisce il fatto che la
questione del rilancio della geofisica italiana non fu posta, all'inizio, nei suoi termini più generali, ma risultò piuttosto come la conseguenza di una proposta di riorganizzazione dei servizi meteorologici avanzata dagli organi di governo del CNR nel gennaio del
1931. Per prima emerse l'esigenza di meglio coordinare una parte
della geofisica, cioè quelli che allora erano chiamati i servizi dei
presagi meteorologici[1], gestiti separatamente da alcuni dicasteri
(Aeronautica, Agricoltura, Marina, Lavori Pubblici, Colonie); solo
dopo si pensò bene di mettere mano a tutto il sistema della ricerca e dei servizi geofisici nel suo complesso.

A questo punto è necessario chiarire che in tempi recenti,
un'interpretazione decisamente riduttiva della geofisica tende a
limitare i suoi campi di studio alla fisica della cosiddetta Terra solida, se non addirittura alla sola sismologia (terremoti e fenomeni
accessori): equivoco questo in cui spesso incorrono non soltanto
gli organi d'informazione, ma addirittura responsabili di governo
e legislatori.

Storicamente, invece, la geofisica è nata e si è sviluppata come
scienza che si occupa di tutto quel complesso di fenomeni fisici
che riguardano, oltre alla Terra solida (dinamica dell'interno del
globo e della crosta, attività sismica e vulcanica, geomagnetismo,

---

[1] Termine che, avendo fra le sue accezioni prevalenti la divinazione e il pre-
sentimento, è stato poi sostituito con quello più scientifico di "previsioni".

gravimetria), anche l'idrosfera (oceanografia e idrologia), l'atmosfera (meteorologia, climatologia, elettricità atmosferica, fisica della ionosfera) e alcune attività di sfruttamento delle risorse terrestri (prospezioni minerarie, energie rinnovabili, grandi opere civili). Come sottolineava il fisico terrestre Giovanni Battista Rizzo in una conferenza davanti alla Società Italiana per il Progresso delle Scienze nel 1930:

La Geofisica è la Fisica sperimentale, trasportata dal laboratorio in aperta campagna, negli osservatori meteorologici e geodinamici, sulle spiagge del mare o sulle navi che solcano gli oceani, sulle vette appena accessibili e nei palloni sonda, per indagare le leggi e le cause dei fenomeni fisici che si svolgono nelle viscere della terra, sulla sua superficie e nella sua atmosfera.[2]

Non deve destare meraviglia, dunque, se ai tempi di cui stiamo parlando, gli studi di sismologia e vulcanologia, con le relative strumentazioni e stazioni di osservazione, coabitavano con la meteorologia: ne condividevano spazi, dirigenti e personale di ricerca, e tuttavia risultavano sacrificati rispetto a essa.

L'indiscutibile utilità di efficienti servizi meteorologici a vantaggio dell'aviazione civile e militare, della navigazione marittima, dell'agricoltura e delle telecomunicazioni, era prevalsa sulla necessità di sviluppare servizi di sorveglianza sismica e vulcanica adeguati all'intrinseca vulnerabilità del territorio nazionale.

1.2. Emergenze a ripetizione fra Otto e Novecento

Eppure, dopo l'unità d'Italia, segnatamente tra la fine dell'Ottocento e i primi due decenni del Novecento, si erano verificate gravi catastrofi geofisiche che avevano messo in evidenza la necessità di più fitte reti di sorveglianza strumentale e di un maggiore impegno di studi finalizzati alla difesa delle popolazioni esposte.

[2] Rizzo G.B. (1930) I nuovi orizzonti della Geofisica, in *Atti della Società Italiana per il Progresso delle Scienze*, Tipografia Nazionale, Roma, vol. XI, pp. 5-24.

L'Osservatorio Ximeniano di Firenze: tipico esempio di uno storico istituto di ricerche, situato in pieno centro cittadino, in cui hanno coabitato, fin dalla sua istituzione nella seconda metà del Settecento, studi e rilevamenti meteorologici, sismologici e di carattere geofisico più generale (Foto Sailko da Wikipedia*)*

Basterà ricordare i terremoti di Casamicciola a Ischia del 1883 (2.300 morti); di Diano Marina in Liguria del 1887 (700 morti); di Messina e delle Calabrie del 1908, col seguito di un altrettanto devastante maremoto (86.000 morti); di Avezzano del 1915 (33.000 morti); del Vulture del 1930 (1.404 morti). E, sul fronte dell'attività vulcanica, l'eruzione effusivo-esplosiva del Vesuvio del 1906 (227 morti); quella dell'isola di Vulcano del 1888-90; le periodiche eruzioni effusive dell'Etna, in genere tranquille, ma non meno dannose per i paesi etnei investiti dalle colate laviche.

Messina, 1908. Una chiesa ridotta a un cumulo di macerie dopo il terremoto-maremoto del 28 dicembre che provocò circa 86.000 morti (Foto d'epoca del barone Wilhelm von Gloeden)

La frequenza di queste emergenze aveva indotto i governi a costituire nuovi organismi di studio e reti di controllo strumentale, e a emanare norme per far fronte alle catastrofi e per tentare di prevenirle.

Nel 1887, sotto l'ondata emotiva suscitata dai terremoti di Casamicciola e di Diano Marina, l'Ufficio Centrale di Meteorologia del Ministero dell'Agricoltura, Industria e Commercio, fondato nel 1876 per coordinare sotto un unico soggetto la rete piuttosto malandata

Casamicciola, Ischia, 28 luglio 1883. In piena stagione balneare, un terremoto di VIII grado Mercalli rade al suolo l'affollato centro termale di Casamicciola causando 2.300 morti (Incisione da AA.VV. (1998) Il terremoto del 28 luglio 1883 a Casamicciola nell'Isola d'Ischia, *Istituto Poligrafico, Roma)*

delle stazioni meteorologiche, veniva gravato anche del compito di gestire il servizio sismico e cambiava la sua denominazione in Ufficio Centrale di Meteorologia e Geodinamica[3], diventando di fatto il primo istituto nazionale di geofisica dell'Italia post-unitaria.

Liguria, 1887. Nel terremoto con epicentro a Diano Marina morirono 700 persone (Incisione da Boscowitz A. (s.d.) Les tremblements de Terre, Parigi)

[3] R.d. 9 giugno 1887 n. 4636, *Regio Decreto che istituisce un Consiglio Direttivo di Meteorologia e Geodinamica.*

Capitolo 1. Meteorologia e geofisica

Vesuvio, 1906. Crolli e vittime nei paesi circumvesuviani a causa dell'eruzione (Cartolina d'epoca)

Molti anni dopo, nel 1923, un nuovo decreto affidava al rinnovato e rinominato Ufficio Centrale di Meteorologia e Geofisica l'incarico di calcolare gli epicentri dei terremoti e di trasmetterli tempestivamente al Ministero dei Lavori Pubblici: informazione essenziale, in tempi di comunicazioni carenti, per portare soccorso alle popolazioni colpite[4].

Ancora, nell'arco degli anni Venti, nasceva quello che può essere considerato il primo abbozzo di un apparato di protezione civile affidato al Ministero dei Lavori Pubblici per coordinare i soccorsi durante le emergenze (1926)[5]. Nello stesso periodo veniva aggiornata la normativa antisismica e oltre novecento comuni, basandosi sulla ricorrenza dei violenti terremoti che li avevano colpiti, furono classificati sismici; come pure entravano in vigore nuove norme per le costruzioni antisismiche con l'obbligo del cemento armato (1927, 1930)[6].

---

[4] R.d. 30 dicembre 1923 n. 3165, *Riordinamento dei servizi di meteorologia e geofisica.*
[5] R.d.l. 9 dicembre 1926 n. 2389, *Disposizioni per i servizi di pronto soccorso in caso di disastri tellurici o di altra natura.*
[6] R.d.l. 13 marzo 1927 n. 431, *Norme tecniche ed igieniche di edilizia per le località colpite dai terremoti;* R.d.l. 3 aprile 1930 n. 682, *Nuove norme tecniche ed igieniche di edilizia per le località sismiche.*

Avezzano, 1915. Pompieri fra le macerie dopo il terremoto che uccise 33.000 abitanti (Archivio Storico dei Vigili del Fuoco di Torino)

Tutti questi provvedimenti non erano stati sufficienti a modificare il quadro di arretratezza in cui versava la geofisica italiana, soprattutto per quanto riguardava le reti di sorveglianza. Punto dolente del sistema era il citato Ufficio Centrale, che, nonostante i riordinamenti, non era riuscito a rispondere alle richieste suscitate dalle ripetute emergenze e dagli sviluppi della ricerca scientifica internazionale.

Capitolo 2
Ascesa e declino
dell'Ufficio Centrale

La scienza era già tanto avanzata
che riusciva impossibile
continuare nelle antiche idee
p. Angelo Secchi, astronomo e geofisico, 1874

2.1. Astronomia e Fisica Terrestre al Collegio Romano

Ubicato nel cuore della Capitale, nell'ala orientale dello storico Collegio Romano, fondato dalla Compagnia di Gesù nella seconda metà del Cinquecento per provvedere all'istruzione dei giovani, l'Ufficio Centrale di Meteorologia e Geofisica aveva ereditato una sede traboccante di alte tradizioni scientifiche.

A sinistra: Il Regio Ufficio Centrale
di Meteorologia, fondato nel 1876
per coordinare la rete delle stazioni
meteorologiche in Italia, successivamente incaricato della gestione delle stazioni
sismiche e di altre competenze geofisiche, sorgeva nell'ala orientale della storica
Specola del Collegio Romano, prescelta fin dal XVI secolo da illustri astronomi
e fisici per osservazioni astronomiche e di fisica terrestre, poi diventata
Osservatorio Astronomico (Stampa dell'Ottocento). A destra: Odierna veduta
del Collegio Romano. L'Ufficio Centrale occupava l'ala destra dell'edificio, dove
si distingue la Torre Calandrelli (Foto di F. Foresta Martin)

Dalle sue terrazze avevano studiato il cielo dotti maestri come il matematico e astronomo tedesco Cristophorus Clavius, uno degli artefici della riforma del calendario gregoriano, e poi lo stesso Galileo Galilei, il quale aveva messo a disposizione dei padri gesuiti i suoi primi, rudimentali cannocchiali astronomici[1].

Alla fine del Settecento al Collegio Romano era stato impiantato un Osservatorio astronomico vero e proprio, dotato di torre, cupole e strumenti, di cui era stato organizzatore e primo direttore l'abate Giuseppe Calandrelli, che nel 1781 aveva iniziato anche sistematici rilievi meteorologici, seguendo gli standard internazionali di quei tempi[2].

Chi riuscì a trasformare l'Osservatorio in un moderno istituto di ricerche di fama internazionale, dedicato non solo all'astronomia ma anche alla fisica terrestre, fu il padre gesuita Angelo Secchi, diventato direttore nel 1850, all'età di appena trentadue anni. Ricordato come uno dei fondatori dell'astrofisica, autore della prima classificazione spettrale delle stelle e di studi sistematici sulle macchie e le protuberanze solari[3], Secchi diede contributi originali anche in molti altri settori come la geodesia, il magnetismo terrestre, l'elettricità atmosferica, la climatologia e soprattutto la meteorologia: allestì una rete di stazioni meteorologiche in varie città dello Stato Pontificio, collegandole via cavo telegrafico con l'Osservatorio, e inaugurò uno dei primi servizi al mondo di previsione delle onda-

Il gesuita Angelo Secchi, fondatore dell'astrofisica e precursore degli studi di fisica terrestre. Fu direttore dell'Osservatorio del Collegio Romano nella seconda metà dell'Ottocento (da AA.VV. (2001) Presenze scientifiche illustri al Collegio Romano, Ufficio Centrale, Roma)

---

[1] Foresta Martin F. (1992) *Scienza in città. Guida ai luoghi e ai musei scientifici di Roma*, Electa, Milano, pp.11-14.
[2] Monaco G. (2000) *L'astronomia a Roma. Dalle origini al Novecento*, Osservatorio astronomico di Roma, Roma, p. 153.
[3] Foresta Martin F. (1992) *Scienza in città*, op. cit., p. 14.

Il meteorografo, uno strumento inventato da padre Secchi per la misura simultanea di alcuni parametri fisici dell'atmosfera (Foto d'epoca)

te di maltempo o "avvisi delle burrasche", come si diceva allora[4]. Abile progettista di strumenti, Secchi fu l'inventore del "meteorografo", un complesso apparato per la registrazione automatica su carta di diversi parametri fisici dell'atmosfera, concepito col proposito di facilitare gli studi sulle correlazioni fra vari fenomeni le cui interazioni erano a quei tempi poco note[5]. La colossale apparecchiatura, che ottenne una medaglia d'oro all'Esposizione Internazionale di Parigi del 1867, è tutt'ora conservata presso il Museo astronomico di Monteporzio Catone.

Non ultimo, padre Secchi ci ha lasciato un *Bullettino Meteorologico* fonte di preziose informazioni per gli storici del clima, in cui sono riportati con meticolosità e rigore le quotidiane condizioni del tempo e altri dati geofisici. Lo scienziato gesuita si consentì una trasgressione il 20 settembre 1870 quando, all'irrompere delle truppe italiane nella Roma papalina attraverso la breccia di Porta Pia, mescolando le osservazioni geofisiche con la cronaca della giornata, annotò stizzito:

Bello. Cannonate al mattino, furfanterie fino a sera. Nord e Sud-Ovest leggero. Cresce poco il barometro. Magneti poco regolari.[6]

---

[4] Iafrate L. (2008) *Fede e Scienza: un incontro proficuo. Origini e sviluppo della meteorologia fino agli inizi del '900*, Ateneo Pontificio Regina Apostolorum, Roma, pp. 137-139.
[5] Mangianti F. (1996) L'Ufficio Centrale di Ecologia Agraria e la sua sede nel Palazzo del Collegio Romano, *Agricoltura. Speciale "120° Anniversario dell'UCEA"*, n. 277, p. 22.
[6] Ivi, p. 23.

Per una storia della geofisica italiana

Questa incisione illustra l'assetto dell'Osservatorio del Collegio Romano nella seconda metà dell'Ottocento, al tempo della direzione di padre Angelo Secchi, uno dei fondatori della moderna astrofisica e pioniere degli studi di fisica terrestre. I due personaggi si trovano sulla terrazza della Torre Calandrelli.

1 - cupola principale per il telescopio equatoriale di Merz;
2 - tromba della scala di accesso dell'Osservatorio principale;
3 - osservatorio ellittico per il circolo meridiano di Ertel;
4 - osservatorio per il cannocchiale di Cauchoix;
5 - osservatorio elettrico a torretta con il piccolo conduttore a palla;
6 - antenna con il globo in vimini che, sganciato al mezzogiorno, dava il segnale per lo sparo di un cannone ubicato su Castel S. Angelo;
7 - fascio di cavi elettrici per la trasmissione dei segnali dei sensori meteorologici sulla Torre Calandrelli al Meteorografo registratore in un locale sottostante l'Osservatorio principale;
8 - faccia retrostante del timpano della chiesa di S. Ignazio con la lunga balaustra utilizzata come loggia per le osservazioni notturne a vista;
9 - parte posteriore della chiesa di S. Ignazio;
10 - terrazzo mediano della Torre Calandrelli (da AA.VV. (2001) Presenze scientifiche, op. cit.)

L'astronomo Pietro Tacchini tra la fine dell'Ottocento e i primi del Novecento ebbe la direzione unificata dell'Osservatorio astronomico e dell'Ufficio Centrale di Meteorologia e Geofisica al Collegio Romano (Busto marmoreo situato presso l'ex Ufficio Centrale, UCEA Roma)

Dopo l'Unità il servizio meteorologico creato da padre Secchi diventò nazionale e per gestirlo fu istituito il Regio Ufficio Centrale di Meteorologia, con sede negli stessi locali del Collegio Romano. Alla morte di Secchi, nel 1879, sia l'Osservatorio astronomico, sia l'Ufficio Centrale di Meteorologia furono affidati alla direzione di Pietro Tacchini, anch'egli uno scienziato poliedrico, attivissimo in diversi campi di studio: astronomia, fisica, meteorologia e più in generale geofisica[7].

2.2. Primi passi del servizio sismico

Si deve a queste gloriose tradizioni se, nel 1887, dopo i disastrosi terremoti di Casamicciola e Diano Marina, il governo italiano, su suggerimento della Reale Commissione Geodinamica presieduta dal fisico Pietro Blaserna, aveva ritenuto opportuno attribuire all'Ufficio Centrale di Meteorologia anche competenze geodinamiche, affidandogli l'incarico di istituire un Servizio sismico nazionale organizzato in maniera del tutto analoga a quello meteorologico, col quale avrebbe dovuto coabitare, economizzando così su locali e personale di sorveglianza[8].

Prima di allora, in Italia, esisteva soltanto una rete sismica a carattere privato, pazientemente costituita, a partire dal 1873, da Michele Stefano De Rossi, un giurista che fu anche appassionato cultore di sismologia e che viene considerato fra gli antesignani di questi studi in Italia. Basata su alcune decine di corrispondenti volontari sparsi in tutta Italia, alcuni dei quali illustri studiosi, altri

---

[7] *Ibid.* [L'accorpamento sotto la stessa direzione di Osservatorio Astronomico e Ufficio Centrale di Meteorologia non sarebbe durato a lungo. Con il deteriorarsi delle condizioni del cielo nel centro cittadino, nella seconda decade del Novecento, l'Osservatorio Astronomico si trasferì nella sede, allora periferica, di Montemario, lasciando all'Ufficio Centrale la piena fruizione della splendida ala orientale del Collegio Romano, oltre a un prezioso patrimonio librario e museale].
[8] Beltrano M.C. (1996) La rete di rilevamento sismico del Regio Ufficio Centrale di meteorologia e geodinamica, *Agricoltura. Speciale "120° Anniversario dell'UCEA"*, n. 277, pp. 42-43; Gasparini C., Calcara G. (2008) Osservatorio Geofisico di Rocca di Papa, in *Il museo Geofisico di Rocca di Papa*, Carsa Edizioni, Pescara, pp. 41-44.

semplici dilettanti, la rete coordinata dal De Rossi faceva affidamento, per lo più, su strumenti rudimentali, spesso costruiti dagli stessi affiliati. De Rossi era giustamente convinto che, per comprendere la natura e le caratteristiche dei grandi terremoti, fosse necessario studiare attentamente anche i piccoli e continui movimenti del terreno; pertanto aveva progettato vari tipi di strumenti sismici, alcuni molto semplici ed economici, formati da pendoli (più propriamente detti tromometri) e avvisatori acustici elettrici, di cui proponeva la realizzazione ai suoi corrispondenti. Questi, a loro volta, assicuravano allo studioso un'assidua comunicazione dei fenomeni osservati, con i tempi allora consentiti dalle Regie Poste. I risultati delle osservazioni venivano regolarmente pubblicati su un periodico fondato e finanziato dallo stesso De Rossi: il *Bullettino del Vulcanismo Italiano*[9].

Michele Stefano De Rossi, pioniere degli studi di sismologia, nella seconda metà dell'Ottocento impiantò la prima rete di sorveglianza sismica costituita da osservatori privati e fondò il Bullettino del Vulcanismo Italiano, *primo periodico italiano dedicato a studi di geofisica. Fu anche direttore dell'Osservatorio Geodinamico di Rocca di Papa (Museo Geofisico di Rocca di Papa dell'INGV)*

---

[9] Ferrari G. (1990) La rete storica dell'osservazione scientifica dei terremoti: motivi e percorsi per un recupero, in *Gli strumenti sismici storici. Italia e contesto europeo*, ING, Bologna, p. 29; Mariotti D. (1991) Le voci più autorevoli del dibattito sismologico tra il 1850 e il 1880, in *Tromometri avvisatori sismografi. Osservazioni e teorie dal 1850 al 1880*, ING, Bologna, pp. 94-98; Beltrano M.C. (1996) *La rete di rilevamento sismico*, op. cit., pp. 41-45.

Quella prima idea di rete di sorveglianza sismica aveva surrogato per anni l'inesistente servizio nazionale, ricevendo anche contributi statali, e il suo ideatore era stato gratificato con la direzione del Servizio Geologico di Stato. Ma, per quanto benemerita, la rete del De Rossi mostrava tutti i suoi limiti e richiedeva un più rigoroso coordinamento scientifico, così era stato deciso di integrarla nel nuovo progetto di Servizio sismico affidato all'Ufficio Centrale.

2.3. Osservatori e stazioni sismiche

Seguendo le indicazioni della Commissione Blaserna, furono istituiti tre grandi osservatori governativi detti di primo ordine: Casamicciola, Catania e Rocca di Papa, forniti dei migliori sismografi disponibili a quei tempi (era stata la stessa Reale Commissione Geodinamica a classificare gli osservatori sismici in primo, secondo e terzo ordine o classe, a seconda della loro importanza e dotazione strumentale). A essi si aggiunsero decine di stazioni sismiche di secondo ordine, ricavate negli stessi locali delle stazioni meteorologiche, e anche queste munite di apparati di registrazione sismica. Altre decine di stazioni, dette di terzo ordine, provviste solo di pendoli e avvisatori sismici in grado di fornire le caratteristiche essenziali del sisma (ora, direzione del primo impulso, tipo di movimento), furono collocate presso gli uffici telegrafici, in modo da assicurare la tempestività delle comunicazioni con l'Ufficio Centrale. La seconda classe delle stazioni ricomprese anche molti dei corrispondenti privati già gestiti dal De Rossi. Tutta la nuova organizzazione fu sottoposta alla direzione dell'Ufficio Centrale, con dispiacere del De Rossi che aspirava a esserne il capo; a lui fu, comunque, riservato il compito di progettare e poi dirigere il prestigioso Osservatorio di prima

La sala sismica dell'Osservatorio di Rocca di Papa negli anni Trenta (Museo Geofisico di Rocca di Papa dell'INGV)

classe di Rocca di Papa, a cui fu assegnato uno specifico indirizzo di studi geodinamici[10].

L'intento di trasformare l'Ufficio Centrale in un unico organismo coordinatore, non solo della meteorologia ma anche della sismologia e di altre discipline geofisiche, da un punto di vista concettuale era corretto; tuttavia, sotto il profilo pratico, non aveva sortito gli effetti sperati. Sia per la ristrettezza delle risorse e degli organici, sia per l'incapacità di rinnovarsi, l'Ufficio si era ritrovato nelle condizioni di gestire con affanno tutti i compiti.

Il successore di Tacchini, il professor Luigi Palazzo, che fu direttore dell'Ufficio Centrale ininterrottamente dal 1900 al 1931, si era impegnato a più riprese in un'opera di modernizzazione delle varie sezioni di cui si componeva l'istituto, anche attraverso la scelta di ricercatori e dirigenti di sicura competenza. Un giovane

Il fisico Filippo Eredia (nella foto il primo a sinistra accanto al generale Umberto Nobile, in una cerimonia alla Società Geografica Italiana) fu uno dei padri della moderna meteorologia italiana. Nel 1925, mentre era a capo del Servizio Presagi dell'Ufficio Centrale di Meteorologia e Geofisica, il neo costituito Ministero dell'Aeronautica avocò a sé questa competenza: nasceva il Servizio Meteorologico dell'Aeronautica Militare (da www.filippoeredia.it)

---

[10] Mariotti D. (1991) *Le voci più autorevoli*, op. cit., p. 98.

talento della meteorologia, il fisico Filippo Eredia, era stato a capo prima della sezione Climatologica e poi di quella Presagi, nei primi due decenni del Novecento. Verso la fine degli anni Venti, il servizio sismico era stato affidato al fisico e sismologo Giovanni Agamennone, progettista di strumenti innovativi. Ma queste e altre acquisizioni non erano state sufficienti ad adeguare l'Ufficio Centrale alle crescenti richieste di vari settori scientifici, civili e militari, che pretendevano servizi meteorologici e sismici ritagliati sulle proprie specifiche esigenze[11].

2.4. La meteorologia passa all'Aeronautica

Nel 1925 l'Aeronautica, da poco costituita in ministero, chiese e ottenne dal governo un proprio servizio di previsioni del tempo, sottraendo all'Ufficio Centrale il controllo della Sezione Presagi, compreso lo stesso dirigente Eredia, e cominciò a dotarsi di una distinta rete di rilevamento meteorologico. Il passaggio di competenze, che segnava di fatto la nascita del servizio meteorologico dell'Aeronautica Militare, si compiva creando, oltre a un doppione, confusione, poiché il grosso della rete meteorologica continuava a essere gestito dall'Ufficio Centrale, e pure la Sezione Presagi transitata all'Aeronautica continuava a restare fisicamente collocata presso la sede dell'Ufficio Centrale[12].

Nel 1931, l'Ufficio Centrale risultava suddiviso in quattro sezioni: Fisica, Climatologica, Agraria e temporali e Geodinamica, e si avvaleva di una rete che nel frattempo si era molto ampliata, includendo stazioni appartenenti a ministeri, enti pubblici e privati. L'Ufficio Centrale aveva il compito di coordinare l'attività di tutte quelle stazioni in regime di convenzione, fornendo strumenti e criteri per assicurare una raccolta di dati secondo procedure standardizzate, e assistenza tecnica[13].

[11] Mangianti F. (1996) *L'Ufficio Centrale*, op. cit., pp. 24-25.
[12] Brunetti A. (1996) La storia dell'Ufficio Centrale di Ecologia Agraria attraverso gli atti normativi che lo hanno regolato, *Agricoltura. Speciale "120° Anniversario dell'UCEA"*, n. 277, pp. 5-14.
[13] Gasparini C. (1990) Lo Stato e i terremoti: evoluzione del servizio sismico, in *Gli strumenti sismici storici. Italia e contesto europeo*, ING, Bologna, p. 46.

La rete meteorologica, in particolare, consisteva di oltre 4.000 stazioni termo-pluvio-udometriche[14]: abbastanza fitta, per quei tempi, ma mal gestita. Spesso capitava, infatti, che gli strumenti di misura installati in una stessa zona, ma appartenenti ad amministrazioni diverse, non fossero tarati in maniera uniforme e fornissero dati contraddittori, come veniva lamentato da alcuni studiosi e anche dalla stampa nazionale[15].

Alla rete di sorveglianza sismica si erano aggiunti un quarto osservatorio di primo ordine con ubicazione a Pavia, e altre decine di stazioni di secondo e terzo ordine. Quanto alla strumentazione, tranne i casi delle stazioni di Taranto e Messina, dotate di sismografi astatici Wiechert, considerati tra i migliori strumenti meccanici dell'epoca, nelle altre sedi erano prevalentemente in uso i più antiquati microsismografi Vicentini a due o a tre componenti e i sismometrografi Agamennone a due componenti[16]; le registrazioni avvenivano per lo più su carte affumicate. Questi apparecchi, nonostante fossero ormai ritenuti obsoleti, rimasero in funzione fino alla seconda metà degli anni Trenta[17].

2.5. La crisi dell'Ufficio Centrale

In quegli stessi anni, tra i geofisici di enti di ricerca e di istituti universitari dediti agli studi sismologici e vulcanologici, si andava facendo strada la convinzione che l'Ufficio Centrale non fosse più in grado di provvedere in maniera efficace al coordinamento, alla

---

[14] Dotate di strumenti atti a rilevare le temperature (termometri) e la quantità di piogge cadute (pluviometri e udometri). Cfr. Ministero dell'Agricoltura e Foreste, Regio Ufficio Centrale di Meteorologia e Geofisica, *Elenco delle stazioni meteorologiche italiane corrispondenti con l'Ufficio Meteorologico Centrale*, 1931.

[15] Lettera di E. Soler a G. Marconi, Padova 6 febbraio 1934, in ACS, CNR. *Istituto Nazionale di Geofisica*, b.1, f.1.

[16] Un sismografo a due componenti possiede sensori capaci di registrare il movimento del suolo lungo le direzioni orizzontali nord-sud e est-ovest; uno a tre componenti ha anche la capacità di registrare i movimenti verticali.

[17] Agamennone G. (1908-1909) *Brevi cenni sull'organizzazione del servizio sismico in Italia con l'elenco dei principali osservatori sismici italiani*, XIII, BSSI, Roma, pp. 41-74; Gasparini C. (1990) *Lo Stato e i terremoti*, op. cit., pp. 47-48.

manutenzione e al rinnovamento delle reti di sorveglianza geo-dinamiche, né di promuovere l'avanzamento nelle ricerche di base, e che fosse urgente pensare a soluzioni alternative[18]. Le difficoltà dell'Ufficio Centrale di curare la vasta e variegata rete di sorveglianza geofisica si erano palesate non soltanto sul fronte delle stazioni in regime di convenzione, ma anche su quello dei propri grandi osservatori. Un esempio per tutti: l'Osservatorio di Rocca di Papa si era affermato come uno dei poli mondiali degli studi di sismologia, sia per la competenza degli scienziati che ci avevano lavorato, sia per la qualità delle strumentazioni installate. Oltre al suo primo direttore Michele Stefano De Rossi, all'Osservatorio avevano svolto eccellenti ricerche anche il fisico Adolfo Cancani, studioso delle scale di misura dell'intensità dei terremoti e revisore della scala Mercalli (che dopo le modifiche prese il nome di Mercalli-Cancani-Sieberg); e più tardi il già citato Giovanni Agamennone, che ne era stato direttore prima di passare a dirigere il servizio sismico dell'Ufficio Centrale. Queste illustri presenze non avevano impedito il progressivo declino dell'Osservatorio che, già alla fine degli anni Venti, con la conclusione della direzione Agamennone, si trovava in stato di semi abbandono. Nel 1931, con la motivazione che il sito era affetto da disturbi antropici, le registrazioni sismografiche erano state addirittura sospese, salvo essere riprese alcuni anni dopo con il passaggio dell'Osservatorio all'ING[19].

Capitolo 2. Ascesa e declino dell'Ufficio Centrale

---

[18] Documenti che testimoniano l'insoddisfazione di illustri scienziati verso l'Ufficio Centrale e la richiesta di sostituirlo con un nuovo istituto di geofisica, saranno presentati nei capitoli successivi.
[19] Gasparini C., Calcara G. (2008) *Osservatorio geofisico di Rocca di Papa*, op. cit., p. 42.

Capitolo 3
L'iniziativa del Direttorio del CNR

La sismologia, le ricerche magnetiche, la vulcanologia, ecc.
sono ormai discipline a sé, con metodi propri,
con propri istituti, con proprie esigenze,
completamente diverse da quelle meteorologiche.
Giovanni Magrini, ingegnere, segretario generale del CNR, 1931

3.1. Una sola cattedra di Fisica Terrestre

La crisi della geofisica italiana aveva un carattere più generale e non si evidenziava soltanto nella decadenza dell'Ufficio Centrale. Del pari insoddisfacenti apparivano, sempre agli inizi degli anni Trenta, il panorama degli studi e lo stato degli istituti e degli osservatori geofisici che ricadevano sotto la vigilanza del Ministero dell'Educazione Nazionale. Nelle università, infatti, non c'erano professori di ruolo su cattedre di Fisica Terrestre, tranne che a Napoli, dove questo insegnamento era tenuto da Giovanni Battista Rizzo (già titolare del medesimo insegnamento a Messina). Proprio Rizzo, da molti anni, andava predicando la necessità di rilanciare gli studi di fisica terrestre in Italia, a partire dagli

Giovanni Battista Rizzo, all'inizio degli anni Trenta, era l'unico titolare di una cattedra di Fisica Terrestre in Italia presso l'università di Napoli (prima lo era stato a Messina). Lo scienziato da anni si batteva per dare maggiori spazi agli studi e alle ricerche di geofisica negli atenei (Il ritratto, opera del maestro Giuseppe Magazzù, si trova nella galleria dei rettori dell'Università di Messina)

Eruzione del Vesuvio (Aprile 1906) - L'osservazione intrepida e costante di Matteucci

Raffaele Vittorio Matteucci: direttore dell'Osservatorio Vesuviano, oltre che valente geofisico, nei primi anni del Novecento tentò invano di rilanciare le sorti della storica istituzione, in crisi per l'indifferenza del Ministero della Pubblica Istruzione, da cui dipendeva, e degli enti locali (Archivi Osservatorio Vesuviano e INGV)

atenei, con l'istituzione di nuove cattedre dedicate a questo insegnamento, soprattutto a Roma dove aveva sede l'Ufficio Centrale e, possibilmente, in qualche altra città dotata di un osservatorio geofisico; ma i suoi appelli erano caduti nel vuoto[1].

Napoli, oltre che baluardo dell'unica cattedra di Fisica Terrestre, era sede di un osservatorio vulcanologico di antica tradizione, realizzato dai Borboni nel 1841 sulle pendici sudoccidentali del Vesuvio, che nel corso degli anni era stato diretto da illustri fisici e geologi come Macedonio Melloni, Luigi Palmieri, Raffaele Matteucci e Giuseppe Mercalli. Dopo un periodo di splendore, anche l'Osservatorio Vesuviano, tra la fine dell'Ottocento e i primi del Novecento, era scivolato in una crisi progressiva, tanto da meritarsi la definizione di "Cenerentola fra

---

[1] Chistoni C., Rizzo G.B. (1909) Per l'istituzione di due nuove cattedre di Fisica Terrestre in Italia, in *Atti della Società Italiana per il Progresso delle Scienze. Seconda Riunione*, Tipografia Nazionale, Roma, pp. 369-370; G.B. Rizzo (1930) *I nuovi orizzonti della Geofisica*, op. cit.

le nostre istituzioni scientifiche"; né il Ministero della Pubblica Istruzione, da cui dipendeva, aveva preso provvedimenti efficaci per rilanciarlo[2].

L'Osservatorio Vesuviano, realizzato dai Borboni nel 1841, all'inizio degli anni Trenta era posto sotto la dipendenza del Ministero dell'Educazione Nazionale e, nonostante le sue alte tradizioni scientifiche, si trovava in una condizione di grave trascuratezza (Archivi Osservatorio Vesuviano e INGV)

3.2. La passione di Fermi e Lo Surdo per la geofisica

Nonostante la sistematica disattenzione della pubblica amministrazione per la geofisica, alcuni rinomati studiosi si occupavano di queste tematiche da cattedre universitarie affini. All'Università di Roma La Sapienza, Antonino Lo Surdo, professore straordinario di Fisica Complementare dal 1919 e ordinario di Fisica Superiore dal 1922, balzato a notorietà internazio-

Enrico Fermi era appassionato di Fisica Terrestre e, da studente, con il compagno di studi Enrico Persico, realizzò esperimenti di misura della pressione atmosferica, frequentando l'Ufficio Centrale di Meteorologia e Geofisica e avendo come maestro il professor Filippo Eredia. Fermi tenne per incarico il corso di Fisica Terrestre all'Università di Roma dal 1928 al 1933 (Università di Pisa)

nale per le sue scoperte nel campo della spettroscopia atomica, effettuava sistematicamente ricerche ed esperimenti in vari campi della fisica terrestre e svolgeva attività didattica, per incarico, nell'omonima disciplina.

Sempre a Roma, Enrico Fermi, chiamato alla prima cattedra italiana di Fisica Teorica nel 1926 quando aveva appena venticinque anni, ricoprì per incarico il corso di Fisica Terrestre tra il 1928 e il 1933, materia che era stata una delle sue passioni giovanili fin dai tempi delle scuole superiori. Proprio al liceo, Fermi aveva avuto come maestro il meteorologo Filippo Eredia e sotto la sua guida, in collaborazione con l'amico e futuro fisico Enrico Persico, aveva sviluppato alcuni esperimenti di fisica dell'atmosfera di cui è rimasta qualche documentazione. Più tardi, presa la maturità, Fermi svolse la sua preparazione per l'ammissione alla Scuola Normale di Pisa frequentando la biblioteca dell'Ufficio Centrale al Collegio Romano con i libri messi a sua disposizione dallo stesso Eredia[3].

Lo Surdo e Fermi, come vedremo più avanti, ebbero un pessimo approccio dal punto di vista umano, e tuttavia contribuirono a disseminare nei giovani l'interesse per la geofisica. La loro eredità culturale sarebbe stata raccolta da molti ricercatori che poi confluirono a vario titolo nell'ING.

---

[3] Battimelli G. (2001) Aspetti della formazione scientifica del giovane Fermi: il ruolo di Filippo Eredia e dell'Ufficio Centrale di Meteorologia e Geodinamica, in *Presenze scientifiche illustri al Collegio Romano. Celebrazione del 125° anno di istituzione dell'Ufficio Centrale di Ecologia Agraria*, Tipografia SK7, pp. 32-38.

Ancora, Luigi De Marchi professore di Geografia Fisica a Padova, Gino Cassinis ingegnere e professore di Topografia prima a Pisa e poi a Milano, Emanuele Soler ingegnere e professore di Geodesia Teoretica a Messina e quindi a Padova, ebbero tutti ruoli di primo piano nel Comitato per la Geodesia e la Geofisica del CNR e, sotto la presidenza di Guglielmo Marconi, furono tra i promotori della riorganizzazione del settore e quindi della fondazione dell'ING.

A parte i meriti di questi e altri personaggi di cui approfondiremo la conoscenza, gli studi e le ricerche di geofisica in Italia erano in una condizione di netta inferiorità a confronto con quelli sviluppati in altri paesi avanzati.

Si potrebbe dire che nell'Italia degli anni Trenta c'erano i geofisici ma non la geofisica, intesa come corpo di conoscenze, ricerche, reti di sorveglianza e applicazioni che prosperano per l'impegno coordinato di scuole e con il necessario supporto economico del governo. E questa carenza risultava tanto più evidente per il fatto che la scienza madre della geofisica, la fisica, registrava, in quegli stessi anni, uno sviluppo e dei successi notevoli, grazie soprattutto al dinamismo di Orso Mario Corbino, direttore dell'Istituto di Fisica dell'Università di Roma e promotore della famosa "scuola romana di fisica di via Panisperna", e alle scoperte di Enrico Fermi e degli altri "ragazzi di Corbino" nel campo della nascente fisica nucleare[4].

3.3. Per prima si riorganizza la meteorologia...

In questo contesto, il Comitato per la Geodesia e la Geofisica del CNR, che nel 1931 era presieduto da Luigi De Marchi, prese l'iniziativa e, per prima cosa, chiese la riorganizzazione dei servizi meteorologici. La proposta fu avanzata il 20 gennaio 1931 in una seduta del Direttorio del CNR, massimo organo di governo dell'ente:

---

[4] Dominici P. (1986) *L'Istituto Nazionale di Geofisica dalla sua costituzione all'attuale assetto statutario, 1936-1983*, Presentazione orale in occasione del Cinquantenario dell'Istituto, Roma, 12 dicembre 1986.

Il Direttorio del CNR presieduto da Guglielmo Marconi (in fondo al centro) nella prima metà degli anni Trenta (Archivio Amaldi)

Attualmente vi sono molti Enti, dipendenti dai vari Ministeri, che si occupano di meteorologia, con grande dispersione di energie e di mezzi e spesse volte con risultati contraddittori. Necessita concentrare i servizi meteorologici. Il Comitato per la Geodesia e la Geofisica propone di costituire una commissione che studi e risolva il problema dell'unificazione e riferisca con proposte concrete.[5]

Per rispettare le esigenze dei tanti soggetti coinvolti nella gestione delle stazioni meteorologiche (oltre all'Ufficio Centrale, i ministeri di Aeronautica, Marina, Lavori Pubblici, Agricoltura e Colonie), fu insediata una Commissione paritetica sotto la presidenza di un eminente cartografo, il generale Nicola Vacchelli, direttore dell'Istituto Geografico Militare di Firenze nonché uno dei quattro vicepresidenti del CNR. La segreteria della Commissione fu affidata a Giovanni Magrini, ingegnere idraulico, segretario generale del CNR, di cui era considerato la principale mente organizzativa, e uomo di fiducia dapprima di Vito Volterra (il primo presidente del CNR silurato per i sentimenti antifascisti) e poi di Guglielmo Marconi[6].

La Commissione iniziò i suoi lavori nel marzo del 1931. Fin dalle prime battute, Vacchelli e Magrini esercitarono pressioni per ottenere lo smembramento dell'Ufficio Centrale, l'accentramento dei servizi meteorologici all'Aeronautica e la creazione, in seno al CNR, di un nucleo di ricerca in meteorologia, campo nel quale si ammetteva di essere "molto in arretrato rispetto all'estero"[7].

---

[5] Verbali delle adunanze del Direttorio 20 gennaio 1931 e 21 febbraio 1931, in originale al CNR, parzialmente in copia all'ACS.

[6] Paoloni G. (1994) Marconi, la politica e le istituzioni scientifiche italiane negli anni Trenta, *Lettera Pristem*, n. 13, settembre 1994.

[7] Verbali della Commissione incaricata delle proposte per il riordinamento dei servizi meteorologici, 30 marzo 1931 e 14 agosto 1931, in ACS, *CNR. Istituto Nazionale di Geofisica*, b. 1, f. 1.

3.4. ... e poi si passa al resto della Geofisica

I lavori della Commissione andarono avanti per oltre un anno, prima della relazione conclusiva. Nel frattempo, il dibattito sulle competenze dell'Ufficio Centrale di Meteorologia e Geofisica aveva indotto i vertici del CNR a una più generale riflessione sullo stato delle ricerche in geofisica e sulla necessità di riorganizzare l'intero settore:

> Non esiste allo stato attuale della scienza alcun motivo per cui i servizi geofisici abbiano a essere riuniti ai servizi meteorologici [...] si propone perciò che essi, separati nettamente dai servizi meteorologici, abbiano a passare alle

dipendenze del ministero dell'Educazione Nazionale, il quale ha già alla sua dipendenza l'Osservatorio Vesuviano, e gli Osservatori astronomici, mentre naturalmente dipendono da lui gli Istituti geofisici delle Università.[8]

Giacomo Acerbo, ministro dell'Agricoltura dal 1929 al 1935, propose la trasformazione dell'Ufficio Centrale di Meteorologia e Geofisica, di cui Marconi chiedeva l'eliminazione, in un centro di studi per la meteorologia e l'ecologia agrarie, vocazione che l'istituto, più volte riorganizzato e rinominato negli anni successivi, mantiene ancora oggi (Autore ignoto, foto d'epoca di pubblico dominio)

Contenuta in un promemoria per il generale Vacchelli, questa nota manoscritta di Giovanni Magrini, datata 30 ottobre 1931, è rivelatrice del preciso disegno dei vertici del CNR di procedere alla liquidazione dell'Ufficio Centrale, ritenuto un ostacolo ai propositi di rilancio dell'intero settore, togliendogli, oltre alle competenze meteorologiche già passate in gran parte all'Aeronautica,

---

[8] Nota manoscritta di G. Magrini, s. d., in ACS, *CNR. Istituto Nazionale di Geofisica*, b. 1, f. 1 (la nota, in realtà, è anonima, ma il prof. Giovanni Paoloni, da noi consultato, ha riconosciuto l'inconfondibile grafia di Giovanni Magrini).

anche quelle relative alle altre discipline geofisiche, per arrivare alla costituzione di un nuovo istituto di geofisica sottratto al Ministero dell'Agricoltura.

L'ipotesi di smantellamento dell'Ufficio Centrale provocò l'immediata reazione del ministro dell'Agricoltura Giacomo Acerbo che, in una lettera a Marconi del 30 settembre 1931, pur ammettendo le carenze di questo ente nato e cresciuto all'ombra del suo dicastero, ne sottolineava l'utilità:

> Debbo riconoscere che in questi ultimi tempi l'efficienza dell'Ufficio Centrale di Meteorologia e Geofisica non è stata pari al compito demandatogli, ma è stata sempre ed è ferma intenzione di questo ministero di riordinare l'organico del personale [...] Lo smembramento dei servizi, così come è stato proposto dalla Commissione, non recherebbe alcun vantaggio al loro efficace andamento, [...] la necessità di un istituto centrale coordinatore resta quindi evidente.[9]

Insomma, da un lato un'ammissione di inefficienza dell'Ufficio Centrale, dall'altro un segnale di indisponibilità a liquidarlo, come avrebbero desiderato Marconi e gli altri vertici del CNR.

---

[9] Lettera del ministro dell'Agricoltura G. Acerbo a G. Marconi, Roma 30 settembre 1931, in ACS, CNR. Istituto Nazionale di Geofisica, b. 1, f. 1.

Capitolo 4
Il ruolo di Guglielmo Marconi

Mi sono proposto di rendere
il Consiglio Nazionale delle Ricerche
un organo del Regime che vive della stessa vita del Paese,
pronto alle necessità del momento
e previdente delle incognite del domani,
in questi tempi così difficili.
Guglielmo Marconi, 1934

4.1. I molti impegni dell'inventore della radio

Guglielmo Marconi, nel suo panfilo-laboratorio "Elettra" nella seconda metà degli anni Trenta. A causa dei suoi numerosi incarichi Marconi, in qualità di presidente del CNR, non poteva sempre presiedere le riunioni del Direttorio, ma ne orientava assiduamente i lavori grazie alla sua longa manus: il segretario generale Giovanni Magrini (per cortesia del Centro Documentazione Fondazione Guglielmo Marconi)

Marconi, come risulta dai verbali, non era molto assiduo alle riunioni del Direttorio del CNR. In quel periodo, nonostante il manifestarsi dei primi sintomi della malattia cardiaca che l'avrebbe condotto alla morte nel 1937, continuava a dividersi fra numerosi impegni: la Reale Accademia d'Italia di cui era stato nominato da poco presidente, la costruzione della prima stazione radio del Vaticano, gli esperimenti sulla propagazione delle microonde condotti dal suo panfilo-laboratorio "Elettra" e dalle stazioni di Rocca di Papa e Torre Chiaruccia (Santa Marinella), i viaggi all'estero come ambasciatore del regime fascista[1].

---

[1] Solari L. (1940) *Marconi*, Mondadori, Milano, pp. 291-328.

Tuttavia, lo scienziato partecipava all'attività del Direttorio del CNR attraverso i suoi collaboratori, in particolare tenendo stretti contatti con Magrini che, fra l'altro, gli scriveva di suo pugno le minute di alcune lettere rivolte a ministri o allo stesso Mussolini. Al momento opportuno Marconi interveniva per far pesare la sua autorità sui vari soggetti coinvolti e non mancava di concordare soluzioni pratiche per mediare fra le varie esigenze.

Dopo oltre un anno di lavori, il 19 luglio 1932, la Commissione per il riordino dei servizi meteorologici consegnò al Direttorio del CNR la sua relazione conclusiva in cui proponeva, innanzitutto, di sottrarre al coordinamento dell'Ufficio Centrale la vecchia rete delle stazioni meteorologiche appartenenti alle varie amministrazioni, attribuendone la gestione esclusiva al Ministero dell'Aeronautica:

In Italia si ebbe già un principio di tale trasformazione col passaggio al Ministero dell'Aeronautica del Servizio Presagi, mentre da parte del Ministero stesso veniva impiantata una nuova rete di Stazioni d'osservazione e di Servizi complementari [...] però l'antica rete di Stazioni meteorologiche trovasi ancora alla dipendenza dell'Ufficio Centrale di Meteorologia, costituendo un doppione.[2]

Del pari inaccettabile, a giudizio della Commissione, era nel nostro paese lo stato delle ricerche teoriche in meteorologia:

La Commissione ha dovuto pure constatare con rammarico che i cultori della Meteorologia sono scarsissimi in Italia, e che l'Italia, in confronto di altri paesi, si trova nelle necessità di dovere al più presto provvedere a formare un gruppo di studiosi e di ricercatori competenti se vuole portare un suo contributo al progresso di questa scienza e se desidera utilizzare tale progresso per il perfezionamento dei Servizi relativi.[3]

---

[2] Relazione della Commissione incaricata delle proposte per il riordinamento dei servizi meteorologici, 19 luglio 1932, in ACS, CNR. Istituto Nazionale di Geofisica, b. 1, f. 1.
[3] Ibid.

4.2. Un nuovo compito per l'Ufficio Centrale

Per superare queste carenze e "partecipare degnamente allo sforzo internazionale" la Commissione proponeva l'istituzione di un Centro di ricerche meteorologiche presso il CNR, al quale avrebbero dovuto contribuire tutte le amministrazioni interessate; poi, recepiva una mediazione proposta dal ministro Acerbo a Marconi per scongiurare la dissoluzione dell'Ufficio Centrale:

La Commissione è del parere che presso il Ministero dell'Agricoltura l'attuale Ufficio centrale di Meteorologia e Geofisica sia trasformato, per quanto riguarda la Meteorologia, in un Centro di studio per la Meteorologia agraria, e vada specializzandosi in questo campo che va divenendo sempre più importante, occupandosi anche delle altre ricerche di Climatologia.[4]

Questa indicazione avrebbe determinato la vocazione alla climatologia agraria che l'Ufficio Centrale, riformato e cambiato più volte di nome nei decenni successivi, mantiene ancora oggi[5].

Infine, la Commissione si pronunciava a favore della sopravvivenza degli altri centri di studio minori già esistenti presso altri ministeri: la meteorologia marittima presso l'Istituto Idrografico della Marina, la meteorologia idrografica presso il Servizio Idrografico del Ministero dei Lavori Pubblici[6]. Insomma, per non scontentare i vari soggetti coinvolti nelle osservazioni meteorologiche, ciascuno avrebbe mantenuto un suo piccolo spazio di competenze.

4.3. Disegno di legge per un nuovo istituto geofisico

Forte di questo pronunciamento, il giorno successivo (20 luglio 1932), Marconi si rivolse al ministro dell'Educazione Nazionale Francesco Ercole per comunicargli che la strada per il ridimensio-

---

[4] *Ibid.*
[5] L'ultima denominazione (2009) dell'ex Ufficio Centrale è: Unità di ricerca per la Climatologia e la Meteorologia applicate all'Agricoltura (CMA).

namento dell'Ufficio Centrale era ormai spianata e per invitarlo a farsi promotore di un disegno di legge che, oltre a recepire le proposte avanzate dalla Commissione in materia di meteorologia, includesse anche il riordino e il rilancio degli altri servizi geofisici. Fra i "capisaldi" che Marconi chiedeva espressamente a Ercole di inserire nel disegno di legge:

Abolizione dell'Ufficio Centrale di Meteorologia e Geofisica attualmente in funzione presso il Ministero dell'Agricoltura e delle Foreste. Il Ministero dell'Agricoltura ha infatti ammesso il principio che esso non ha motivo di occuparsi di questioni geofisiche, che sono di competenza specifica del Ministero dell'Educazione Nazionale (vulcanologia, magnetismo terrestre, sismologia, oceanografia, ecc.) [...] Istituzione di un istituto Centrale di meteorologia applicata e di ecologia agraria presso il Ministero dell'Agricoltura e delle Foreste [...] Istituzione di un Servizio Sismico Italiano alle dipendenze del Ministero dell'Educazione Nazionale, con la consulenza tecnica del Consiglio nazionale delle ricerche e istituzione eventualmente di altri servizi geofisici.[7]

La gestazione del provvedimento fu lunga, se il ministro Ercole, pur essendo d'accordo con Marconi, riuscì a definirlo solo dopo un anno e mezzo, durante il quale non sono documentati gli sviluppi del dibattito. Ma si può ricostruire che, in conclusione, Marconi e gli altri fautori del rilancio della geofisica concordarono di dar vita a una nuova versione dell'Ufficio Centrale completamente rinnovato e ribattezzato "Istituto Centrale di Meteorologia, Geodesia e Geofisica", sottratto al Ministero dell'Agricoltura e posto sotto la vigilanza di quello dell'Educazione Nazionale.

Di tutto questo progetto e delle motivazioni che l'avevano ispirato, lo stesso ministro dell'Educazione Nazionale Ercole, con una lettera datata 1 febbraio 1934, riferiva in dettaglio al capo del Governo Mussolini:

---

6 Relazione del 19 luglio 1932, op. cit.
7 Lettera di G. Marconi al ministro dell'Educazione Nazionale, Roma 20 luglio 1932, in ACS, CNR. *Istituto Nazionale di Geofisica*, b. 1, f. 1.

Purtroppo gli studi e le ricerche nel campo meteorologico si trovano in Italia in assoluto stato di inferiorità rispetto al progredire di questa scienza negli Stati dell'Estero. Anche gli uffici e istituti che esistono alle dipendenze di vari ministeri non sono sufficientemente attrezzati, né collegati fra loro a scopo scientifico. [...] il Consiglio Nazionale delle Ricerche [...] ha prospettato la necessità e l'urgenza di procedere a un riordinamento, sia dei servizi, sia degli studi e delle ricerche concernenti tale materia. Questo ministero ha preso pertanto l'iniziativa di un disegno di legge per la creazione di un Istituto Centrale avente personalità giuridica, e diviso nelle tre sezioni di meteorologia, geodesia e geofisica. Scopo di questo nuovo organismo è appunto quello di promuovere e coordinare gli studi e le ricerche concernenti queste scienze e di preparare i tecnici specializzati per i servizi relativi.[8]

Particolare non irrilevante: la bozza del disegno di legge stabiliva che il nuovo istituto avrebbe avuto come presidente di diritto lo stesso presidente del Comitato per la Geodesia e la Geofisica del CNR. Se fosse passata questa proposta il CNR si sarebbe garantito la copertura degli oneri economici da parte del Ministero dell'Educazione Nazionale e, al contempo, il controllo scientifico della nuova istituzione.

4.4. L'opposizione del ministro Jung

Frattanto il CNR aveva ulteriormente ampliato i suoi poteri di organismo principe deputato al rinnovamento della ricerca scientifica italiana, soprattutto nel settore applicativo. Nuove norme di legge, dettate personalmente da Mussolini, avevano conferito all'ente la facoltà di aggregare a sé istituti di ricerca prima indipendenti, di crearne *ex novo* e di esercitare controlli in laboratori pubblici e privati sulla qualità dei prodotti tecnologici. Nel 1933, anno in cui era

---

[8] Lettera del ministro dell'Educazione Nazionale F. Ercole a B. Mussolini, Roma 1 febbraio 1934, in ACS, CNR. *Istituto Nazionale di Geofisica*, b. 1, f. 1.

Nel 1933 inizia la costruzione della nuova sede del CNR. L'ente presieduto da Marconi, dichiarato per legge "supremo organo tecnico dello Stato", ha facoltà di creare nuovi istituti, fare verifiche e orientare la ricerca pubblica (Ufficio Stampa CNR)

iniziata la costruzione della nuova sede in piazzale delle Scienze[9], un provvedimento legislativo dichiarava il CNR "supremo consiglio tecnico dello Stato"[10].

Il rafforzamento del CNR e il grande prestigio di cui godeva Marconi in Italia e all'estero non impedirono al ministro delle Finanze Guido Jung di bocciare il disegno di legge Ercole e di informare la Presidenza del Consiglio, con una lettera del 6 marzo 1934, che con il nuovo proposto istituto si sarebbero ottenuti "presso a poco i medesimi risultati scientifici" a fronte di un "incremento di oneri"[11]. Jung, fra l'altro, sottolineava di non condividere il giudizio sull'inefficienza dell'Ufficio Centrale espresso a più riprese dai vertici del CNR.

Roma 1937. La nuova sede del CNR in piazzale delle Scienze (oggi Aldo Moro) quasi ultimata (Ufficio Stampa CNR)

---

[9] Oggi piazzale Aldo Moro.

[10] R.d. 24 agosto 1933 n.1306, *Organizzazione e funzionamento del Consiglio nazionale delle ricerche.*

[11] Lettera del ministro delle Finanze G. Jung alla Presidenza del Consiglio dei Ministri, Roma, 6 marzo 1934, in ACS, *CNR. Istituto Nazionale di Geofisica*, b. 1, f. 1.

La geofisica [...] unitamente alla meteorologia, è oggetto di particolari studi da parte dell'Ufficio Centrale di Meteorologia e Geofisica dipendente dal Ministero dell'Agricoltura e delle Foreste, il quale Istituto funziona egregiamente fin dal 1876, anno di sua costituzione [...] Ciò posto, con la creazione di un Istituto Centrale di Geodesia, Meteorologia e Geofisica, nel quale dovrebbe essere necessariamente assorbito l'attuale accennato Ufficio Centrale di Meteorologia e Geofisica e opportunamente collegati taluni dei servizi ai quali ora attendono gli altri istituti su ricordati, si otterrebbero presso a poco i medesimi risultati scientifici che fino ad oggi hanno dato i singoli Istituti in questione, salvo, soltanto, un più stretto coordinamento di attività, le quali, peraltro, concernono discipline sostanzialmente differenti l'una dall'altra.[12]

4.5. Lo sfogo di Marconi

Marconi replicò con una lunga e articolata lettera indirizzata a Jung e datata 10 marzo 1934 i cui toni deferenti non bastano a dissimulare tutto il suo disappunto. Lo scienziato imputava al ministro delle Finanze di non avere ben compreso i termini fondamentali dell'iniziativa, innanzitutto il ruolo giocato dal CNR:

Il Consiglio [nazionale delle ricerche] si preoccupa sempre di utilizzare e aiutare, in tutti i modi, i servizi dello Stato che funzionano bene, di evitare i doppioni e le interferenze e di coordinare fra loro i servizi dei diversi Ministeri nello stesso campo e che purtroppo cercano di ignorarsi a vicenda e di procedere ciascuno per proprio conto. Ogni Amministrazione tende a fare tutto da se. Quindi doppioni e doppioni. Questo grave difetto della nostra Amministrazione porta di conseguenza a un vero spreco di denaro, tutt'altro che trascurabile per la finanza dello Stato, di energie, mentre in certi campi di risonanza internazionale ci discredita all'estero.[13]

---

[12] *Ibid.*
[13] Lettera di G. Marconi al ministro delle Finanze G. Jung, Roma 10 marzo 1934, in ACS, *CNR. Istituto Nazionale di Geofisica*, b. 1, f. 1.

Per una storia della geofisica italiana

Guido Jung, potente imprenditore palermitano e ministro delle Finanze (in prima fila a destra) col presidente americano Franklin D. Roosevelt, nel 1933, durante la firma di accordi economici fra Italia e Stati Uniti. In quello stesso anno, Jung bocciò la proposta avanzata da Marconi e dagli altri vertici del CNR di eliminare l'Ufficio Centrale di Meteorologia e Geofisica del Ministero dell'Agricoltura e di creare un nuovo Istituto di Geofisica sotto la vigilanza del Ministero dell'Educazione Nazionale e la tutela del CNR (Copyright foto: www.jamd.com/Pictures everywhere)

Poi Marconi, senza mezzi termini, smentiva il giudizio positivo espresso da Jung sull'Ufficio Centrale:

L'Ufficio Centrale di Meteorologia e Geofisica dipendente dal Ministero dell'Agricoltura, eredità del passato [...] per un complesso di tristi vicende è in condizioni tali che non si può far altro che formulare l'augurio che sparisca al più presto. Esso fra l'altro si sarebbe dovuto occupare del servizio sismico che con l'Agricoltura non ha nulla assolutamente a che fare.[14]

Ancora, Marconi lanciava l'allarme sull'inconsistenza della rete sismica:

Manca completamente in Italia il Servizio sismico. Nel nostro paese purtroppo eminentemente sismico e vulcanico, questi studi sono trascuratissimi e non abbiamo che una sola stazione sismica degna di questo nome, quella di Trieste. Le poche stazioni private esistenti sono del tutto inadeguate allo scopo [...] impiantare un servizio sismico [...] è fra l'altro un'evidente necessità sociale.[15]

Ma la strada del disegno di legge, nonostante le modifiche al testo apportate dai proponenti nel tentativo di persuadere Jung, appariva preclusa, oltre che per il veto delle Finanze, anche perché, come lamentava Marconi, toccava "una quantità di abitudini e piccoli interessi"[16].

---

[14] *Ibid.*
[15] *Ibid.*
[16] *Ibid.*

La vicenda ristagnò per diversi mesi, probabilmente anche a causa di importanti cambiamenti intervenuti ai vertici del CNR.

Infatti, il 21 maggio 1935 moriva improvvisamente il segretario generale dell'ente Giovanni Magrini, che veniva sostituito da un altro uomo di fiducia di Marconi, il direttore generale dell'Istruzione Superiore Ugo Frascherelli. Pure alla presidenza del Comitato per la Geodesia e la Geofisica c'era stato un avvicendamento: il geodeta Emanuele Soler aveva preso il posto di Luigi De Marchi, che nel frattempo era diventato senatore del Regno, e a cui fu mantenuto, tuttavia, il ruolo di presidente onorario.

Il Direttorio del CNR si trovò di fronte a un bivio: o accantonare il suo progetto di un nuovo istituto geofisico o adottare una strategia alternativa.

Capitolo 5
L'ING, un nuovo istituto del CNR

*Fondando l'Istituto Nazionale di Geofisica
il CNR adempirà al più importante dei compiti
che gli vengono affidati dal suo atto costitutivo.*
Emanuele Soler, geodeta, 1936

5.1. Il progetto del professor Gino Cassinis...

Gino Cassinis, professore di Topografia a Milano e segretario del Comitato per la Geodesia e la Geofisica del CNR nel 1936 fu incaricato di redigere il primo progetto di organizzazione dell'Istituto Nazionale di Geofisica. Ma successivamente il Direttorio del CNR preferì approvare il progetto elaborato da Lo Surdo (per cortesia del prof. Roberto Cassinis)

A questo punto, e si arriva agli inizi del 1936, Marconi e gli altri protagonisti dell'impresa decisero di abbandonare l'avversata idea dell'Istituto di Geofisica posto alle dipendenze del Ministero dell'Educazione Nazionale e ripiegarono sulla creazione di un istituto interno al CNR stesso. Il Direttorio del CNR ne affidò il progetto di massima al professor Gino Cassinis, segretario del Comitato per la Geodesia e Geofisica, che il 3 marzo 1936 inviò al segretario generale Frascherelli la prima versione di uno "Schema di organizzazione dell'Istituto Nazionale di Geodesia, Geofisica e Meteorologia"[1].

---

[1] Schema di organizzazione dell'Istituto Nazionale di Geodesia, Geofisica e Meteorologia e lettera di G. Cassinis a U. Frascherelli, Milano 3 marzo 1936, in ACS, CNR. Istituto Nazionale di Geofisica, b. 1, f. 2.

Cassinis proponeva la costituzione di un istituto ad ampio spettro di competenze, comprendente tutte le principali branche della fisica terrestre, e strutturato in ben sette sezioni: Geodetica, Sismologica, Magnetica e di Elettricità Terrestre, Vulcanologica, di Oceanografia Fisica, Meteorologica e Aerologica, e di Geofisica Applicata[2]. Tutto sommato, un ventaglio di indirizzi abbastanza simile a quello dell'attuale Istituto Nazionale di Geofisica e Vulcanologia (INGV) dopo la riforma del 1999[3].

Allo scopo di limitare le spese a carico del CNR, Cassinis prospettava, per ciascuna sezione, il concorso di varie amministrazioni sotto forma di cessione di strutture, strumentazioni, personale competente stipendiato dagli uffici di provenienza, e provvisioni annuali. Consistente pure la richiesta di organico: quarantasei unità in tutto di cui diciannove tra dirigenti e ricercatori e ventisette tra tecnici e inservienti. In questo modo, le spese dell'Istituto a carico del CNR sarebbero state contenute in circa 500.000 per l'impianto e 400.000-450.000 lire annue per la gestione ordinaria[4].

Riguardo alla presidenza dell'Istituto, nello schema di Cassinis veniva precisato che essa dovesse restare riservata al presidente del Comitato per la Geodesia e Geofisica del CNR[5].

Quanto alla denominazione, Cassinis prendeva lo spunto per lanciare un ennesimo strale contro l'Ufficio Centrale scrivendo, nella lettera di accompagnamento al progetto indirizzata a Frascherelli, che aveva preferito chiamare l'istituto "Nazionale" e non più "Centrale":

Sia per accentuare il suo carattere effettivamente nazionale, sia per evitare qualsiasi confusione con altre istituzioni "centrali" di non troppo fausta memoria.[6]

---

2 *Ibid.*
3 D. lgs. 29 settembre 1999, n. 381, *Istituzione dell'Istituto Nazionale di Geofisica e Vulcanologia*, op. cit.
4 Schema di organizzazione di G. Cassinis (1936), op. cit.
5 *Ibid.*
6 *Ibid.*

5.2. ... e quello del professor Antonino Lo Surdo

Antonino Lo Surdo, professore di Fisica Superiore all'Università di Roma, in una foto-tessera che lo ritrae verso la metà degli anni Venti, quando era quarantacinquenne. Nel 1936 il Direttorio del CNR presieduto da Marconi approvò il progetto di Lo Surdo per la costituzione di un Istituto Nazionale di Geofisica e gliene affidò la direzione (Stato Matricolare del Ministero dell'Istruzione Pubblica)

Ma, proprio mentre si sviluppavano i contatti fra Cassinis (che, come risulta dalla corrispondenza, di tanto in tanto si spostava da Milano, dove insegnava, a Roma, per conferire con i vertici del CNR) e il segretario generale Frascherelli, qualche fattore che non emerge dalla lettura dei documenti fa entrare in campo un vero e proprio *outsider*, il fisico dell'Università di Roma Antonino Lo Surdo, da anni membro del Comitato per la Geodesia e Geofisica, ma senza altre cariche ai vertici del CNR.

L'8 maggio 1936, in assenza di Marconi, il Direttorio presieduto dal vicepresidente Amedeo Giannini, delibera di sottoporre la proposta Cassinis a Lo Surdo "per averne una relazione di fiducia"[7]. Meno di un mese dopo, il 2 giugno 1936, il fisico è invitato a illustrare la sua relazione alla seduta di un Direttorio presieduto da Marconi[8].

Lo Surdo profila un "Istituto Nazionale di Geofisica" un po' più snello rispetto a quello di Cassinis, tutto a carico del CNR, e suddiviso in cinque reparti: sismico, per l'elettricità atmosferica e terrestre, per le radiazioni e l'ottica atmosferica, per la meteorologia e per il magnetismo terrestre. Non figurano, come reparti a sé stanti, la geodesia, la vulcanologia, l'oceanografia fisica e la geofisica appli-

---

[7] Verbale dell'adunanza del Direttorio, 8 maggio 1936, in originale presso il CNR, parzialmente in copia presso l'ACS.
[8] Verbale dell'adunanza del Direttorio, 2 giugno 1936, in originale presso il CNR, parzialmente in copia presso l'ACS.

cata che erano presenti nella bozza Cassinis. E per alcuni reparti emerge l'attenzione del professore a lasciar sopravvivere gli spazi di ricerca rivendicati da altre amministrazioni, pur sottolineando la necessità di raccordarli con i compiti del costituendo Istituto[9].

Per il *Reparto sismico*, che ha per oggetto lo studio dei terremoti, dei bradisismi ecc., Lo Surdo prospetta la realizzazione di:

a) Una stazione sismica nazionale o centrale munita dei più sensibili e perfezionati registratori in uso nei principali osservatori geodinamici del mondo;

b) Quattro stazioni od osservatori sismici, con strumenti registratori normali, opportunamente dislocate;

c) Una rete di accelerometri per la determinazione dell'intensità dei terremoti in misura assoluta;

d) Un laboratorio [...] munito di apparecchi per ricerche, per la manutenzione, il campionamento ed il perfezionamento degli strumenti di osservazione e di registrazione.[10]

Il *Reparto per l'elettricità atmosferica e terrestre*, indica Lo Surdo, dovrà studiare il campo elettrico atmosferico, la conduttività dell'aria, i fenomeni elettrici legati ai temporali, gli strati di Heaviside (la parte inferiore della ionosfera che riflette le onde radio di più bassa frequenza) e, argomento di frontiera per quei tempi, la radiazione cosmica. Per esso saranno necessari:

a) Una stazione Nazionale, munita degli strumenti più perfezionati e sensibili per la registrazione e la determinazione del gradiente di potenziale dell'atmosfera, della ionizzazione dell'aria, dell'altezza degli strati conduttori, eccetera;

b) Quattro stazioni munite di normali apparecchi di registrazione e misura, di cui due comuni con quelli di altri reparti;

c) Un laboratorio [...] munito di apparecchi per ricerche elettriche, per la manutenzione, per il campionamento ed il perfezionamento degli strumenti di osservazione e registrazione.[11]

---

[9] Istituto Nazionale di Geofisica del CNR, relazione di A. Lo Surdo, s.d., in ACS, CNR. *Istituto Nazionale di Geofisica*, b.1, f.2.

[10] Ivi, p. 1.

[11] Ivi, pp. 1-2.

Il *Reparto per le radiazioni e l'ottica atmosferica* dovrà effettuare ricerche sulla radiazione solare e terrestre, la trasparenza dell'atmosfera, la visibilità, la polarizzazione della luce diffusa del cielo e i fenomeni ottici dell'atmosfera. La sua articolazione comprenderà:

a) Una stazione nazionale [...] per le misure e le registrazioni della radiazione solare (spettrobolometro, pireliometro ecc.) della radiazione solare e della radiazione terrestre;
b) 3 stazioni (comuni con quelle di altri reparti) munite di normali strumenti di registrazione e osservazione;
c) una stazione in posizione elevata munita di speciali strumenti registratori;
d) un laboratorio [...] munito degli strumenti per misura e ricerche ed esperienze sulle radiazioni;
e) Stazione per l'esplorazione dal punto di vista elettrico dell'alta atmosfera.[12]

Sul *Reparto di meteorologia* Lo Surdo precisa che dovrà limitarsi "alle ricerche scientifiche per la risoluzione dei vari problemi meteorici, il campionamento ed il perfezionamento dei mezzi di ricerca e di osservazione", escludendo le previsioni del tempo, di competenza della Regia Aeronautica e gli studi di meteorologia agraria che continueranno a essere svolte dall'Ufficio Centrale. Per il suo funzionamento occorreranno:

a) Una stazione meteorologica nazionale per le ricerche meteoriche, eventualmente in comune con la R. Aeronautica, dotata del materiale più perfezionato per osservazioni e ricerche;
b) Un laboratorio [...] per il campionamento la manutenzione ed il perfezionamento dei mezzi d'indagine.[13]

Il *Reparto per il magnetismo terrestre*, infine, dovrà colmare una "grave lacuna": la creazione di "un Osservatorio Magnetico munito degli strumenti per la registrazione delle variazioni regolari e accidentali del campo magnetico terrestre". La sua organizzazio-

---

[12] Ivi, p. 2.
[13] Ivi, pp. 2-3.

ne, da coordinare con le osservazioni del medesimo tipo effettuate dall'Istituto Idrografico della Marina e dall'Istituto Geografico Militare, richiederà:

a) Una stazione magnetica munita di apparecchi per la determinazione dei vari elementi del campo magnetico terrestre e delle loro variazioni;
b) Un laboratorio [...] per la manutenzione, la riparazione ed il perfezionamento degli apparecchi magnetici.[14]

Per quanto riguarda le previsioni di bilancio, Lo Surdo indica un impegno di circa 1.000.000-1.500.000 lire per le spese di impianto, circa 500.000 annue per il funzionamento dei cinque reparti, e 400.000 di stipendi relativi a ventisette tra dirigenti e ricercatori e trentasette tra tecnici e inservienti. Fatto non marginale, nel progetto scompare il vincolo che a capo del nuovo istituto debba esserci il presidente del Comitato per la Geodesia e Geofisica del CNR[15].

5.3. Marconi preferisce Lo Surdo

Il responso del Direttorio è immediato e ha tutto il sapore di un'investitura che precede il formale atto di nomina di Marconi:

Il Direttorio prende atto e approva in via di massima quanto ha chiaramente esposto il prof. Lo Surdo e gli affida l'attuazione del piano elaborato, al quale sarà data graduale esecuzione a cominciare dai primi tre reparti [Sismico, per l'Elettricità atmosferica e terrestre, per la Radiazione e l'Ottica atmosferica, n.d.A.].[16]

Proprio quando sembra che i giochi siano ormai fatti, sul tavolo del Direttorio arriva un secondo progetto Cassinis, un po' più snellito rispetto al precedente, con il numero delle sezioni ridotto a cinque, quasi che il professore di Milano volesse andare incontro a un orien-

[14] Ivi, p. 3.
[15] Ivi, pp. 4-6.
[16] Verbale dell'adunanza del Direttorio, 2 giugno 1936, in originale presso il CNR, parzialmente in copia presso l'ACS.

15 novembre 1936: atto costitutivo dell'ING con affidamento della direzione ad Antonino Lo Surdo, firmato da Guglielmo Marconi (Archivio Storico ING)

tamento in tal senso, ma che presuppone sempre un massiccio intervento di altri enti e ministeri a sostegno dell'iniziativa del CNR[17]. È probabile che il segretario del Comitato per la Geodesia e Geofisica abbia preparato la seconda versione della sua proposta quando ancora non era al corrente del pronunciamento del Direttorio a favore di Lo Surdo.

Il Direttorio esce dall'imbarazzo affidando al Segretario generale Frascherelli "l'incarico di interpellare separatamente i due proponenti onde giungere a un accordo dei due progetti armonizzandoli anche nei particolari"[18]. Decisione che appare più un riguardo nei confronti di Cassinis che un reale proponimento di modificare lo schema costitutivo dell'Istituto Nazionale di Geofisica predisposto da Lo Surdo.

Di fatto, una disposizione del presidente Guglielmo Marconi del 15 novembre 1936 costituisce l'ING così come prospettato da Lo Surdo e gliene affida la direzione a decorrere dal I dicembre dello stesso anno[19]. La sede dell'Istituto viene stabilita nei locali del nuovo Istituto di Fisica presso l'Università La Sapienza[20], dove Lo Surdo ha la sua cattedra di Fisica Superiore.

---

[14] Ivi, p. 3.

[15] Ivi, pp. 4-6.

[16] Verbale dell'adunanza del Direttorio, 2 giugno 1936, in originale presso il CNR, parzialmente in copia presso l'ACS.

[17] Schema di organizzazione dell'Istituto Nazionale di Geofisica di G. Cassinis (seconda relazione), s.d., in ACS, CNR. Istituto Nazionale di Geofisica, b.1, f.2.

[18] Verbale dell'adunanza del Direttorio, 1 luglio 1936, in originale presso il CNR, parzialmente in copia presso l'ACS.

[19] Disposizione presidenziale 15 novembre 1936 in ACS, CNR. Istituto Nazionale di Geofisica, b. 2, f. 3.

[20] Lettera di G. Marconi al rettore dell'Università di Roma, Roma 19 novembre 1936, in ACS, CNR. Istituto Nazionale di Geofisica, b.1, f.4.

Come mai Lo Surdo riesce a prevalere su Soler e Cassinis, che sembravano destinati a occupare i vertici del nuovo Istituto? Poiché né i verbali né le corrispondenze documentano i retroscena della svolta, non si possono che avanzare alcune ipotesi. Si potrebbe pensare a una particolare attenzione del CNR per il mondo accademico romano, dato che in quello stesso periodo l'ente andava formando diversi centri di ricerca annessi a istituti universitari de La Sapienza: nel 1936 furono creati, oltre all'Istituto di Geofisica, quello di Biologia diretto da Sabato Visco, quello di Chimica diretto da Francesco Giordani e quello di Elettroacustica diretto da Orso Mario Corbino[21].

Forse, come suggeriscono alcuni autori le cui opinioni riporteremo più avanti, ci sono motivazioni più personali, che riguardano direttamente i meriti e le ambizioni di Lo Surdo: la sua assidua attenzione alla ricerca in fisica terrestre, le sue rivendicazioni di titoli e onori in competizione con Fermi e, non ultimo, i suoi rapporti con il fascismo e con Marconi in particolare.

---

[21] Simili R., Paoloni G. (2001) *Guglielmo Marconi Presidente del CNR*, op. cit.

Capitolo 6
La rivalità fra Lo Surdo
e Fermi

Di quel che succedeva all'Istituto Fisico
sentivo parlare soprattutto
durante le passeggiate domenicali.
Laura Capon Fermi, moglie di Enrico, 1954

6.1. I giudizi negativi di Emilio Segrè

Emilio Segrè, uno dei più brillanti allievi di Fermi, premio Nobel per la Fisica nel 1959. Segrè aveva una pessima opinione di Lo Surdo e nelle sue memorie scrisse che questi, non potendo nuocere a Fermi, di cui aveva tentato di evitare la venuta a Roma, lo perseguitava (Berkeley Lab. Image Library)

Nella vulgata della scuola di fisica romana degli anni Trenta Antonino Lo Surdo viene presentato come un professore antiquato, ostile a Fermi e ad alcuni suoi giovani collaboratori, di carattere freddo e invidioso. Questi giudizi negativi si basano sulle testimonianze scritte di Emilio Segrè, uno dei più brillanti allievi e collaboratori di Enrico Fermi, premio Nobel per la Fisica nel 1959, e di Laura Capon Fermi, moglie di Enrico e assidua frequentatrice del gruppo dei giovani fisici romani.

Segrè, che come nessun altro ha disseminato nelle sue memorie severe critiche a Lo Surdo, riferisce di avere seguito le sue lezioni di Fisica Superiore nel biennio 1927-28 e di essersi reso conto che, a parte "le belle dimostrazioni sperimentali", le nozioni esposte non andavano oltre le teorie fisiche dei primissimi anni del Novecento:

Malgrado ciò Lo Surdo pensava di rappresentare la fisica moderna ed era geloso di questa sua presunta posizione; per questo aveva cercato di impedire la chiamata di Fermi a Roma dicendo che la considerava un'offesa personale.[1]

Con l'arrivo di Fermi alla cattedra di Fisica Teorica dell'ateneo romano nel 1926 e l'affermarsi della sua innovatrice scuola di fisica, Lo Surdo sarebbe diventato un "nemico dichiarato di Fermi, che lo ricambiava"[2], precisa lo stesso Segrè, consegnandoci il ricordo di due scienziati che, pur lavorando sotto lo stesso tetto, erano in aperta lotta.

In breve, si erano formate due "fazioni" che si contendevano risorse e posti di assistente da assegnare ai "piccoli fisici", aggiun-

Laura Capon Fermi, moglie di Enrico, autrice di Atomi in Famiglia, *avvincente biografia in cui narra la parabola scientifica del marito sullo sfondo delle vicende della scuola di fisica romana degli anni Trenta, ha rivelato diversi aneddoti legati alla rivalità fra Lo Surdo e Fermi, tratteggiando il primo come chiuso, ostile e diffidente. I giudizi negativi tramandati dalla Fermi e da Segrè hanno creato una specie di cortina sulla personalità di Lo Surdo, impedendo di valutarne serenamente i meriti di scienziato e di organizzatore della ricerca in fisica e geofisica (Archivio Amaldi)*

---

[1] Segrè E. (1971) *Enrico Fermi fisico. Una biografia scientifica*, Zanichelli, Bologna, p. 47.
[2] Segrè E. (1995) *Autobiografia di un fisico*, Il Mulino, Bologna, p. 72.

ge Laura Fermi nel suo libro *Atomi in Famiglia*, un'avvincente biografia in cui narra la straordinaria parabola scientifica del marito Enrico sullo sfondo delle vicende della scuola di fisica romana degli anni Trenta. La fazione di Fermi era diventata preponderante e, per di più, alcuni suoi adepti si divertivano a sbeffeggiare Lo Surdo, il quale non poteva far altro che accumulare risentimento[3]. Il direttore dell'Istituto Corbino, che pure aveva in stima Lo Surdo, tanto che aveva promosso la sua chiamata a Roma nel 1919[4], tentava di mediare, ma con scarsa fortuna.

Nel 1929, racconta Segrè, Corbino dovendo recarsi in America, affidò a Lo Surdo il compito di farsi latore di una sua proposta scritta per la nomina di Fermi all'Accademia dei Lincei: era un modo elegante di fargli capire che desiderava un gesto di pacificazione. Lo Surdo non ottemperò all'incarico e quando Corbino, di ritorno, gliene chiese conto "questi si scusò dicendo che disgraziatamente si era scordato della sua lettera"[5].

Una rara foto di gruppo in cui Antonino Lo Surdo (indicato dalla freccia) compare assieme ai maggiori protagonisti della fisica del Novecento ritratti a Roma nel 1931, in occasione della Conferenza di Fisica Nucleare dedicata ad Alessandro Volta. Si distinguono, fra gli altri: alla sinistra di Lo Surdo, il suo maestro Antonio Garbasso, in basso al centro Guglielmo Marconi

[3] Fermi L. (1965) *Atomi in famiglia*, Mondadori, Milano, pp. 77-78.
[4] Segrè E. (1995) *Autobiografia*, op. cit., p. 75.
[5] Segrè E. (1971) *Enrico Fermi*, op. cit., p. 61.

Alla morte di Corbino per polmonite fulminante, nel gennaio del 1937, sostiene ancora Segrè, sarebbe stato naturale nominare Fermi suo successore, ma la direzione dell'Istituto di Fisica fu assegnata a Lo Surdo "per manovre politiche"[6], forse anche per l'intervento del rettore dell'università[7], che Segrè non nomina e che era lo studioso di diritto romano Pietro De Francisci, figura di intellettuale e gerarca fascista molto apprezzata dal regime.

6.2. Eccesso di zelo antisemita

A Lo Surdo Segrè rimprovera anche l'eccesso di zelo nell'applicare le odiose leggi razziali nell'ambiente universitario: infatti, dopo la loro promulgazione nel settembre 1938, il neo direttore dell'Istituto di Fisica avrebbe impedito l'ingresso nella biblioteca all'anziano professor Guido Castelnuovo, uno dei più insigni matematici del suo tempo, reo di avere ascendenze ebraiche. In questo modo, scrive Segrè, "egli mostrò grande lealtà al partito e ne fu debitamente ripagato"[8].

D'altra parte, ci sarebbe da aggiungere, lo stesso Marconi, qualche anno prima, non aveva mostrato molti più riguardi nei confronti dell'altrettanto eminente matematico ed ex presidente del CNR Vito Volterra, compiacendosi, in una nota personalmente consegnata a Mussolini per conto del Direttorio del CNR, di avere fatto piazza pulita dei personaggi che non erano in armonia con le direttive del regime:

Eliminando quei detriti delle vecchie organizzazioni che rappresentavano male l'Italia, non tanto per incapacità, quanto per ostilità programmatica al Governo Nazionale.[9]

---

[6] Ivi, p. 94.
[7] Segrè E. (1995) *Autobiografia*, op. cit., p. 155.
[8] Segrè E. (1970) *Enrico Fermi Physicist*, University of Chicago Press, Chicago, p. 49 [L'edizione americana di questa biografia fermiana ha alcuni elementi di diversità rispetto a quella italiana].
[9] Paoloni G., Simili R. (2006) Vito Volterra, politico della scienza, *Le Scienze*, n. 460, dicembre 2006, pp. 93-100.

Evidentemente questo tipo di emarginazioni erano concepite come un necessario atto di fedeltà al fascismo e, per estensione, come una dimostrazione di nazionalismo e di amor patrio, anche da molte delle menti più illuminate.

Ma per quale motivo Segrè nutriva quella che può apparire un'esagerata disistima nei confronti di Lo Surdo? Sentimento che, per altro, non riecheggia nelle testimonianze di Edoardo Amaldi, un altro celebre "ragazzo di Corbino", autore di diversi scritti di storia della fisica italiana del Novecento? Una possibile spiegazione si può rintracciare nella stessa autobiografia di Segrè, in un brano in cui egli sostiene di avere subìto delle angherie da parte di Lo Surdo per la sola ragione di essere il pupillo di Fermi:

> Non potendo ormai nuocere a Fermi [Lo Surdo] cercava di osteggiare me, ossia, secondo il modo di dire, bastonava l'asino non potendo bastonare il padrone.[10]

E Segrè riferisce, senza mezzi termini, di essere stato messo in difficoltà agli esami di laurea e addirittura scoraggiato a proseguire negli studi scientifici, da quello che egli considerava, oltre che un nemico, anche un menagramo:

> Dopo laureato dovevo fare il servizio militare come allievo ufficiale e scelsi di andare alla Scuola di Spoleto. Nel frattempo incontrai un giorno per la strada Lo Surdo. Mi fermò e mi disse: "Ah! Va a fare il militare! Già si scorderà tutto. È un'interruzione per solito fatale scientificamente. Quando si congederà sarà meglio che cerchi un altro mestiere". Lo ringraziai dell'amichevole consiglio e feci gli scongiuri del caso. Nel nostro amore per quel signore gli avevamo creato la fama di iettatore, corroborata da esperienze di catastrofi capitate ad apparecchi, sotto il suo sguardo.[11]

---

[10] Segrè E. (1995) *Autobiografia*, op. cit., p. 72.
[11] Ivi, p. 74.

6.3. Tentativi di distensione

A ben leggere l'autobiografia di Segrè, tuttavia, si rintracciano almeno due episodi che dimostrano come, da parte del professor Lo Surdo, qualche tentativo di distensione c'era pure stato. Un episodio si riferisce alla prima ricerca originale ideata da Segrè. Nel 1930 l'allievo di Fermi aveva progettato un esperimento di spettroscopia atomica, ma nell'Istituto di Fisica non c'erano spettroscopi sufficientemente potenti per quel tipo di indagine. L'unico apparecchio con cui Segrè potesse sperare di ottenere qualche risultato era un grosso spettroscopio a prismi acquistato personalmente da Lo Surdo e da lui stesso gelosamente custodito.

> Egli, generosamente, mi concesse di usarlo e dopo qualche giorno di lavoro riuscii a vedere con i miei occhi le righe di assorbimento del potassio su uno sfondo viola continuo [...] Questa fu la mia prima piccola scoperta e mi lasciò un'impressione indelebile.[12]

Il risultato dell'esperimento ebbe l'onore della pubblicazione su *Nature* e costituì il primo lavoro di una certa importanza pensato ed eseguito esclusivamente da Segrè, senza l'intervento del maestro Fermi[13].

L'altro episodio porta dritti al 1941, anno della dichiarazione di guerra dell'Italia agli Stati Uniti, quando Segrè, emigrato già da due anni in California per sfuggire alle persecuzioni antiebraiche, si ritrova suo malgrado *enemy alien* (straniero nemico) e teme addirittura di poter essere internato in un campo di concentramento, come era già successo a molti nippo-americani. Spaventato, progetta una fuga con la moglie Elfriede:

> Presi un atlante, regalo di nozze di Lo Surdo, lo studiai un po' e dissi: "Se ci vogliono deportare sul serio andremo qui ad aspettare la fine della guerra" e misi il dito su Santa Fe, nel New Mexico.[14]

---

[12] Ivi, p. 88.
[13] *Ibid.*
[14] Ivi, p. 226.

Le preoccupazioni di Segrè erano eccessive: gli americani si guardarono bene dal deportare scienziati di valore come lui che potevano essere impiegati, come poi accadde, nello sviluppo di armi nucleari. Ma, a parte queste considerazioni, il breve riferimento al regalo di nozze, che i coniugi Segrè ricevettero nel febbraio 1936, unito al cenno sul generoso prestito dello spettroscopio, dimostrano che il burbero professore, nei confronti di Segrè, non concepiva soltanto manifestazioni di ostilità.

Considerato l'atteggiamento ipercritico di Segrè, che emerge in diverse parti della sua autobiografia, viene il sospetto che l'allievo di Fermi non possa essere considerato un testimone sereno riguardo ai giudizi espressi su Lo Surdo, come pure su altri personaggi. Pienamente consapevole, fin da giovane, delle sue superiori qualità scientifiche, il futuro premio Nobel non risparmiava frecciate a professori e amici. Finanche il celebre Volterra, di cui Segrè pure riconosceva il valore, era descritto come un maestro noioso e "lontanissimo dalla fisica moderna", che alle lezioni gli faceva venire il sonno: "incaricai Amaldi [...] di svegliarmi quando mi addormentavo"[15].

6.4. L'occhio critico di Laura Fermi

In toni più romanzeschi, Laura Capon Fermi, in *Atomi in Famiglia*, ripete gli aneddoti sentiti da Segrè e da altri "ragazzi di Corbino", arricchendoli di gustosi particolari e usando l'apparente discrezione di non nominare mai Lo Surdo che, nelle sue pagine, diventa il "professor X", pur restando facilmente identificabile.

Tuttavia la Fermi tenta un'interpretazione in chiave psicologica dei difficili rapporti tra il gruppo di Fermi e Lo Surdo, raccontando che quest'ultimo, siciliano di nascita, si trovava a Messina il 28 dicembre del 1908, quando perse la sua famiglia e la giovane fidanzata sotto i colpi del terremoto.

Rimase solo al mondo e visse solitario fino alla fine dei suoi giorni. Forse simpatia e affetto avrebbero curato le sue ferite e

---

15 Ivi, p. 73.

permesso alle sue doti umane di espandersi; ma egli era chiuso nel suo guscio; diffidava di chi gli stava attorno, e scoraggiava ogni scambio di sentimenti affettivi.[16]

Poi Laura Fermi, conoscendo bene anche gli atteggiamenti provocatori di cui era capace il gruppo dei giovani fisici, ammette:

D'altra parte i "ragazzi di Corbino", che la gioventù rendeva poco sensibili ai problemi psicologici degli altri, nulla facevano per aiutarlo a uscire dal suo isolamento.[17]

La scontrosità di Lo Surdo, insomma, oltre che dai suoi tratti caratteriali, era alimentata anche dall'irridente aggressività di alcuni dei "piccoli fisici".

[16] Fermi L. (1965) *Atomi*, op. cit., p. 75-76.
[17] Ivi, p. 76.

Capitolo 7
Lo Surdo, scienziato
è didatta

*Consuetudine costante del Lo Surdo
è stata quella di far precedere le sue ricerche sperimentali
da un'indagine sui mezzi strumentali
più opportuni per gli scopi prefissi*
Giuseppe Imbò, geofisico e vulcanologo, 1957

7.1. Le equilibrate testimonianze di Amaldi

Il fatto che autori così prestigiosi come Emilio Segrè e Laura Fermi abbiano tramandato gli atteggiamenti meno lodevoli della personalità di Lo Surdo, ha inevitabilmente messo in ombra, quasi cancellato, gli aspetti più costruttivi della sua opera come scienziato e come didatta.

Per restare nell'ambito della scuola di fisica romana, anche Edoardo Amaldi cita diverse volte Lo Surdo nelle sue memorie ma, al contrario di Segrè, evidenzia la parte più positiva della sua attività scientifica e dei suoi rapporti con il gruppo di Fermi. Per esempio, Amaldi ricorda che, agli inizi degli anni Trenta, quando Fermi e i suoi giovani collaboratori si dedicavano a ricerche di spettroscopia atomica, una parte del loro lavoro, sia sperimentale sia teorico, fu indirizzata

Foto giovanile di Edoardo Amaldi, allievo di Fermi e artefice della rinascita della fisica italiana nel dopoguerra. Nei suoi numerosi saggi di storia della fisica, al contrario di Segrè, non riferisce dei contrasti fra Lo Surdo e Fermi e si sofferma solo sugli aspetti più costruttivi della loro interazione (Archivio Amaldi)

allo studio di un'importante scoperta di Lo Surdo, fatta simulta-neamente al fisico tedesco Stark, il cosiddetto effetto Stark-Lo Surdo[1].

Amaldi rievoca, poi, un episodio in cui ci fu piena intesa e con-vergenza di giudizi fra Fermi e Lo Surdo riguardo a un giovane ai primi passi della sua carriera accademica che sarebbe presto diventato famoso. Fu nel novembre 1932, quando Ettore Majorana, il più geniale fra i ragazzi di via Panisperna, poi scom-parso senza lasciare traccia, affrontò gli esami di libera docenza in Fisica Teorica. Allora, la commissione composta da Fermi, Lo Surdo e Persico fu unanime nel riconoscere che il candidato aveva una completa padronanza della materia, nonostante avesse presenta-to solo cinque pubblicazioni[2].

Ancora, Amaldi riferisce che Lo Surdo, da fondatore e diretto-re dell'ING, sviluppò con diversi fisici della scuola di Fermi, tra la fine degli anni Trenta e gli anni Quaranta, una proficua collabora-zione su una ricerca di frontiera come l'osservazione dei raggi cosmici, procurando i finanziamenti necessari agli esperimenti in programma e reclutando nell'organico dell'ING dei giovani di talento segnalati dallo stesso Edoardo Amaldi e da Gilberto Bernardini per avviarli alla carriera scientifica[3]. Di alcuni di questi episodi che hanno rilevanza per la nostra storia, torneremo a par-lare in dettaglio più avanti.

Potrebbe suscitare meraviglia il fatto che Amaldi, nei suoi scritti, ometta del tutto o minimizzi gli episodi relativi alle rivalità accademiche e alle ripicche fra Lo Surdo, Fermi e alcuni compo-nenti del suo gruppo. Questo silenzio, riteniamo, non risponde al proposito di cancellare una parte della storia effettuale, ancorché dilatata dal gusto dell'aneddotica, ma obbedisce allo stile pecu-liare dell'uomo. Chi ha conosciuto Amaldi sa che, per lui, al centro dell'attenzione doveva esserci l'interesse collettivo per l'avanza-mento della ricerca scientifica: le umane debolezze potevano restare sullo sfondo.

---

[1] Amaldi E.(1998) *20th Century Physics. Essais and Recollections. A selection of Historical Writings by Edoardo Amaldi*, World Scientific Publishing Co., Singapore, p. 145.
[2] Ivi, p. 41.
[3] Ivi, p. 267.

7.2. La stima di Mario Ageno

Un altro erede della scuola di via Panisperna, Mario Ageno, che fu uno degli ultimi allievi a laurearsi con Fermi prima della fuga di questi negli Stati Uniti, negli ultimi mesi della sua vita rilasciò un'intervista al periodico di divulgazione scientifica *Sapere* in cui, rievocando le sue esperienze di studente, tesseva le lodi di Lo Surdo come abile insegnante:

> Non era considerato, e probabilmente non era, un fisico molto notevole. Però era praticamente l'unico ad occuparsi seriamente degli studenti, e il suo corso era una dimostrazione continua di esperimenti bellissimi con cui riusciva a mettere in evidenza fenomeni anche molto riposti. E lì ho capito che la fisica non è una disciplina che si impara sui libri, ma una scienza della natura.[4]

Il passaggio più divertente di questa testimonianza è il modo in cui Ageno descrive il primo colloquio avuto nel 1934 con Emilio Segrè, quando si sottopose, assieme al suo compagno di studi Alfonso Barone, a una specie di intervista propedeutica alla loro iscrizione in Fisica. In quella circostanza sembra che Segrè abbia usato con le due matricole gli stessi modi burberi e dissuasori che lamentava di aver subìto anni prima da Lo Surdo:

> Dopo averci squadrato per bene, con aria molto critica e molto disgustata, Segrè prese la parola. Il suo discorso fu tale che, ancora oggi, lo ricordo parola per parola. Disse: "Qui noi non facciamo coltivazioni di cavoli. Quindi, o voi siete gente in gamba, e allora potete restare, altrimenti è meglio che ve ne andiate immediatamente". […] noi, che eravamo due ragazzetti ignoranti e anche molto intimiditi ne uscimmo completamente distrutti. Ricordo che, a colloquio finito, mentre ce ne andavamo dall'Istituto, il mio compagno mi disse: "Domattina vado a fare domanda per cambiare facoltà". Ed io gli risposi: "Aspettiamo qualche giorno, vediamo come si mettono le cose, se riusciamo a sopravvivere".[5]

[4] Ageno M. (1993) Non sono un ragazzo di via Panisperna..., *Sapere*, Anno 59, n. 4.
[5] *Ibid.*

E viene da pensare che l'abitudine di scoraggiare gli aspiranti fisici fosse diventato un tratto comune ad alcuni professori e assistenti dell'Istituto, convinti che bisognasse mettere alla prova, oltre alle capacità intellettive, anche la solidità psicologica dei giovani apprendisti, creando una sorta di gara a ostacoli che poteva essere disputata solo dai migliori.

Tornando a Lo Surdo, una valutazione equilibrata sulle sue qualità scientifiche e didattiche non può essere data limitandosi ai giudizi espressi nell'ambito della scuola di fisica fermiana degli anni Trenta, ma bisogna necessariamente prendere in considerazione la sua produzione scientifica e le opinioni di altri scienziati del suo tempo.

7.3. La produzione scientifica di Lo Surdo

Il repertorio delle pubblicazioni e delle carte custodite nell'Archivio Storico dell'ING[6] dà conto della molteplicità degli interessi e della produzione scientifica di Lo Surdo, che si esplicò in svariati settori della fisica classica, con un approccio eminentemente sperimentale e con la pubblicazione di una sessantina di articoli su qualificate riviste dell'epoca[7]. Si può dire che nella sua carriera non ci fu mai un campo di studi prevalente, essendosi egli occupato con pari impegno di meteorologia, fisica dell'atmosfera, sismologia, spettroscopia, acustica, elettronica, elettromagnetismo, microonde, radioattività ecc. Ma Lo Surdo, pur conoscendo tre lingue, francese, inglese e tedesco[8], pubblicava quasi esclusivamente su riviste nazionali, in lingua italiana, come la maggior parte degli scienziati italiani di quel tempo, e questo limite contribuì alla scarsa circolazione delle sue idee e scoperte.

Nato a Siracusa il 4 febbraio 1880, Antonino Lo Surdo aveva seguito con profitto studi tecnici nelle scuole superiori di Messina,

---

[6] L'Archivio Storico dell'ING è conservato all'Istituto Nazionale di Geofisica e Vulcanologia di Roma.
[7] Per esempio: *Il Nuovo Cimento, Atti della Accademia dei Lincei, Memorie della Reale Accademia d'Italia, Annali di Geofisica* ecc.
[8] Stato matricolare di A. Lo Surdo, in ACS, *MPI – DG Ist. Univ. – Fasc. Pers. Prof. Ord.*, b. 276, III V.

quindi si era iscritto al corso di Fisica dell'ateneo messinese, conseguendo nel 1904 la laurea a pieni voti e con lode. Fin dalla tesi Lo Surdo affrontò una ricerca, che poi avrebbe continuato e perfezionato nei due anni successivi alla laurea, in cui ebbe l'opportunità di affermare le sue doti di abile sperimentatore già evidenziatesi sui banchi di scuola. Si trattava della verifica strumentale delle variazioni di peso in alcune reazioni chimiche segnalate da Hans Heinrich Landolt e da Adolf Heydweiller, due dei più autorevoli fisico-chimici fra Otto e Novecento. Racconta Giuseppe Imbò, titolare della cattedra di Fisica Terrestre a Napoli e direttore dell'Osservatorio Vesuviano dagli anni Trenta ai Settanta:

Nell'esecuzione delle esperienze egli dovette procedere a rigorose misure di volume. Nessun metodo, a lui allora noto, poteva considerarsi accettabile ai suoi fini e pertanto ideò una nuova particolare apparecchiatura che gli garantì la voluta approssimazione (1/1000).[9]

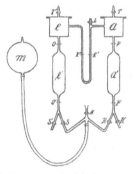

Grazie alla raffinata tecnica di misura da lui stesso elaborata, il giovane fisico siracusano poté pubblicare su *Il Nuovo Cimento* i suoi primi due articoli in cui dimostrava l'inaccettabilità delle tesi sostenute dai due scienziati, in quanto le pretese variazioni di peso risultavano inferiori alle migliori approssimazioni allora raggiungibili ed erano quindi imputabili agli errori delle misure[10]. L'apparecchio ideato

Il volumenometro, ideato e realizzato dal giovane Lo Surdo, serviva a misure di alta precisione delle sostanze prima e dopo una reazione chimica. Lo Surdo dimostrò l'inconsistenza delle tesi di due celebri chimico-fisici tedeschi convinti che alcune reazioni chimiche fossero caratterizzate da variazioni di peso (da Lo Surdo A. (1906) Nuovo volumenometo, Il Nuovo Cimento, serie V, vol. XII)

---

[9] Imbò G. (1957) Antonino Lo Surdo, in *Atti della Accademia dei Lincei. Rendiconti Classe di Scienze fisiche, matematiche e naturali, Necrologi dei soci defunti nel decennio dicembre 1945 - dicembre 1955*, Accademia Nazionale dei Lincei, Roma, pp. 36-37.
[10] Lo Surdo A. (1904) Sulle pretese variazioni di peso in alcune reazioni chimiche, *Il Nuovo Cimento*, serie V, vol. VIII.

apposta per questo tipo di misure, il "volumenometro", fu oggetto di una successiva pubblicazione su *Il Nuovo Cimento* e risultò uno dei più precisi strumenti di quel tipo allora disponibili[11].

7.4. Gli inizi della carriera universitaria a Napoli

Dopo questo brillante esordio, Lo Surdo cominciò a muovere i primi passi della sua carriera universitaria come assistente alle cattedre di Fisica, spostandosi, tra il 1905 e il 1907, da Messina a Modena e poi a Napoli[12]. Fu proprio a Napoli che il fisico siracusano prese a occuparsi di geofisica, ricoprendo anche l'incarico di vicedirettore dell'Osservatorio Meteorologico Universitario. A contatto con apparecchi e metodi di misura che lasciavano molto a desiderare, Lo Surdo concentrò la sua attenzione sul problema del miglioramento dei dati ottenibili, ideando, per esempio, originali sistemi meccanici per la verifica continua della velocità di rotazione degli strumenti di registrazione[13] e nuove procedure per evitare false letture dei pluviometri in condizioni di vento[14].

A Napoli egli avviò anche ricerche sperimentali, poi continuate nella sua successiva sede universitaria di Firenze, su quello che oggi definiremmo il bilancio radiativo della Terra, ossia gli scambi di calore fra Terra e cielo[15]. Nelle osservazioni sulla radiazione notturna eseguite da Napoli e dal Monte Cimone durante il 1907, riferisce ancora Imbò, egli apportò importanti innovazioni per rendere le misure esenti da sensibili errori e introdusse il nuovo concetto di "temperatura virtuale del cielo", un parametro che corrisponde alla temperatura di un "corpo nero" (un ideale corpo in

---

[11] Lo Surdo A. (1906) Un nuovo volumenometro, *Il Nuovo Cimento*, serie V, vol. XII, 1906.

[12] Stato matricolare di A. Lo Surdo, op. cit.

[13] Lo Surdo A. (1907) Un metodo per la misura continua della velocità di rotazione di un asse, *Il Nuovo Cimento*, serie V, vol. XIV.

[14] Lo Surdo A. (1907) Intorno all'influenza del vento sulla quantità di pioggia raccolta dai pluviometri, *Il Nuovo Cimento*, serie V, vol. XIII.

[15] Lo Surdo A. (1908) Sulla radiazione notturna, *Il Nuovo Cimento*, serie V, vol. XV, 1908; Lo Surdo A. (1908) Sulla radiazione solare, *Rivista Scientifica Industriale*, XL.

grado di assorbire tutta l'energia elettromagnetica incidente) in equilibrio di radiazione con la volta celeste, dato che gli permetteva di dedurre la quantità di calore irraggiata dall'atmosfera.

La temperatura virtuale avrebbe anche giovato, come mostrò Lo Surdo stesso, alle ricerche sulla condensazione del vapore acqueo. Egli difatti ne determinò, a seconda delle varie condizioni, i valori atti alla formazione della rugiada e della brina e riuscì a dare prova sperimentale delle sue tesi in condizioni analoghe alle naturali.[16]

Non è superfluo sottolineare quanto questo tipo di ricerche, oggi di grande attualità per gli studi sull'effetto serra, fossero pionieristiche ai primi del Novecento; come pure era innovativa l'applicazione del concetto di "corpo nero" a questo campo di studi.

Del periodo napoletano è pure lo studio sui fenomeni di condensazione nella Solfatara di Pozzuoli, il noto cratere dell'area vulcanica dei Campi Flegrei costellato di fumarole con emissioni continue di vapor d'acqua, anidride solforosa e altri gas. Uno dei più spettacolari fenomeni cui si può assistere alla Solfatara, consistente nell'improvviso aumento della condensazione del vapor d'acqua all'accensione di piccole fiamme e braci, non aveva allora una soddisfacente spiegazione. Con una serie di accurati esperimenti effettuati nel corso del 1907, Lo Surdo dimostrò che esso è dovuto all'immissione nell'ambiente di piccolissimi nuclei di condensazione prodotti dalle combustioni[17].

7.5. Direttore dell'Osservatorio Geofisico a Firenze

La vocazione alla fisica terrestre si consolidò a Firenze, dove Lo Surdo si trasferì fin dall'inizio del 1908 come aiuto alla cattedra di Fisica del Regio Istituto di studi superiori pratici e di perfeziona-

[16] Imbò G. (1957) *Antonino Lo Surdo*, op. cit., p. 40.
[17] Lo Surdo A. (1908) *La condensazione del vapor d'acqua nelle emanazioni della Solfatara di Pozzuoli*, *Il Nuovo Cimento*, serie V, vol. XVI.

mento (il lungo nome che aveva l'ateneo fiorentino prima della riforma Gentile del 1924), di cúi era titolare Antonio Roiti, uno dei più quotati maestri della fisica italiana fra Otto e Novecento.

L'Osservatorio di Geofisica (posto nella torretta), di cui Lo Surdo fu nominato direttore nel 1909, era annesso al Reale Museo di Fisica e Storia Naturale, in una splendida villa ad Arcetri, la collina due chilometri a sud dal centro di Firenze (Lo Surdo A. (1914) Annuario del R. Osservatorio del Museo in Firenze 1911, Ricci, Firenze)

La preziosa carta intestata dell'ateneo fiorentino ai primi del Novecento (da Verbali della Sezione di Scienze Fisiche e Naturali, Regio Istituto di Studi Superiori, Firenze, 1918)

Poco dopo Lo Surdo, in virtù dei meriti acquisiti a Napoli, ricevette anche l'incarico di direttore dell'Osservatorio Geofisico annesso al Regio Istituto che aveva sede nella collina di Arcetri[18]. Lì, oltre a proseguire gli studi sugli scambi di radiazioni Terra-cielo, si dedicò a ricerche di dinamica dell'atmosfera attraverso la determinazione delle componenti orizzontali e verticali del moto delle nubi, al fine di ricavare informazioni sulle correnti dell'alta atmosfera[19]. E, ancora una volta, mostrò un'attitudine particolare a modificare gli strumenti esistenti, in questo caso i nefoscopi (misuratori del moto delle nuvole), per migliorarli e renderli più idonei alle sue indagini:

Riconosciute poi le buone caratteristiche del nefoscopio di Besson per la deduzione degli elementi relativi al moto delle nubi, inidoneo però in pratica principalmente per le dimensioni e per lo spazio richiesto per l'effettuazione delle osservazioni, egli, apportando alcune vantaggiose modifiche, ne ideò due tipi trasportabili, l'uno a traguardo fisso e l'altro a traguardo mobile.[20]

Da strumenti fissi, alti 3,5 metri, i nefoscopi Besson, riprogettati da Lo Surdo e ridotti di circa dieci volte, diventarono strumenti portatili, ideali per le osservazioni in campagna.

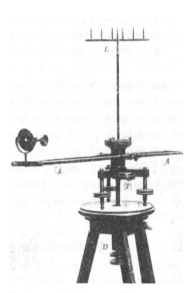

Il nefoscopio (misuratore del moto delle nubi) di Besson modificato da Lo Surdo nel 1912 e ridotto a dimensioni portatili (circa un decimo dell'originale) allo scopo di un agile impiego anche in campagna (Lo Surdo A. (1914) Annuario, op. cit.)

---

[18] Stato matricolare di Lo Surdo A., op. cit.
[19] Imbò G. (1957) Antonino Lo Surdo, op. cit., p. 40.
[20] Ibid.

7.6. Scampato al terremoto di Messina

Il caso volle che, in uno dei suoi frequenti ritorni in Sicilia per riunirsi ai familiari, Lo Surdo fosse temporaneamente a Messina in quel fatale 28 dicembre 1908, quando il terremoto-maremoto si abbatté sulle due sponde dello Stretto. Il giovane fisico sfuggì miracolosamente col fratello alle devastazioni, ma perse tutti gli altri familiari, compresa la sua promessa sposa. La passione e la dedizione per la ricerca scientifica lo aiutarono a superare il trauma ma, come osservava Imbò, che fu suo amico, oltre che collega:

Il suo sguardo e la sua parola lasciavano spesso rilevare le impronte di tristezza impresse al suo animo dalla dura prova subìta all'età di ventotto anni.[21]

Il luttuoso evento contribuì a consolidare l'attenzione di Lo Surdo verso la fisica terrestre, in particolare verso lo studio dei terremoti: dopo il ritorno a Firenze, nei due anni successivi, il suo lavoro si concentrò sulla sismologia strumentale, con quattro consecutive pubblicazioni dedicate a nuovi tipi di sismografi[22]. Con questi lavori Lo Surdo partecipò al dibattito e alle ricerche, cui si dedicavano i maggiori studiosi di geofisica, su uno dei principali problemi irrisolti della sismologia di quei tempi: come misurare l'intensità assoluta di un sisma.

---

[21] Ivi, p. 36.
[22] Lo Surdo A. (1909) Il funzionamento dei sismografi, *Il Nuovo Cimento*, serie V, vol. XVIII; Lo Surdo A. (1909) Sulle osservazioni sismiche. Condizioni alle quali debbono soddisfare i sismografi per registrare l'accelerazione sismica, *Rendiconti della Reale Accademia dei Lincei*, serie V, vol. XVIII; Lo Surdo A. (1909) Sulle osservazioni sismiche. Il comportamento di una colonna liquida usata come massa sismometrica, *Rendiconti della Reale Accademia dei Lincei*, serie V, vol. XVIII; Lo Surdo A. (1910) Sulle osservazioni sismiche. La determinazione dell'intensità di un terremoto in misura assoluta, *Rendiconti della Reale Accademia dei Lincei*, serie V, vol. XIX.

Capitolo 8
L'intensità di un terremoto

En un petit nombre d'années, la sismologie
a constitué ses méthodes, établi son corps de doctrines,
inventé ses appareils, édifiée ses observatories.

Comte de Montessus de Ballore, sismologo, 1907

8.1. L'alba della sismologia

Per inquadrare i primi lavori di sismologia di Lo Surdo, compiuti tra il 1909 e il 1911, è opportuno accennare allo stadio di sviluppo di questa disciplina ai primi del Novecento. Allora i geofisici cominciavano a disporre dei mezzi concettuali e strumentali per far compiere alla sismologia la transizione dall'area delle discipline di tipo naturalistico-descrittive, fondate su valutazioni puramente qualitative, a quella delle scienze esatte, che si avvalgono della matematica e della fisica per analizzare e decifrare fenomeni complessi. Ma il salto di qualità era ben lungi dall'essere compiuto.

Da poco era stato possibile accertare che i terremoti sono associati al movimento improvviso di faglie e che, a partire da quelle rotture delle rocce terrestri, si originano onde sismiche che si possono propagare in tutto il globo come vibrazioni di tipo meccanico nel mezzo elastico rappresentato dai materiali della Terra. Si era visto che le onde sismiche si presentano con una certa varietà di modi di oscillazione e di velocità di propagazione, e si intuiva che, attraverso la loro registrazione e analisi per mezzo dei sismografi, sarebbe stato possibile ricavare le informazioni essenziali sul terremoto che le aveva generate: la localizzazione dell'ipocentro e dell'epicentro (la zona di origine del terremoto all'interno della Terra e la sua controparte alla superficie), l'intensità del terremoto, la sua durata e i suoi prevedibili effetti sulle aree colpite. Ma intanto i sismografi di buona qualità disponibili a quei tempi erano pochi e i sismogrammi che essi fornivano (bande di carta affumicata su cui i pennini tracciavano le oscillazioni del terreno) presentavano una molteplicità di tracce, corrispondenti all'arrivo dei vari tipi di onde generate dall'evento sismico, solo in parte decifrabili[1].

Non erano passati molti anni da quando Ernst von Rebeur-Paschwitz, a Potsdam, in Germania, aveva registrato per la prima volta un terremoto lontano, avvenuto in Giappone (1895); e benché sull'onda di quel successo illustri sismologi come Giovanni Agammenone, Adolfo Cancani, Fusakichi Omori e John Milne, invocassero la nascita di una "sismologia globale", ai primi del Novecento non esistevano reti sismografiche degne di questo nome, né nazionali né tantomeno internazionali[2].

8.2. Scale empirico-quantitative

Per determinare la forza dei terremoti, dato necessario alla compilazione dei cataloghi e delle carte con le caratteristiche delle aree sismiche, si ricorreva ancora al metodo elaborato dal sismologo Robert Mallet in occasione del grande terremoto della Basilicata del 1857: ci si recava nelle aree colpite, talvolta mesi o anni dopo il disastro e, sulla base degli effetti distruttivi rilevati (crepe, abbattimenti, crolli e altri segni su manufatti e sul terreno), si tracciavano sulle carte geografiche le curve che univano luoghi con la stessa intensità di danneggiamento (linee isosismiche o isosiste), fino a delimitare l'area epicentrale, dove si riscontrava il massimo delle devastazioni[3].

Sullo stesso criterio empirico si basavano le scale elaborate fin dai primi dell'Ottocento da vari studiosi come Michele Stefano De Rossi, François Forel e Giuseppe Mercalli, che assegnavano un certo grado di intensità ai terremoti in funzione degli effetti avvertiti dai viventi e prodotti sui materiali; ma si trattava di valo-

[1] Dragoni M. (2005) *Terrae Motus. La sismologia da Eratostene allo tsunami di Sumatra*, Utet, Torino, *passim*.
[2] Comte de Montessus de Ballore (1907) *La science séismologique*, Colin, Parigi, pp. 45-62.
[3] Ferrari G. (a cura di) (2004) *Viaggio nelle aree del terremoto del 16 dicembre 1857. L'opera di Robert Mallet nel contesto scientifico e ambientale attuale del Vallo di Diano e della Val d'Agri*, SGA, Bologna.

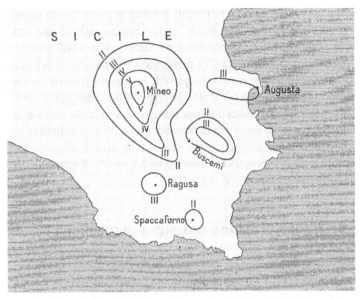

Esempio di carta isosismica relativa al terremoto di Mineo del 1904. A partire dal secondo Ottocento, per determinare la massima intensità di un terremoto, si effettuavano ricognizioni per individuare i luoghi caratterizzati da medesimi livelli di danneggiamento e si riportavano su una carta geografica, unendoli insieme con curve. Queste "linee isosismiche" (o isosiste) di livello crescente, circoscrivevano l'area epicentrale. Nell'assenza di reti strumentali, era l'unico modo per arrivare a una valutazione empirica della forza scatenata da un terremoto (Comte de Montessus de Ballore (1907) La science séismologique, Colin, Parigi, p. 94)

ri arbitrari, che non avevano una relazione matematica con le grandezze fisiche proprie delle oscillazioni sismiche[4].

Compiendo un passo avanti verso la razionalizzazione delle scale empiriche puramente qualitative, alcuni sismologi avevano cercato di mettere in relazione gli effetti osservati, per esempio l'abbattimento di una colonna, con precisi valori di accelerazione del suolo, verificabili anche attraverso misure di laboratorio su tavole oscillanti. Nacquero così scale che facevano corrispondere a ciascun grado di intensità di un terremoto un intervallo di valori di accelerazione del suolo, come la scala di Omori che, limitan-

---

[4] Comte de Montessus de Ballore (1907) *La science*, op. cit.

dosi a considerare i forti terremoti, poneva al primo grado quelli con accelerazione di 300 mm/s^2 e al settimo grado (il più alto della scala) quelli con accelerazione superiore a 4.000 mm/s^2. Valori, per altro, confrontabili a quelli esercitati da una forza fisica onnipresente come quella di gravità, la quale produce su un corpo in caduta libera un'accelerazione di 9.800 mm/s^2. Più tardi Cancani aveva elaborato una sua scala, risultante dalla fusione di quella puramente empirica di Mercalli con quella quantitativa di Omori, includendovi anche effetti causati da accelerazioni molto piccole e molto forti, da un minimo di 2,5 mm/s^2 (I grado) a un massimo di 10.000 mm/s^2 (XII grado)[5].

8.3. L'accelerazione massima di un sisma

Questo era, a grandi linee, lo stato dell'arte della sismologia quando Lo Surdo, come scrisse in un articolo pubblicato nel 1910 sugli *Atti dell'Accademia dei Lincei*, pensò che fosse tempo di superare i limiti delle scale empirico-quantitative:

A dire il vero, l'applicazione delle scale sismiche empiriche verrebbe giustificata dal fatto che essa è l'unico modo di raccogliere dei dati nei posti in cui mancano le persone che siano in grado di fare delle osservazioni delicate e mancano i mezzi adatti per queste. E gli ordinari osservatori, quand'anche in essi vi fosse modo di determinare l'accelerazione sismica, sono troppo lontani l'uno dall'altro per poter fornire ampie notizie sull'intensità di un fenomeno sismico [...] Appare quindi manifesta l'importanza di ricercare dei metodi semplici e rigorosi che, senza richiedere delle cognizioni speciali e grandi mezzi, rendano possibile la determinazione di un terremoto in valore assoluto. Guidati da queste considerazioni, abbiamo ideato alcuni apparecchi che riteniamo possano rispondere allo scopo: e di essi diamo qui una breve descrizione.[6]

---

[5] *Ibid.*
[6] Lo Surdo A. (1910) *Sulle osservazioni sismiche. La determinazione*, op. cit., p. 21.

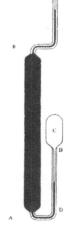

Alcuni tipi di "accelerometri a liquidi" ideati e realizzati da Lo Surdo tra il 1909 e il 1911. All'arrivo di un terremoto i liquidi contenuti nei tubi di vetro entravano in oscillazione e il livello più alto raggiunto nei cannellini di vetro più sottili indicava l'accelerazione massima della scossa, proprio come in un termometro per la misura della temperatura corporea (da Lo Surdo A. (1910) Sulle osservazioni sismiche, op. cit.)

E passava a illustrare un tipo di accelerometro costituito da una massa liquida oscillante all'interno di un tubo di vetro, disposto orizzontalmente o verticalmente, terminante con un tubicino stretto dotato di scala graduata che, in analogia a un termometro per la misura della temperatura corporea, indicava il valore dell'accelerazione massima raggiunta dal suolo in seguito a una scossa.

Così l'intensità di un terremoto potrà essere determinata con la stessa facilità con cui si legge un termometro, e senza che l'osservazione venga fatta durante il fenomeno sismico. Nelle regioni soggette a terremoti si potrebbero distribuire largamente questi apparecchi, come i pluviometri ed i termometri per le reti termo-udometriche: in ogni stazione due per le componenti orizzontali ed uno per la verticale.[7]

In una successiva nota, oltre a precisare alcune modifiche apportate agli accelerometri a liquido, Lo Surdo illustrava altre tipologie di questi apparecchi, da lui chiamati "accelerometri a reazione di gravità", in cui il valore massimo dell'accelerazione impressa da un

---

[7] *Ibid.*

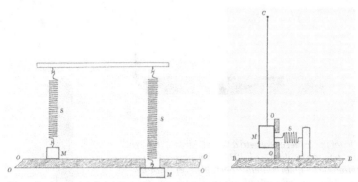

Disegni schematici di due "accelerometri a reazione di gravità" ideati e realizzati da Lo Surdo attorno al 1910. Il distacco delle masse vincolate alle molle indicava il superamento di un certo valore dell'accelerazione impressa al suolo da un terremoto (da Lo Surdo A. (1914) Accelerometri, op. cit.)

terremoto al terreno, e quindi allo strumento, veniva fornito dal distacco di masse vincolate a ripiani con molle di forza costante. Tutti questi tipi di strumenti furono realizzati da Lo Surdo nei laboratori dell'Osservatorio Geofisico di Firenze e lì sottoposti a terremoti artificiali di accelerazione nota per mezzo di tavole oscillanti[8].

8.4. Una rete accelerometrica

L'idea di Lo Surdo, dunque, era quella di costituire nelle zone sismiche una fitta rete accelerometrica, fatta con strumenti semplici, economici, capaci di funzionare senza manutenzione né sorveglianza e di serbare la registrazione dell'evento sismico sotto forma di accelerazione massima effettiva del terreno. Poiché l'unico ente nazionale che avrebbe potuto gestire un progetto del genere era l'Ufficio Centrale di Meteorologia e Geodinamica è verosimile che Lo Surdo ne abbia parlato col suo direttore (a quei tempi il già citato professor Palazzo). Ma gli autori di questo saggio non hanno trovato documenti che comprovino tale corri-

---

[8] Lo Surdo A. (1914) Accelerometri per la determinazione dell'intensità di un terremoto secondo una scala assoluta, in *Annuario del R. Osservatorio del Museo in Firenze 1911*, Ricci, Firenze, pp. 36-47.

Quel che resta di un modello di "accelerometro a liquido" concepito e realizzato da Lo Surdo presumibilmente tra il 1909 e il 1911, quando era direttore dell'Osservatorio Geofisico di Firenze. L'apparecchio nella foto si trova custodito presso la raccolta di strumenti storici dell'ex Ufficio Centrale di Meteorologia e Geodinamica al Collegio Romano di Roma (per cortesia della dottoressa Franca Mangianti e del dottor Graziano Ferrari)

spondenza. Tuttavia, la presenza di un sismometro a liquido di Lo Surdo fra gli strumenti storici ancora oggi custoditi presso l'ex Ufficio Centrale al Collegio Romano, lascia supporre che qualche contatto ci debba pur essere stato e che il ricercatore abbia portato da Firenze a Roma qualcuno dei suoi accelerometri per mostrarne il funzionamento ai colleghi del reparto Geodinamico[9].

Comunque, l'idea della rete accelerometrica non ebbe seguito, per lo meno in quei difficili anni. Come vedremo fra poco, il fisico siracusano fu temporaneamente distolto dalle ricerche geofi-

---

[9] Dobbiamo alla cortesia della dott.ssa F. Mangianti, dell'Unità di Ricerca per la Climatologia e la Meteorologia applicate all'Agricoltura (ex Ufficio Centrale di Meteorologia e Geodinamica) e del dott. Graziano Ferrari, dell'Istituto Nazionale di Geofisica e Vulcanologia, la ricerca effettuata fra la collezione degli strumenti storici che ha condotto al ritrovamento dell'accelerometro a liquidi di Lo Surdo.

siche da un nuovo incarico; l'avanzare della prima guerra mondiale poi, cui lo stesso Lo Surdo avrebbe partecipato con incarichi segreti, ebbe l'effetto di sconvolgere a lungo tutto il panorama della ricerca scientifica italiana.

8.5. La magnitudo di Charles Richter

Negli anni seguenti il problema della misura della grandezza di un terremoto avrebbe preso altre vie e sarebbe stato risolto attorno al 1935 con l'introduzione, da parte dei sismologi Kiyoo Wadati e Charles F. Richter, del concetto di *magnitudo*, un parametro direttamente ricavabile dall'ampiezza delle onde registrate da un sismografo[10].

Il termine *intensità* è stato invece riservato alla misura degli effetti di un terremoto, calcolata tramite la scala Mercalli e le sue successive modificazioni. La valutazione dell'intensità di un terremoto è tuttora uno strumento utile per l'ingegneria e per lo studio della sismicità storica, per i periodi in cui non si dispone di registrazioni strumentali.

Qual è stato, in definitiva, il contributo di Lo Surdo in questo ambito di ricerche? Ci sembra interessante riferire un giudizio che abbiamo raccolto dal professor Michele Dragoni, ordinario di Fisica Terrestre all'Università di Bologna e autore di saggi di storia della geofisica:

> L'accelerazione è una quantità fondamentale per stabilire gli effetti di un terremoto sulle strutture e oggi i dati forniti dalle reti di accelerometri sono uno strumento essenziale per la progettazione in area sismica. Tuttavia l'accelerazione è una quantità un po' troppo complicata per svolgere il compito che Lo Surdo e gli altri ricercatori intendevano assegnarle. La ricerca di una quantità facilmente misurabile e collegata in maniera più diretta all'intensità della sorgente è stata infine risolta con la magnitudo di Richter. In conclusione, mi pare di poter dire che Lo Surdo sia stato un protagonista di primo piano

---

[10] Dragoni M. (2005) *Terrae motus*, op. cit., pp. 312-315.

nella discussione in atto nei primi decenni del Novecento sul tema della determinazione della grandezza dei terremoti. La sua adesione alla proposta di utilizzare a questo scopo l'accelerazione del suolo era ragionevole, ma la magnitudo di Richter si è rivelata più semplice e praticabile e per questo è stata successivamente adottata dai sismologi.[11]

La fase dei primi e promettenti studi geofisici di Lo Surdo fu interrotta, poco prima dell'esplosione del conflitto mondiale, esattamente fra il 1913 e il 1914, da una ventata di innovazioni all'interno del Regio Istituto di Firenze, quando il giovane assistente fu spinto dall'arrivo di un nuovo direttore a intraprendere un tema di ricerca squisitamente fisico che lo avrebbe portato a vivere l'avventura scientifica più esaltante della sua vita.

---

[11] Dragoni M. (2008) comunicazione personale, maggio 2008.

Capitolo 9
Un premio Nobel mancato

*Negli ultimi anni la spettroscopia
ha fornito il più potente mezzo d'indagine
sulla struttura della materia.*
Enrico Persico, fisico, 1932

9.1. Dalla Geofisica alla Spettroscopia

Nel 1913 la cattedra di Fisica e la direzione del Regio Istituto Fisico di Firenze passarono, dall'ormai anziano Antonio Roiti, al quarantenne Antonio Garbasso. Questi era un fisico sperimentale innovatore e di formazione europea: in Germania era stato allievo di Heinrich Hertz e Hermann von Helmholtz e manteneva contatti stretti con alcuni dei più illustri colleghi del suo tempo, come l'abile fisico sperimentale Ernest Rutherford e il grande teorico Niels Bohr[1].

Appena arrivato, Garbasso confermò il trentatreenne Lo Surdo come assistente alla direzione, incarico che questi aveva già con Roiti, gli suggerì di mettere temporaneamente da parte i suoi studi di geofisica e gli chiese di dedicarsi a un filone di ricerche che andava per la maggiore nei laboratori europei: l'analisi spettroscopica delle emissioni luminose nei gas rarefatti. Lo Surdo accettò, e non è esagerato affermare che, grazie a quelle ricerche, acquistò visibilità internazionale e mancò di un soffio il premio Nobel per la Fisica.

Per meglio seguire questa vicenda è necessario premettere che tra la fine dell'Ottocento e i primi del Novecento molti fisici sperimentali erano impegnati ad analizzare le emissioni luminose prodotte da gas rarefatti all'interno dei cosiddetti "tubi a scari-

---

[1] Mandò M. (1986) Notizie sugli studi di fisica (1859-1949), in *Storia dell'Ateneo Fiorentino*, vol.1, Parretti Grafiche, Firenze, p. 585.

Tubi a scarica dei primi del Novecento. Riempiti con tracce di gas come l'idrogeno e l'elio, e attraversati da scariche elettriche ad alta tensione, emettevano bagliori la cui analisi per mezzo di spettroscopi permetteva di studiare il comportamento degli elettroni negli atomi (per cortesia del Museo di Fisica e del Sistema Museale dell'Università di Bologna)

ca": ampolle di vetro dotate di elettrodi, private dell'aria e riempite con tracce di gas quali idrogeno, elio, neon ecc. Sotto l'effetto di scariche elettriche di migliaia di Volt, gli elettroni degli atomi costituenti un gas si eccitavano, emettendo radiazioni elettromagnetiche di varie lunghezze d'onda. Quando il tenue bagliore prodotto in un tubo a scarica veniva fatto passare attraverso uno spettroscopio, si poteva osservare una banda scura interrotta da una successione di righe luminose, il cosiddetto "spettro di emissione", che aveva una configurazione caratteristica per ciascun gas.

L'analisi delle righe spettrali era, in quella stagione della fisica, il più promettente metodo di indagine sperimentale per desumere il comportamento degli elettroni di un atomo e per cercare conferme sui vari modelli di atomo in discussione. Questo filone

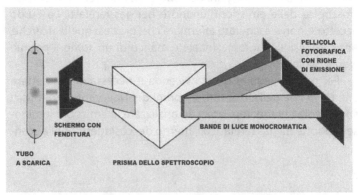

Come si osservano le righe di emissione dell'idrogeno per mezzo di uno spettroscopio posto davanti a un tubo a scarica (Disegno di F. Foresta Martin)

di ricerche costituiva anche un eccellente banco di prova per verificare la validità delle nuove teorie secondo cui, nella materia elementare, gli scambi di energia non avvengono in maniera graduale, ma discontinua, per salti o "quanti", come aveva ipotizzato Max Planck qualche anno prima[2].

Recependo prontamente questa innovativa teoria, Bohr aveva tentato di applicarla al modello dell'atomo "a sistema solare" avanzato da Rutherford: un nucleo positivo con gli elettroni negativi che gli girano attorno come pianeti. Modello semplice e suggestivo che, tuttavia, da un punto di vista teorico non reggeva perché portava

Niels Bohr (nella foto, accanto a Marconi), celebre fisico teorico danese, uno dei padri della meccanica dei quanti e autore del modello di atomo quantistico Rutherford- Bohr. La scoperta della scomposizione delle righe spettrali, fatta indipendentemente da Stark e Lo Surdo, fu spiegata applicando il suo modello atomico (Archivio Amaldi)

a concludere che gli elettroni, perdendo energia lungo le loro orbite, dovessero rapidamente precipitare verso il nucleo. Così Bohr aveva pensato alle orbite in cui potevano collocarsi gli elettroni come a una successione di gradini, ciascuno caratterizzato da livelli di energia crescente: $n=1, n=2, n=3, \ldots$ (dove n è il numero quantico che determina la distanza dal nucleo dell'orbita e l'energia che le compete). Finché un elettrone rimane nel proprio gradino, non cede né acquista energia: l'atomo è in condizioni stabili. Se interviene un fatto esterno a perturbare il sistema, per esempio un flusso di radiazione o una scarica elettrica, allora l'elettrone assorbe quanti di energia e può saltare ai gradini superiori; ma in queste condizioni è eccitato e tende a smaltire l'energia ricevuta restituendola sotto forma di emissione luminosa, tornando poi allo stato iniziale[3]. Il modello quanti-

---

[2] Foresta Martin F. (2005) *Dall'atomo al cosmo*, Editoriale Scienza, Trieste, pp. 81-84.
[3] *Ibid.*

stico di atomo rendeva conto dei meccanismi di produzione delle righe spettrali: per esempio, la riga rossa dell'idrogeno, designata con le lettere H_α, si calcolava dovuta al ritorno degli elettroni dallo stato eccitato $n=3$ su cui erano saltati, alla loro orbita stabile $n=2$; la riga blu-verde H_β, da $n=4$ a $n=2$; la riga violetta H_γ, da $n=5$ a $n=2$.

Bohr presentò ufficialmente il suo rivoluzionario modello di atomo quantistico alla seconda conferenza internazionale di fisica Solvay tenutasi a Bruxelles nell'ottobre del 1913. Il caso volle che in quello stesso anno stessero maturando, in maniera assolutamente indipendente, fondamentali scoperte per mezzo dei tubi a scarica da parte di Stark in Germania e di Lo Surdo in Italia; e che tutti questi studi, teorici e sperimentali, confluissero nel grandioso capitolo della fisica dei quanti.

Johannes Stark, fisico sperimentale tedesco e scopritore nel 1913 della scomposizione delle righe spettrali sotto l'azione di un campo elettrico (analogo dell'effetto Zeeman nel campo magnetico). Lo Surdo, a quei tempi a Firenze, giunse alla stessa scoperta simultaneamente e indipendentemente, ma solo dopo la pubblicazione di Stark la interpretò nella giusta maniera. Stark ricevette il Nobel per la Fisica nel 1919 sia per questa scoperta sia per una precedente: l'effetto Doppler nelle righe dei raggi canale (da www.nobelprize.org)

9.2. Le ricerche di Stark e Lo Surdo

Cominciamo, per rispettare la cronologia degli eventi, con il fisico tedesco Johannes Stark, che non era nuovo agli esperimenti con i tubi a scarica: già nel 1905 aveva scoperto l'effetto Doppler nei "raggi canale", cioè lo slittamento in frequenza delle righe spettrali delle emissioni luminose evidenziabili nella zona retrostante l'elettrodo negativo o catodo di un tubo a scarica[4]. Poi, Stark aveva raccolto una nuova sfida: dimostrare che un intenso campo elet-

---

[4] L'effetto Doppler si manifesta quando la sorgente luminosa (o acustica) è in rapido movimento rispetto all'osservatore. Nel caso specifico la sorgente luminosa è costituita dai raggi canale.

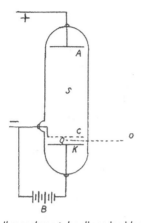

Il complesso tubo di scarica ideato da Stark per evidenziare la scissione delle righe sotto l'effetto di un campo elettrico (A=anodo, C= catodo forato, K= terzo elettrodo, B= batteria). Il tubo è riempito d'idrogeno a bassa pressione e sottoposto tra A e C a tensioni di circa 100.000 volts. In queste condizioni il gas si ionizza e gli ioni positivi presenti nello spazio S vengono lanciati verso il catodo forato C, attraversandolo. Giunti nello spazio Q e sottoposti a ulteriore campo elettrico di alcune migliaia di volts, creato dalla batteria B fra C e K, si eccitano ed emettono luce (raggi canale). Analizzati allo spettroscopio, i raggi canale mostrano le righe scisse in varie componenti. L'osservazione viene effettuata in O (Disegno da Persico E. (1932) Ottica, Vallardi, Milano, p. 718)

trico può scomporre le righe spettrali, puntando così a una scoperta analoga a quella fatta nel 1896 dal fisico danese Pieter Zeeman con l'impiego di un campo magnetico. Secondo alcuni fisici, tuttavia, sotto l'effetto di un campo elettrico, il fenomeno era talmente minuscolo da non essere rilevabile.

Dopo diversi infruttuosi tentativi, verso la fine del 1913, Stark mise a punto un complesso tubo a scarica dotato di speciali elettrodi e uno spettrografo ad alta risoluzione in grado di evidenziare la scomposizione di due righe appartenenti alla cosiddetta "serie di Balmer" dell'idrogeno, quelle designate con le lettere H_β e H_γ e il 21 novembre poté comunicare la sua scoperta alla rivista *Nature*, con un articolo che fu pubblicato il 4 dicembre successivo[5].

Nell'estate di quello stesso anno Antonino Lo Surdo, senza essere a conoscenza delle ricerche di Stark in Germania, stava seguendo le indicazioni di Garbasso e si dedicava ad approfondire il già noto fenomeno dell'effetto Doppler nei raggi canale. Per meglio evidenziarlo aveva pensato che potessero risultare più efficaci dei tubi a scarica molto sottili, del diametro di pochi millimetri, da lui stesso progettati e fatti costruire in laboratorio, nei

[5] Stark J. (1913) Observation of the Separation of Spectral Lines by an Electric Field, *Nature*, 92, December 1913, p. 401.

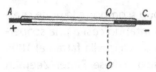

Il sottile (appena 1,5 mm) e semplice tubo di scarica, concepito da Lo Surdo per meglio concentrare il potenziale elettrico e aumentare la luminosità delle emissioni (A = Anodo, C = Catodo, Q = spazio catodico in cui si verifica l'emissione di luce, O = osservazione con lo spettroscopio). Per ottenere l'emissione, l'apparecchio di Lo Surdo sfruttava lo stesso campo elettrico che provoca la scarica, senza la complicazione del catodo-condensatore realizzato da Stark (Disegno da Persico E. (1932), Ottica, op. cit., p. 719)

quali la differenza di potenziale era concentrata in un piccolo spazio e le emissioni luminose risultavano più intense[6].

Con questi tubi molto più semplici ed efficaci di quelli usati da Stark, Lo Surdo scoprì un fenomeno diverso da quello che stava indagando: la scissione di alcune righe dell'idrogeno, e ne fece subito oggetto di una comunicazione a una riunione della Società Italiana di Fisica (SIF). Una più giovane collega di Lo Surdo al Regio Istituto di Firenze, Rita Brunetti, cui solo recentemente è stato riconosciuto il contributo di innovazione alla fisica italiana fra le due guerre[7], in una sua pregevole opera degli anni Trenta che conserva ancora oggi la sua validità, *L'atomo e le sue radiazioni*, ricorda così la comunicazione di Lo Surdo:

> Nell'autunno dello stesso 1913 A. Lo Surdo, a una adunanza della Società Italiana di Fisica in Pisa, mostrava la prima fotografia delle righe della serie di Balmer dell'idrogeno scisse in campo elettrico (chi scrive era presente all'adunanza). Esse erano state ottenute durante l'estate dello stesso anno in uno studio della radiazione emessa dall'afflusso catodico di un tubo di scarica nello spazio oscuro di Hittorf-Crookes. Si aveva quindi insieme la scoperta del nuovo fenomeno e due disposizioni sperimentali con pregi e caratteristiche diverse per il suo studio.[8]

[6] Lo Surdo A. (1913) Sul fenomeno analogo a quello di Zeeman nel campo elettrico, *Rendiconti della Reale Accademia dei Lincei*, serie V, vol. XXII, pp. 664-666.
[7] Camprini S., Porcheddu G.B. (1999) La storia degli strumenti di fisica coincide con la storia della fisica stessa: Rita Brunetti (1890-1942), tra fisica sperimentale e fisica teorica, in Tucci P. (a cura di) *Atti del XVIII congresso di storia della fisica e dell'astronomia*, Università degli studi di Milano, Istituto di fisica generale applicata, Sezione di storia della fisica, Milano, pp. 1-11.
[8] Brunetti R. (1932) *L'atomo e le sue radiazioni*, Zanichelli, Bologna, p. 388.

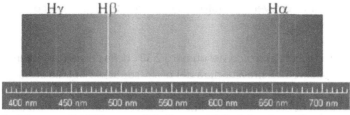

Le righe spettrali dell'idrogeno più facilmente visibili e la lunghezza d'onda corrispondente espressa in nanometri (miliardesimi di metro). Stark e Lo Surdo notarono per prima cosa la scomposizione di H_β e H_γ

9.3. Le esitazioni di Lo Surdo

Tuttavia Lo Surdo esitò a lungo prima di pubblicare i risultati della sua scoperta, perché non era ancora in grado di spiegarla compiutamente. Come lui stesso avrebbe riferito nel corso di un'ulteriore presentazione alla Reale Accademia dei Lincei del 21 dicembre 1913, fatta poco dopo la pubblicazione di Stark:

> Cercando di studiare l'effetto Doppler dovuto ai raggi positivi retrogradi, in prossimità del catodo, con un tubo obliquo rispetto all'asse del collimatore dello spettroscopio, avevo riconosciuto, già dall'estate scorsa, che le righe dell'idrogeno apparivano decomposte in parecchi elementi.
> Più tardi ho trovato che il fenomeno si presenta ancora quando il tubo diventa perpendicolare al collimatore. Si trattava, dunque, di un fatto nuovo.[9]

Ma del "fatto nuovo", ammetteva il fisico italiano, non aveva saputo spiegare la causa e la sua scoperta era rimasta nel cassetto fino all'uscita dell'articolo di Stark su *Nature*; solo dopo averlo letto, si

---

[9] Lo Surdo A. (1913) *Sul fenomeno analogo*, op. cit., p. 664 [A proposito dell'orientamento fra tubo a scarica e collimatore dello spettroscopio, è utile richiamare l'attenzione sul fatto che se gli assi dei due apparecchi sono posti perpendicolarmente l'effetto Doppler non si evidenzia. Ecco perché Lo Surdo, escludendo che si potesse trattare di effetto Doppler, pensava di essere di fronte a "un fatto nuovo"].

rese conto di aver ottenuto lo stesso risultato di Stark con un dispositivo diverso:

> Il 4 dicembre scorso, nel numero 2.301 della rivista The Nature, apparve una breve lettera del professor Stark, il quale annunciava di avere ottenuto nel campo elettrico un effetto analogo a quello di Zeeman, e facilmente potei persuadermi che il fenomeno da me prima osservato era identico a quello di Stark.[10]

A quanto sembra, però, Lo Surdo non si ricredette da solo: a metterlo sulla strada giusta sarebbe stato il suo direttore Garbasso, come è testimoniato da Edoardo Amaldi, in una lettera rintracciata dagli autori di questo saggio presso il suo archivio all'università di Roma La Sapienza:

> Per quanto riguarda il suo lavoro sulla separazione delle righe spettrali per azione del campo elettrico, sentii dire (sempre negli anni Trenta) che Lo Surdo avesse effettivamente osservato nello spettro luminoso emesso da una scarica in un gas una separazione delle righe, ma che non fosse riuscito a spiegarne l'origine e che sia stato il prof. A. Garbasso, allora direttore dell'Istituto di Fisica dell'Università di Firenze, ad aver richiamato l'attenzione di Lo Surdo sul lavoro di Stark e suggerito che si trattasse dello stesso

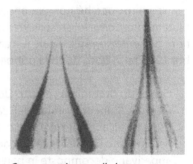

Come apparivano sulla lastra fotografica le righe scisse in varie componenti. Questa fotografia ha una particolare valenza storica perché è stata ripresa da Stark con il tubo a scarica di Lo Surdo, quando il fisico tedesco si rese conto che il dispositivo del collega italiano forniva immagini migliori. Mostra la scomposizione della riga H_γ dell'idrogeno, sotto l'effetto di due diverse orientazioni del campo elettrico (da Leone M., Paoletti A., Robotti N. (2004) A Simultaneous Discovery, op. cit., p. 290)

---

[10] *Ibid.*

effetto. Solo allora Lo Surdo pubblicò i suoi risultati e nella letteratura internazionale si parla spesso di "metodo Lo Surdo" per osservare "l'effetto Stark" in quanto la disposizione sperimentale usata da Lo Surdo permette di osservare l'effetto assai meglio di quella di Stark stesso.[11]

9.4. La proposta di Garbasso

Garbasso fece molto di più: affiancò alla presentazione di Lo Surdo una sua personale nota in cui, innanzitutto, introduceva la consuetudine di riferirsi al nuovo fenomeno con i nomi di entrambi gli scopritori: "Stark-Lo Surdo"; e poi ne analizzava le implicazioni sui due modelli di atomo che si contendevano il campo:

Il fenomeno ha un grande interesse teorico in quanto permette di confrontare uno con l'altro i due modelli proposti per la struttura degli atomi materiali da J.J. Thompson e da Rutherford. Nel primo, com'è noto, gli elettroni stanno immersi in una sfera di elettricità positiva e le forze sono di tipo quasi elastico; nel secondo gli elettroni girano intorno al nucleo e le forze sono newtoniane.

È evidente *a priori* che il modello di Thompson, nella sua forma originaria, non può rendere conto del fenomeno di Stark-Lo Surdo. Il modello di Rutherford, almeno nella forma nella quale fu posto da Bohr, permette invece di prevedere il caso più semplice osservato da Stark e Lo Surdo.[12]

Con questo riferimento all'atomo quantistico proposto da Bohr, seguito da minuziose considerazioni analitiche, Garbasso, evidentemente aggiornatissimo sulla teoria presentata dal fisico danese alla conferenza Solvay, introduceva per primo nel panorama della fisica italiana l'interpretazione del fenomeno Stark-Lo Surdo secondo le più avanzate vedute della meccanica dei quanti.

---

[11] Lettera di E. Amaldi a G. Busà, Roma 6 luglio 1982, al Dipartimento di Fisica, Università di Roma La Sapienza, *Archivio Amaldi*, scatola 106, f.1.

[12] Garbasso A. (1913) Sopra il fenomeno Stark-Lo Surdo, *Rendiconti della Reale Accademia dei Lincei*, serie V, vol. XXII, 2, p. 635.

Nei mesi successivi, grazie alla notevole semplicità degli strumenti e dei metodi usati da Lo Surdo, rispetto a quelli di Stark, la scissione delle righe di vari gas sotto l'effetto di un campo elettrico diventò accessibile anche ai meno dotati laboratori di fisica e stimolò una quantità di approfondimenti su questo fenomeno. Sono da segnalare, in primo luogo, quelli svolti presso il Regio Istituto Fisico di Firenze fra il 1913 e il 1915 dallo stesso direttore Garbasso e da due colleghi di Lo Surdo: Luigi Puccianti e Rita Brunetti, che per primi individuarono, rispettivamente, le scomposizioni della riga rossa dell'idrogeno (H_α) e di alcune righe dell'elio.

La Brunetti evidenziava così i vantaggi del metodo Lo Surdo nell'osservazione delle righe dell'elio:

> Per la natura del metodo dello Stark non era possibile fosse notata l'anomalia di scomposizione che appartiene ad alcune righe dell'elio.
> Questo era possibile solo col metodo di Lo Surdo che mette in evidenza l'origine di ogni elemento delle righe dello spettro.[13]

E, a proposito del tubo sottile concepito dal suo collega, aggiungeva:

> Va infine messo in evidenza un altro dei vantaggi che presenta il metodo di Lo Surdo [...] quello di mettere a disposizione dello sperimentatore tanta copia di luce da rendere possibile l'uso dello scaglione [reticolo a diffrazione di uno spettroscopio, n.d.A], e con questo un esame molto intimo della scomposizione elettrica delle righe di un elemento.[14]

Nel 2004 gli storici della fisica Matteo Leone, Alessandro Paoletti e Nadia Robotti, in un lungo articolo apparso sulla rivista *Physics in Perspective*, hanno ricostruito le varie fasi della scoperta simultanea e indipendente di Stark e Lo Surdo. La vicenda non si chiu-

[13] Brunetti R. (1915) Il Fenomeno di Stark-Lo Surdo nell'elio, *Rendiconti della Reale Accademia dei Lincei*, serie V, vol. XXIV, pp. 719-723.
[14] Brunetti R. (1915) Altre ricerche sul fenomeno di Stark-Lo Surdo nell'elio, in *Ricerche sui fenomeni di Stark e Lo Surdo, compiute nel R. Istituto Fisico di Firenze 1913-1915*, estratto da *Il Nuovo Cimento*, pp. 54-59.

se con la pubblicazione dei rispettivi lavori del 1913, ma continuò in una sorta di competizione a distanza che andò avanti per diversi mesi, durante i quali entrambi approfondirono con esperimenti e nuove pubblicazioni gli aspetti più riposti del fenomeno. In questa gara Lo Surdo riuscì a evidenziare e a pubblicare per primo la scomposizione di altre righe dell'idrogeno e le diverse modalità del fenomeno, avendo poi la soddisfazione di vedere adottato sia dal fisico tedesco sia da altri sperimentatori stranieri il suo sottile tubo a scarica, che si rivelò eccellente per studiare il comportamento delle più deboli righe spettrali dell'idrogeno e di altri gas[15]. L'analisi più approfondita della scomposizione delle prime quattro righe dell'idrogeno lo portò poi a scoprire una regolarità nel numero delle componenti di ciascuna riga e a formulare una specifica legge[16].

9.5. Il riconoscimento di Corbino

Un corale riconoscimento per i risultati delle sue ricerche fu tributato a Lo Surdo in occasione della riunione della SIF che si tenne a Roma il 4 aprile 1914 e che fu interamente dedicata ai vari aspetti, sperimentali e teorici, "dell'analogo del fenomeno di Zeeman nel campo elettrico". In quella circostanza, egli effettuò una spettacolare dimostrazione pubblica del fenomeno, adoperando i suoi tubi a scarica molto sottili e mostrando alla platea la scissione delle righe spettrali dell'idrogeno. Subito dopo Garbasso rivendicò al suo assistente, se non la priorità della scoperta del fenomeno, quella del metodo più semplice ed efficace per evidenziarlo con un ordinario spettroscopio, e propose ufficialmente di chiamarlo "effetto Stark-Lo Surdo"[17].

[15] Leone M., Paoletti A., Robotti N. (2004) A Simultaneous Discovery: the Case of Johannes Stark and Antonio Lo Surdo, *Physics in Perspective*, 6, pp. 271-294.
[16] Lo Surdo A. (1914) La scomposizione catodica della quarta riga della serie di Balmer e probabili regolarità, in *Rendiconti della Reale Accademia dei Lincei*, serie V, vol. XXIII.
[17] AA.VV. (1914) Società Italiana di Fisica, *L'elettrotecnica*, vol. I, n. 10, 5 maggio 1914, pp. 267-268.

Alla riunione era presente un altro grande organizzatore della fisica italiana del Novecento, Orso Mario Corbino, che dal 1907 occupava la cattedra di Fisica Complementare a Roma e che di lì a poco sarebbe stato nominato presidente della SIF. Tracciando un bilancio dei contributi apportati dai due scopritori, Corbino sostenne che la paternità del nuovo fenomeno doveva essere incontestabilmente attribuita a Stark, ma che il dispositivo adottato da Lo Surdo si era dimostrato tanto valido da aver portato alla duplice scoperta che le righe dell'idrogeno subiscono diverse forme di scomposizione e che c'è una regolarità numerica nel numero delle loro componenti. Corbino, come riassumeva un resoconto della seduta:

Esprime perciò il suo avviso che si chiami fenomeno Stark il nuovo fenomeno elettro-ottico per cui una riga spettrale di un gas [...] si scompone in righe polarizzate; e che si chiami invece fenomeno e legge di Lo Surdo il primo caso osservato di diversità di comportamento delle righe di una serie e la regolarità numerica da lui scoperta sul numero delle componenti.[18]

La proposta della doppia intestazione suscitò la vivace reazione del fisico tedesco, che rivendicò la priorità della scoperta e l'esclusività della denominazione[19]. Di fatto, il comitato per i premi Nobel, nel 1919, attribuì al solo Stark l'ambito riconoscimento. Lo Surdo dovette accontentarsi di un tributo prestigioso ma a carattere nazionale: il Premio Reale della Fisica dell'Accademia dei Lincei.

---

[18] Ibid.
[19] Stark J. (1914) Bemerkung zu einer Mitteilung des Herrn A. Lo Surdo, Phys. Zeit., 15, p. 215.

Capitolo 10
Dall'Ufficio Invenzioni
a via Panisperna

Che l'attività scientifica e l'estetica
siano essenzialmente distinte
è un pregiudizio di pochi pensatori unilaterali.
Antonio Garbasso, fisico, 1912

10.1. Mobilitazione per la Prima Guerra Mondiale

E torniamo a quel 1914 in cui Lo Surdo gareggiava con Stark in spettroscopia atomica. Mentre i due fisici analizzavano i bagliori nei tubi a scarica, altri sinistri bagliori si accendevano all'orizzonte europeo: per quattro anni consecutivi il turbine della prima guerra mondiale avrebbe divorato le migliori energie giovanili, a quei tempi pervase da forti sentimenti nazionalistici, sottraendone gran parte anche alla ricerca scientifica.

All'apertura delle ostilità dell'Italia contro l'impero Austro-ungarico, erano accorsi alle armi attempati professori universitari come Volterra e Garbasso e giovani assistenti come Lo Surdo, tutti convinti interventisti e volontari. Nello stesso tempo si moltiplicavano gli sforzi in ambito accademico per organizzare il lavoro degli scienziati desiderosi di collaborare con la macchina bellica.

Al Politecnico di Milano, nel 1915, era stato fondato un Comitato nazionale Esami e Invenzioni attinenti al materiale di guerra, più tardi inglobato dall'Ufficio Invenzioni e Ricerche, un'istituzione di raccordo fra il mondo della ricerca e quello militare, sul modello di quella costituita oltralpe dagli alleati francesi[1]. A capo della nuova istituzione, il Ministero per la Guerra, d'accordo

---

[1] Tomassini L. (2001) Le origini, in G. Paoloni G., Simili R. *Per una storia del Consiglio Nazionale delle Ricerche*, vol. I, Laterza, Bari, pp. 5-71.

Vito Volterra, celebre matematico fra Otto e Novecento e grande organizzatore della ricerca scientifica universitaria e industriale. All'epoca della Grande Guerra diresse l'Ufficio Invenzioni e Ricerche, un organismo per finalizzare il lavoro degli scienziati allo sforzo bellico. Fra i suoi più stretti collaboratori, oltre al maturo Orso Mario Corbino, c'era il giovane Lo Surdo. Entrambi si dedicarono allo sviluppo di apparati per l'individuazione acustica dei sottomarini (Accademia Nazionale dei Lincei)

Orso Mario Corbino, passato alla storia come il fondatore della scuola di fisica romana di via Panisperna. Nel 1918, quando diventò direttore dell'Istituto e titolare della cattedra di Fisica Sperimentale, chiamò a Roma, da Firenze, Lo Surdo, affidandogli la sua precedente cattedra di Fisica Complementare (Archivio Amaldi)

con quello della Pubblica Istruzione, aveva chiamato il matematico e senatore Volterra, che già in passato aveva dimostrato di avere grandi doti di organizzatore della ricerca, riuscendo a mettere insieme intelligenze e risorse provenienti sia da ambiti universitari sia industriali[2]. Per inciso, sarebbe stato proprio l'Ufficio Invenzioni e Ricerche, nel dopoguerra, a costituire il principale incubatore del futuro CNR, sempre per iniziativa di Volterra[3].

Scorrendo la lista dei collaboratori e consulenti dell'Ufficio Invenzioni e Ricerche, troviamo riuniti diversi personaggi ben noti: il premio Nobel Guglielmo Marconi, i fisici Pietro Blaserna e

[2] Paoloni G., Simili R. (2006) *Vito Volterra*, op. cit., p. 97.
[3] Tomassini L. (2001) *Le origini*, op. cit., pp. 30–32.

Orso Mario Corbino, l'ingegnere Gustavo Colonnetti (futuro presidente del CNR), il mineralogista Federico Millosevich, l'astronomo Giorgio Abetti, il geologo Paolo Vinassa de Regny e, tra i giovani fisici, anche il nostro Antonino Lo Surdo[4]. Fu in questo ambiente che il fisico siracusano continuò a guadagnarsi la stima di alcuni degli illustri scienziati che lo avrebbero sostenuto nel prosieguo della sua carriera.

10.2. L'"ascoltazione" sottomarina

Quali lavori abbia svolto esattamente Lo Surdo al servizio dell'Ufficio Invenzioni nel lungo periodo bellico è rimasto, per tanto tempo, un mistero coperto dal segreto militare. Per sei anni consecutivi, dal 1915 al 1920, la sua produzione scientifica si interruppe: non un articolo comparve più nelle riviste su cui egli frequentemente aveva pubblicato. Qualche dettaglio sulla sua attività in questo lasso di tempo lo aveva svelato in parte lo stesso Volterra, nel contesto di un parere espresso nel 1921 per la nomina di Lo Surdo a professore ordinario:

Durante il periodo della guerra consacrò tutta la sua attività a scopi tecnici per l'Amministrazione della Guerra e della Marina. L'opera illuminata da lui prestata nell'Ufficio Invenzioni e Ricerche merita il massimo encomio. Le ricerche da lui compiute sull'ascoltazione sotto-marina, sulla costruzione dei tubi C e sul loro impiego, lo studio sulle onde del Langevin ed altre ricerche, che non poterono venire alla luce per ovvie ragioni di opportunità, han portato un utile contributo alla tecnica di guerra, mentre hanno un valore scientifico intrinseco.[5]

[4] Venturini L. (1991) L'Ufficio Invenzioni e Ricerche e la mobilitazione scientifica dell'Italia durante la Grande Guerra: fonti e documenti, *Ricerche Storiche*, XXI, 3, docc. 6 e 7, *passim*; Nastasi P., Tazzioli R. (2007) *Italian Mathematics and World War I*, intervento al Convegno internazionale *Mathematics and the First World War*, Luminy, Marsiglia, 22-26 gennaio 2007.
[5] Parere del Commissario Volterra sulla promozione del Prof. Antonino Lo Surdo, Roma 29 giugno 1921, in ACS, *MPI. D.G. Istr. Sup., Fasc. Pers. Prof. Univ*, III v. b. 276.

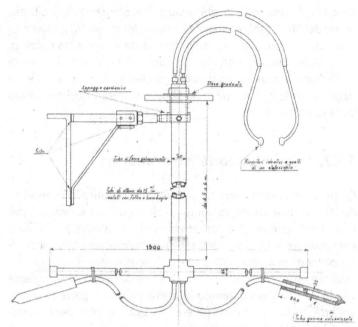

Disegno schematico di un "tubo C", un'invenzione americana per captare il rumore dei sottomarini nemici durante la Prima Guerra Mondiale, importata e rielaborata in Italia da Corbino e Lo Surdo, al tempo della loro militanza nell'Ufficio Invenzione e Ricerche (per cortesia dell'Archivio Centrale dello Stato)

Il professor Volterra aggiungeva, poi, che Lo Surdo aveva compilato "un chiaro e pregevole manuale di istruzioni destinato alla formazione del personale specializzato all'ascoltazione sottomarina" e che, a parte i suoi personali contributi, aveva svolto un impegnativo lavoro di analisi e selezione di numerosi progetti e proposte presentati da altri ricercatori e riguardanti le applicazioni belliche della fisica[6]. Per tutti questi meriti lo scienziato era stato nominato capitano di corvetta di complemento della Marina Militare e decorato con la croce al merito di guerra[7].

---

[6] Relazione della Commissione giudicatrice per la promozione del professore A. Lo Surdo, Roma 1 luglio 1921, in ACS, MPI. D.G. Istr. Sup. Fasc. Pers. Prof. Univ., III v. b. 276.
[7] Dichiarazione del Ministero della Marina, Reparto onorificenze, Roma 24 novembre 1923, in ACS, MPI. D.G. Istr. Sup., Fasc. Pers. Prof. Univ., III v. b. 276.

Come funzionassero esattamente i tubi C e quale fosse il contributo dato Lo Surdo nel loro impiego per la guerra antisommergibili si poté sapere soltanto diversi anni dopo, quando le carte dell'ex Ufficio Invenzioni, ormai prive di valore strategico, furono depositate all'Archivio Centrale dello Stato. Una relazione di dieci pagine, contenente un'introduzione di Corbino e tre articoli di Lo Surdo, svela i particolari essenziali di questa vicenda[8].

Il tubo C era un'invenzione americana di grande semplicità ma anche di notevole efficacia, nata nei laboratori della General Electric. La lettera C era l'iniziale di *chaser* (inseguitore), termine con cui negli Stati Uniti era indicata una categoria di imbarcazioni piccole e agili, munite di bombe di profondità, impiegate per dare la caccia ai sommergibili.

Il professor Giorgio Abetti, che tra il 1916 e il 1917 ricopriva l'incarico di rappresentante dell'Ufficio Invenzioni presso la Commissione interalleati a Washington, era venuto a conoscenza dello sviluppo di questi dispositivi e ne aveva riferito i dettagli costruttivi a Corbino e a Lo Surdo, i quali ne avevano curato lo studio teorico, la sperimentazione in mare e l'addestramento all'uso in Italia[9].

In pratica, si trattava di una lunga tubatura metallica collegata, a un'estremità, con una vescica di gomma a pareti molto spesse contenente una piccola quantità d'aria, all'altra estremità con un auricolare. Da bordo di un'imbarcazione, l'estremità con la vescica di gomma veniva calata in mare, quella con l'auricolare sistemata alle orecchie di un operatore. Le pur minime vibrazioni trasmesse all'acqua dai motori di un sommergibile erano captate dalla vescica sommersa che fungeva da efficace amplificatore meccanico. Scriveva Corbino:

L'energia vibratoria che raggiunge la superficie esterna, trasmettendosi al piccolo spazio interno, dà luogo a spostamenti radiali della superficie interna, che sono molto più ampi di

---

[8] Relazione di O.M. Corbino, A. Lo Surdo sulle esperienze fatte nel Golfo di Spezia col Tubo C per la ricerca dei sommergibili, in ACS, *Ministero del Tesoro, Sottosegretariato per liquidazione servizi armi, munizioni e aeronautica. Ufficio Invenzioni e ricerche*, b.2, 1917.
[9] *Ibid.*

quelli dell'acqua, e perciò l'aria contenuta viene sottoposta a notevoli variazioni di volume, quindi di pressione, funzionando come una sorgente sonora rispetto alla tubazione che conduce il suono all'orecchio.[10]

Il dispositivo non solo poteva rilevare la presenza di un sommergibile entro un raggio di diversi kilometri, ma anche, precisava Corbino, la sua direzione rispetto all'osservatore:

> Basta invero disporre due tubi C, invece di uno, conducendo i suoni da essi raccolti separatamente ai due orecchi. L'esperienza dimostra che in tal modo la percezione risultante dall'insieme dei due orecchi è di tal natura da fornire un mezzo squisito di riconoscimento della direzione.[11]

Nella sua configurazione operativa, dunque, lo strumento era fatto da due vesciche di gomma tenute a una certa distanza e collegate a una tubazione doppia, terminante con una specie di stetoscopio. L'audizione bi-auricolare permetteva di dedurre, con buona approssimazione, la direzione di provenienza dei rumori prodotti dai sommergibili in navigazione.

Il compito di Lo Surdo, in particolare, era stato quello di ricostruire in laboratorio vari modelli di tubi C e di sperimentarli in mare aperto, a bordo di MAS (Motoscafi Armati Siluranti), sia per verificare la configurazione più sensibile, sia per stabilire le procedure di utilizzo più efficaci ai fini della localizzazione dei sommergibili. Tutto il lavoro sperimentale era stato completato con la compilazione di un manuale d'istruzioni per gli operatori.

Annotava Lo Surdo, a conclusione di una serie di prove al largo del golfo di La Spezia, di essere riuscito a determinare le posizioni di un sommergibile fino a 10 km di distanza in appena due minuti di ascolto, compiacendosi dell'affidabilità del dispositivo:

> Il Tubo C è semplicissimo e quindi non è soggetto a facili avarie. Il suo uso non richiede l'impiego di apparati elettrici come pile,

---

[10] *Ibid.*
[11] *Ibid.*

microfoni e di congegni complicati. Esso può quindi essere usato anche da persone che non abbiano speciali attitudini ed abilità tecniche come marinai, pescatori ecc.; occorre soltanto che chi l'adopera possieda l'udito normale. L'uso di questo apparecchio si apprende facilmente dopo brevissima istruzione.[12]

I tubi C sarebbero stati impiegati con successo nelle fasi conclusive della Prima Guerra Mondiale, durante le operazioni navali della flotta alleata contro i sommergibili tedeschi nel Mar Mediterraneo[13].

10.3. La chiamata di Lo Surdo a Roma

Nonostante la totale conversione alla ricerca militare durante la parentesi bellica, Lo Surdo non tralasciò di fare progredire la sua carriera universitaria. Nell'ottobre 1915 partecipò a un concorso bandito dall'Università di Genova per un posto di ordinario in Fisica Sperimentale, classificandosi terzo dopo i professori Luigi Puccianti e Alfredo Pochettino, con un lusinghiero giudizio della commissione che lo definì "in prima linea tra i giovani fisici italiani"[14]. L'anno successivo, su proposta della Facoltà di Scienze del Regio Istituto di Studi Superiori di Firenze, fu nominato professore straordinario alla cattedra di Fisica Sperimentale[15].

L'Istituto di Fisica di via Panisperna a Roma. Lo Surdo ci si trasferì nel 1918 da Firenze, su chiamata di Orso Mario Corbino, e ci restò, prima come professore di Fisica Complementare e poi di Fisica Superiore, fino alla morte avvenuta nel 1949 (Archivio Amaldi)

---

[12] *Ibid.*

[13] Woofenden T.A. (2006) *Hunters of the Steel Sharks*, Signal Light Books, Bowdoinham, Maine, *passim*.

[14] Estratto dal verbale dell'adunanza della Sezione di Scienze fisiche e naturali del 15 gennaio 1916, in ACS, *MPI. D.G. Istr. Sup., Fasc. Pers. Prof. Univ.*, III v. b. 276.

[15] Verbale dell'adunanza della Giunta del Consiglio Superiore della Pubblica Istruzione, 1 ottobre 1916, in ACS, *MPI. D.G. Istr. Sup., Fasc. Pers. Prof. Univ.*, III v. b. 276.

Verso la conclusione del conflitto, nel giugno 1918, si presentò per Lo Surdo un'altra favorevole opportunità per l'avanzamento della sua carriera: morto Pietro Blaserna, il celebre fondatore dell'Istituto di Fisica di via Panisperna a Roma, il suo ruolo di direttore e la sua cattedra di Fisica Sperimentale furono affidati a Corbino, che lasciò libero l'insegnamento di Fisica Complementare di cui era titolare. Allora, su proposta dello stesso Corbino, la Facoltà deliberò all'unanimità che Lo Surdo fosse chiamato, da Firenze, a occupare la cattedra rimasta vacante. Era questa la prima mossa di una strategia adottata da Corbino per il rafforzamento e il rinnovamento dell'Istituto di via Panisperna, cui sarebbe seguita, alcuni anni dopo, la chiamata di Fermi alla cattedra di Fisica Teorica. Come si legge nel verbale di un'adunanza della Facoltà di Scienze del giugno 1918 presieduta da Volterra:

Prende la parola il prof. Corbino per osservare che si presenta fortunatamente una lietissima occasione perché tale insegnamento abbia una degna continuazione e propone che sia chiamato a coprire la cattedra vacante di Fisica complementare il prof. Antonino Lo Surdo, straordinario della medesima disciplina nel R. Istituto Superiore di Studi di Firenze; espone brevemente ai colleghi la carriera scientifica del Prof. Lo Surdo che, educato alle severe ricerche nella scuola del professor Roiti si dedicò dapprima a studi di fisica terrestre orientandosi poi, con una fortunata scoperta nel campo della elettro-ottica, alla fisica propriamente detta; ricorda che i suoi lavori valsero a Lo Surdo un premio Sella della R. Accademia dei Lincei, una designazione ex-aequo al premio Bressa della R. Accademia di Torino e la medaglia d'oro Matteùcci [riga illeggibile, ma sicuramente si fa riferimento al concorso per la cattedra di Fisica Sperimentale di Genova *n.d.A.*] [...] concorso in seguito al quale fu nominato straordinario di Fisica complementare nel R. Istituto di Studi Superiori di Firenze. Le qualità morali infine del Lo Surdo, che da lungo tempo conosce, gli danno sicuro affidamento di una felice coesistenza con lui nello stesso istituto e di una bene affiatata collaborazione feconda di utili risultati per la gioventù studiosa.[16]

Ai lusinghieri giudizi di Corbino, si associarono il fisiologo Giulio Fano – che, avendo ricoperto per diversi anni il ruolo di preside all'Istituto di Studi Superiori di Firenze, conosceva molto bene Lo Surdo – e altri docenti. La facoltà, in conclusione, deliberò:

> Per la sua coltura eminente in molti rami della Fisica, per le sue abilità sperimentali e per le sue attitudini didattiche dimostrate durante la sua permanenza all'Istituto di studi superiori di Firenze, la facoltà a voto unanime ne propone il trasferimento alla cattedra di Fisica complementare di questa Università con la certezza che saranno in tal modo degnamente continuate le nobili tradizioni di questa importantissima cattedra illustrata da più di un ventennio di insegnamento dai Professori A. Sella e O.M. Corbino.[17]

Il 16 ottobre del 1918 un decreto regio accoglieva la proposta della Facoltà di Scienze e Antonino Lo Surdo, nominato professore straordinario di Fisica Complementare, poteva trasferirsi a Roma, in quello che era considerato il tempio della fisica italiana, sotto l'ala protettiva di Volterra e Corbino[18].

10.4. Ordinario di Fisica Complementare

Qualche anno dopo, nel 1921 Lo Surdo riprese formalmente la ricerca scientifica in ambito civile pubblicando tre lavori in stretta successione, allo scopo di presentarli al concorso per il passaggio a professore ordinario:

– la dimostrazione che elio e neon non si creano sinteticamente all'interno dei tubi a scarica, come pretendeva qualche illustre fisico, ma si infiltrano dall'aria esterna, a causa della permeabilità del vetro surriscaldato dalle scariche elettriche[19];

---

[16] Estratto dal verbale dell'adunanza della Facoltà di Scienze della R.U. di Roma, del 19 giugno 1918, in ACS, *MPI. DG Istr. Sup., Fasc. Pers. Prof. Ord., III v., b.* 276.
[17] *Ibid.*
[18] D. luog. 1 settembre 1918, in ACS, *MPI. D.G., Istr. Sup., Fasc. Pers. Prof. Ord., III v., b.* 276.
[19] Lo Surdo A. (1921) Elio e neon sintetici, *Rendiconti della Reale Accademia dei Lincei,* serie V, vol. XXX.

- l'invenzione di un nuovo tipo di "spettroscopio a gradinata" che funziona per riflessione invece che per rifrazione, garantendo un potere risolutivo tre volte maggiore[20];
- la spiegazione del meccanismo fisico e fisiologico che ci fa percepire la direzione di provenienza di un suono[21].

Tre temi affatto diversi l'uno dall'altro che testimoniano come a quei tempi si sentisse l'esigenza (ma ancora per poco) di realizzarsi come scienziati poliedrici, alla Hermann von Helmholtz tanto per intenderci, che nell'Ottocento aveva prodotto fondamentali lavori negli ambiti più svariati: ottica, acustica, elettrodinamica, meteorologia, fisiologia e persino anatomia e patologia.

Il lusinghiero giudizio espresso da Corbino nel 1921 in occasione del concorso per la promozione di Lo Surdo a professore ordinario di Fisica Complementare presso l'Istituto Fisico di via Panisperna a Roma: "... dichiaro di ritenere il prof. Lo Surdo degnissimo della promozione a ordinario" (Stato Matricolare del Ministero dell'Istruzione Pubblica)

---

[20] Lo Surdo A. (1921) Spettroscopio a gradinata catottrica, *Rendiconti della Reale Accademia dei Lincei*, serie V, vol. XXX.
[21] Lo Surdo A. (1921) L'audizione biauricolare dei suoni puri, *Rendiconti Reale Accademia dei Lincei*, serie V, vol XXX, 1 [Si noti che, sulle ricerche relative alla percezione delle onde sonore, Lo Surdo sarebbe tornato con rinnovato interesse nel secondo dopoguerra con ben dieci lavori sviluppati in collaborazione con A. Bolle e G. Zanotelli].

La commissione giudicatrice, composta da personaggi che avevano ormai una lunga consuetudine con Lo Surdo (Orso Mario Corbino,
Michele Cantone, Michele La Rosa, Antonio Roiti e Vito Volterra), ebbe
parole di elogio per le ricerche del candidato concludendo:

> Questi risultati nel loro complesso, non solo testimoniano dell'o-
> perosità scientifica del Lo Surdo, ma confermano le qualità di lui
> di acuto speculatore e di abile sperimentatore che già gli hanno
> assicurato un alto posto nella stima del mondo scientifico.[22]

Ma particolarmente favorevole fu, in questa circostanza, il giudizio espresso da Orso Mario Corbino:

> Dichiaro di ritenere il prof. Lo Surdo degnissimo della promo-
> zione a ordinario: per i servizi tecnici e scientifici prestati in
> guerra, per la sua attività didattica nell'Istituto fisico di Roma,
> per gli importanti lavori scientifici presentati, dei quali quello
> sul neon sintetico mi sembra di grandissima importanza.[23]

Nel 1922 la denominazione della cattedra di Lo Surdo cambiò,
diventando "Fisica superiore e complementi di fisica", anche se si
trattò di un fatto puramente formale, poiché i contenuti didattici
dell'insegnamento rimasero sostanzialmente invariati[24].

10.5. Il giuramento al fascismo

Fra i documenti dello stato matricolare di Lo Surdo, si trova anche il
"processo verbale" di giuramento alla monarchia e al fascismo che, in
obbedienza a un regio decreto del 1931, doveva essere pronunciato
davanti al rettore dell'Università, alla presenza di due testimoni:

---

[22] Relazione della commissione giudicatrice per la promozione del prof. Lo
Surdo Antonino, op. cit.
[23] Giudizio del commissario prof. O. M. Corbino per la promozione a ordinario del prof. Lo Surdo 29 giugno, in ACS, MPI. D.G., Istr. Sup., Fasc. Pers.
Prof. Ord., III v., b. 276.
[24] Minuta del R. d. 28 aprile 1923 relativo alla ridenominazione della cattedra di fisica complementare, in ACS, MPI. D.G., Istr. Sup., Fasc. Pers. Prof.
Ord., III v., b. 276.

Giuro di essere fedele al Re, ai suoi Reali successori e al Regime Fascista, di osservare lealmente lo Statuto e le altre leggi dello Stato, di esercitare l'ufficio d'insegnante e adempiere tutti i doveri accademici col proposito di formare cittadini operosi, probi e devoti alla Patria e al regime Fascista. Giuro che non appartengo né apparterrò ad associazioni o partiti la cui attività non si concilii coi doveri del mio ufficio.[25]

Per inciso, degli oltre milleduecento professori che allora formavano il corpo docente delle università italiane, solo dodici si rifiutarono di sottoscrivere il giuramento, perdendo così il diritto all'insegnamento:"appena l'uno per mille", commentavano ironicamente gli organi di stampa del regime, deridendo i pochi dissidenti; e, fra di essi, l'unico dei tanti citati nella nostra storia fu Vito Volterra.

Alla fine degli anni Venti Lo Surdo aveva cominciato a collaborare con il CNR, in qualità di membro di alcuni Comitati di consulenza scientifica; dal 1929 lo troviamo sia nel Comitato per la Geodesia e Geofisica, sia in quello per la Radiotelegrafia presieduto da Marconi[26]; l'anno dopo viene chiamato anche nel Comitato per la Fisica[27].

In quegli stessi anni Lo Surdo aprì un nuovo capitolo della sua versatile carriera di sperimentatore, con lo studio delle caratteristiche di funzionamento delle valvole termoioniche, quei componenti elettronici capaci di amplificare debolissime correnti che, fra l'altro, ebbero un ruolo fondamentale nello sviluppo del nascente servizio radiofonico, essendo necessari sia agli apparati trasmittenti, sia a quelli riceventi. Le sue numerose ricerche e pubblicazioni sull'argomento[28] trovarono sintesi in un lavoro che gli

[25] Processo verbale di prestazione di giuramento per parte del signor Lo Surdo Antonino, Roma 23 novembre 1931, ACS, MPI. D.G., Istr. Sup., Fasc. Pers. Prof. Ord., III v., b. 276.
[26] Annuario del Ministero dell'Educazione Nazionale, Roma 1929.
[27] Annuario del Ministero dell'Educazione Nazionale, Roma 1931.
[28] Lo Surdo A. (1927) La corrente di saturazione delle valvole termoioniche, Rendiconti della Reale Accademia dei Lincei, serie VI, vol. V; Lo Surdo A. (1927) Sulla corrente elettrica filtrata attraverso ad una valvola termoionica saturata, Rendiconti della Reale Accademia dei Lincei, serie VI, vol. V; Lo Surdo A. (1928) Sulle caratteristiche dei triodi a tensione di griglia saturanti, Rendiconti della Reale Accademia dei Lincei, serie VI, vol. VII.

Antonino Lo Surdo (a sinistra, parzialmente coperto dall'uomo al centro) sulla scalinata dell'Istituto di Fisica di via Panisperna a Roma con Arthur H. Compton (a destra), premio Nobel 1927 per la Fisica per la scoperta dell'effetto omonimo che descrive la diffusione di un fotone dopo l'urto con un elettrone. La foto fu scattata dal fisico Samuel A. Goudsmit nel 1931 (da Emilio Segrè Visual Archives)

Marconi aveva stima e considerazione per Lo Surdo ben prima di affidargli la direzione dell'ING nel 1936, come dimostra questa lettera del 1932 in cui l'inventore della radio chiede al fisico siracusano alcune copie degli apparecchi che mostrano il "fenomeno Lo Surdo", da mettere in mostra in alcuni musei del mondo (dalla rivista I Siracusani, III, n. 16, 1998)

fu commissionato dal comitato delle onoranze per il centenario della morte di Alessandro Volta e che fu pubblicato in un numero speciale della rivista *Energia Elettrica* nel 1927[29].

Di sicuro fu anche su questo terreno di comuni interessi scientifici che si rinsaldò l'intesa di Lo Surdo con Marconi, il quale, comunque, lo aveva in grande stima e considerazione fin dai tempi delle sue scoperte nel campo della spettroscopia atomica. Lo dimostra una lettera del 1932 nella quale Marconi, in veste di presidente del CNR, chiede al fisico siracusano di fornirgli ben quattro apparati per la dimostrazione di quello che Corbino aveva proposto di chiamare "il fenomeno Lo Surdo" (si veda paragrafo 9.5), da esporre in altrettante collezioni di cimeli scientifici a Chicago, Londra, Monaco di Baviera e in Italia[30].

Per tutti questi motivi, il curriculum scientifico di Lo Surdo dovette apparire più che idoneo all'inventore della radio nonché presidente del CNR, per affidargli nel 1936 il progetto costitutivo e la direzione dell'ING.

---

[29] Lo Surdo A. (1927) Il passaggio dell'elettricità attraverso ai gas ionizzati, fascicolo speciale de l'*Energia elettrica* nel I centenario della morte di Alessandro Volta, 1927.
[30] Una riproduzione dell'originale di questa lettera inviata da G. Marconi ad A. Lo Surdo con data Roma 10 ottobre 1932 si trova in Coriglione P. (1998) Il siracusano di via Panisperna Antonino Lo Surdo, *I Siracusani*, III, n. 16, pp. 38-41.

Capitolo 11
La stazione sismica di Roma

*Converrebbe pure conoscere sommariamente
il meccanismo di queste grandi forze naturali,
e il loro ufficio nell'armonia generale delle cose.*
Jean Henri Fabre, naturalista, 1865

11.1. Pietro Caloi, fuoriclasse della sismologia

I primi anni dell'ING, dopo la travagliata costituzione avvenuta alla fine del 1936, furono difficili sotto tutti i punti di vista: bilanci, organico, ricerche e reti di monitoraggio geofisico soffrirono per le difficili condizioni causate dal progressivo instaurarsi di un'economia di guerra.

Prima l'avventura coloniale in Etiopia, con il corollario delle sanzioni internazionali contro l'Italia e dell'autarchia, poi lo scoppio della seconda guerra mondiale, stornarono una grande quantità di risorse pubbliche, sacrificando in particolar modo quelle

Il nuovo Istituto di Fisica all'interno della Città Universitaria come appariva nel 1936, poco dopo la sua costruzione. All'atto della fondazione, Marconi e Lo Surdo concordarono che l'ING fosse ospitato in questo edificio. La Stazione Sismica Centrale occupava gli ampi locali negli scantinati (Archivio Amaldi)

realtà della ricerca scientifica che non offrivano applicazioni dirette a favore dell'industria bellica.

Nel 1937 il bilancio si limitò a poco più di 200.000 lire per le spese "di primo impianto e funzionamento" e per cominciare a dotarsi di sismografi e di altri strumenti d'indagine geofisica, per altro autarchicamente realizzati nei laboratori dell'ING, presso l'Istituto di Fisica della Sapienza, con eccellenti risultati. Il personale, formato da diciassette dipendenti passati dal CNR al nuovo Istituto, era pagato direttamente dall'amministrazione centrale dell'ente[1].

La prima pianta organica rintracciabile, relativa al 1938, rivela che dello scarno organico dell'ING facevano parte solo quattro

A sinistra: Pietro Caloi aveva iniziato la sua carriera di sismologo all'Osservatorio Geofisico di Trieste. Alla costituzione dell'ING Lo Surdo lo nominò geofisico capo e gli affidò una piccola squadra di ricercatori (Guido Pannocchia, Francesco Peronaci ed Ezio Rosini) e adeguate risorse per avviare la rete geofisica nazionale, a partire dalla realizzazione della stazione sismica di Roma-Città Universitaria. È stimato come uno dei maggiori sismologi del Novecento (Archivio Storico ING). A destra: Francesco Peronaci, un altro componente della piccola squadra dei quattro ricercatori iniziali dell'ING, fu uno dei più versatili geofisici, essendosi occupato di sismologia, limnologia ed elettricità atmosferica (Archivio Storico ING)

---

[1] G. Calcara (2004) Breve profilo dell'Istituto Nazionale di Geofisica, *Quaderni di Geofisica*, n. 36, pp. 6-7.

geofisici: Pietro Caloi, Guido Pannocchia, Francesco Peronaci e Ezio Rosini; il resto del personale era formato da amministrativi e tecnici[2]. Ma Lo Surdo puntò sulla qualità, selezionando ricercatori esperti: è da ascrivere a suo merito il fatto che il "geofisico principale" del quartetto, cioè quello più alto in grado, il trentenne Pietro Caloi, fosse destinato a diventare un protagonista della geofisica italiana del Novecento e sicuramente uno dei più stimati sismologi in campo internazionale.

Laureato in matematica a Padova, Caloi aveva intrapreso la carriera di sismologo come assistente all'Istituto Geofisico di Trieste nel 1931; quattro anni dopo, conseguita la libera docenza in sismologia, aveva iniziato un'assidua e appassionata attività didattica all'Università di Roma. Alla fine del 1936 Lo Surdo, raggiunto dalla sua fama di brillante ricercatore e didatta, invitò Caloi a entrare nella piccola squadra del neo costituito ING. In occasione del centenario della sua nascita, nel 2007, così lo ha ricordato lo storico della geofisica Graziano Ferrari:

Caloi è stato probabilmente il maggior sismologo italiano del XX secolo, anche se il suo carattere un po' schivo e la sua abitudine a pubblicare prevalentemente in italiano e su riviste italiane non hanno contribuito molto a far conoscere e apprezzare in modo ampio il suo contributo alla sismologia. Fu tra i pochi scienziati italiani a dialogare con i grandi sismologi mondiali del suo tempo, come Beno Gutenberg e Inge Lehmann, con la quale nel 1952 fu tra i fondatori della European Seismological Society, tuttora attiva, di cui fu segretario e presidente. Ricoprì importanti incarichi in associazioni internazionali di geofisica e fu insignito di numerosi riconoscimenti nazionali e internazionali. Gli interessi scientifici di Caloi furono orientati soprattutto verso la sismologia, ma lo appassionarono anche tanti altri campi della geofisica: la fisica dell'interno della Terra; laghi e mari nel loro aspetto idrodinamico e termodinamico; la geodinamica delle grandi dighe e il loro controllo; i moti lenti della crosta terrestre; l'interazione tra atmosfera e idrosfera con speciale riferimento alle acque

[2] Ivi, p.8.

Giovani geofisici in gita il 28 ottobre 1938 (16° anniversario della marcia su Roma). Da sinistra: Pietro Caloi, Guido Pannocchia, Enrico Medi con una boccia in mano ed Ezio Rosini (per cortesia dell'ingegner Francesco Caloi)

alte nella laguna di Venezia; la microsismicità provocata e la microsismicità per gelo spinto; la filosofia della scienza, alla quale dedicò la parte più nascosta del suo amore scientifico.[3]

Fra i geofisici della prima ora anche Ezio Rosini, assunto all'ING ad appena ventitre anni, percorrerà una brillante carriera: dopo essere stato avviato da Caloi alla sismologia, si dedicherà stabilmente alla climatologia, diventando prima un dirigente dell'Ufficio Meteorologico dell'Aeronautica Militare e, negli anni Settanta, direttore dell'Ufficio Centrale di Ecologia Agraria (l'ex Ufficio Centrale di Meteorologia e Geofisica)[4].

11.2. Un caposaldo per la rete sismica

Nel nuovo Istituto, il direttore Lo Surdo rimase fedele al principio di unificare sia la ricerca di base sia i servizi di rilevamento dei fenomeni geofisici, sviluppando, parallelamente, gli studi teorici, quelli applicativi e la rete strumentale di monitoraggio. Ma la realizzazione della rete geofisica fu ostacolata, oltre che dalla mobilitazione in vista della guerra, anche da ritardi di carattere burocratico e normativo. L'attesa legge che avrebbe dovuto trasferire la gestione dei servizi geofisici dal vecchio Ufficio Centrale all'ING divenne operativa solo due anni dopo la fondazione, nel gennaio 1939[5].

Nel frattempo, però, Lo Surdo e il suo ristretto gruppo di geofisici non erano rimasti inattivi e avevano fondato la "stazione sismica sperimentale" di Roma, che rappresentava la base della costituenda rete sismica nazionale. Collocata nei sotterranei del nuovo Istituto di Fisica, all'interno della Città Universitaria, la stazione era stata realizzata in tempi record, in due fasi. Nei primi diciotto mesi, che vanno dalla costituzione dell'ING fino alla metà del 1938, nelle officine dello stesso Istituto, furono costruiti o

[3] Ferrari G. (2007) Cento anni fa nasceva Pietro Caloi, uno dei grandi sismologi del Novecento, in *INGV Newsletter*, n. 5, marzo 2007, p. 4.
[4] Vento D. (2002) Ricordo del prof. Ezio Rosini, Parma 1914 – Roma 2002, *AIAM news. Notiziario dell'Associazione italiana di Agrometeorologia*, VI, n. 2, aprile 2002.
[5] Legge 5 gennaio 1939, n.18, *Passaggio dei servizi geofisici dal Regio Ufficio Centrale di Meteorologia e Geofisica al Consiglio Nazionale delle Ricerche*.

Per una storia della geofisica italiana

Sala dei sismografi nella stazione sismica di Roma dell'ING nel 1939, data della sua entrata in funzione a pieno regime. In primo piano i sismografi di tipo Galitzin, sullo sfondo i Wiechert (da Lo Surdo A. (1940) La registrazione, op. cit.)

Sismografi di tipo Wiechert, con registrazione su rullo di carta affumicata, interamente costruiti nei laboratori ING fra il 1937 e il 1939, messi in fila nella "sala ricerche e collaudi" dell'Istituto, in attesa di essere trasferiti in varie stazioni periferiche (da Lo Surdo A. (1940) La registrazione, op. cit.)

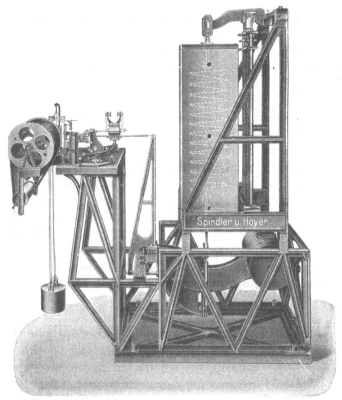

Disegno di un sismografo di tipo Wiechert da 80 kg per la registrazione della componente verticale dei terremoti (da Caloi P. (1931) La nuova stazione sismica di Trieste, Tip. Mosetti, Trieste)

modificati diversi tipi di sismografi e altri apparecchi accessori, in modo tale da rendere operativo un primo nucleo di strumenti e avviare le registrazioni sistematiche dei fenomeni sismici a partire dal I settembre 1938. Nei tre mesi successivi fu completato l'arredo scientifico e la stazione poté operare nella sua versione definitiva dal I gennaio 1939. Da quel momento, almeno per quanto riguarda questo caposaldo della futura rete sismica, l'Italia si metteva al passo con i più avanzati Paesi del mondo[6].

---

[6] Lo Surdo A. (1940) La registrazione e lo studio dei fenomeni sismici nell'Istituto Nazionale di Geofisica del C.N.R., *PING* n. 51, 1940, estratto da *La Ricerca Scientifica*, XI, n. 10.

Lo stesso direttore dell'ING forniva una descrizione dettagliata della stazione, accompagnata da illustrazioni e dal resoconto di un migliaio di terremoti registrati nell'arco dei primi venti mesi di attività, in un articolo pubblicato nel 1940 sulla rivista del CNR *La Ricerca Scientifica*:

[La stazione] per la razionalità e l'importanza dei suoi arredamenti scientifici, in parte costruiti nelle proprie officine, e per il grande contributo scientifico che è in grado di portare, come ha già dimostrato nel primo periodo del suo funzionamento, può essere considerata come uno dei più importanti osservatori sismici del mondo. [Essa] venne progettata in modo da consentire la registrazione dei fenomeni sismici più vari, per tipo, origine e provenienza. Essa è arredata con strumenti dei tipi largamente diffusi nei maggiori istituti sismologici del mondo, e di altri apparecchi per il rilevamento più completo dei fenomeni sismici o lo studio di particolari sistemi di onde.[7]

Lo Surdo poi scendeva nei particolari della strumentazione, che era costituita da dieci sismografi, sei di tipo Galitzin e quattro di tipo Wiechert. In entrambi i casi si trattava di apparecchi concepiti ai primi del Novecento, poi variamente modificati per accrescerne l'affidabilità e per renderli sensibili a specifiche bande di frequenza delle onde sismiche. Nei Galitzin i movimenti del terreno erano amplificati da un trasduttore elettromagnetico, collegato a un dispositivo ottico che registrava i sismogrammi su carta fotografica: requisiti che rendevano questi apparecchi molto sensibili e adatti a registrare i terremoti lontani (telesismi). I Wiechert, invece, erano sismografi di tipo meccanico: la trasmissione dei movimenti del terreno ai pennini scriventi avveniva per mezzo di un complesso sistema di leve, mentre i sismogrammi erano registrati su bande di carta affumicata tesa fra due tamburi metallici ruotanti. Con un certo orgoglio, Lo Surdo rimarcava che alcuni di questi strumenti, gli apparecchi di tipo Galitzin per la registrazio-

[7] Ivi, p. 3.

ne della componente verticale, erano stati modificati dal geofisico Guido Pannocchia con un sistema da lui stesso ideato che permetteva di ottenere elevate amplificazioni per le onde sismiche di lungo periodo e per questo era opportuno ribattezzarli Galitzin-Pannocchia[8].

Riferendosi al substrato di terreno su cui era impiantata la stazione sismica, Lo Surdo si compiaceva delle favorevoli circostanze che lo rendevano particolarmente adeguato alle esigenze degli strumenti:

Il terreno su cui poggia l'Istituto si è mostrato veramente adatto al compito fondamentale assegnato alla stazione sismica di Roma, che è quello di registrare i terremoti di origine non locale: esso, come si è potuto constatare sperimentalmente, si comporta per il campo delle frequenze sismiche da filtro passa-basso, poiché le vibrazioni di cortissimo periodo provocate dalle attività dell'Istituto (per movimenti di macchine, ascensori, motori, ecc.) e dal passaggio dei veicoli nelle strade prossime, non vengono trasmesse alle fondazioni dei sismografi.

Per quanto riguarda la registrazione di vibrazioni di piccolo periodo di origine molto vicina, verranno installati speciali apparecchi in località adatte, nei dintorni della città [...]. L'edificio è circondato all'esterno da una profonda intercapedine che contribuisce all'isolamento.[9]

11.3. Realizzazione di livello europeo

A vedere le numerose fotografie e illustrazioni che accompagnano il testo di Lo Surdo su *La Ricerca Scientifica*, ancora oggi si rimane colpiti dalla funzionalità con cui erano stati suddivisi i vari ambienti della stazione (sala dei sismografi, sala ricerche collaudi e servizi, camera oscura) e dall'ordine con cui erano disposti gli strumenti. Viene da pensare che Lo Surdo avesse riprodot-

---

[8] Ivi, p. 4.
[9] Ivi, pp. 11-13.

Per una storia della geofisica italiana

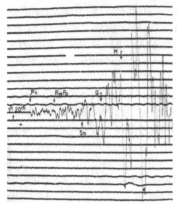

Registrazione, con gli apparecchi della nuova stazione sismica di Roma, di un terremoto avvenuto nel Mar Ionio il 20 settembre 1939. In corrispondenza delle oscillazioni del pennino sono evidenziate le varie fasi (Pn = onde longitudinali rifratte; Pg = longitudinali dirette; Rs = longitudinali riflesse; Sn = trasversali; Q = superficiali; M = fase massima) (da Lo Surdo A. (1940) La registrazione e lo studio, op. cit, p. 20)

to a Roma il meglio di quanto esistesse a quei tempi nelle stazioni sismiche più tecnologicamente evolute del mondo. In effetti, all'indomani della sua nomina a direttore, aveva chiesto e ottenuto dal CNR il permesso di recarsi in visita, intaccando le proprie ferie, presso alcuni dei più rinomati centri europei di ricerca geofisica come quelli di Strasburgo, Iena e Gottinga, allo scopo di studiarne l'organizzazione[10].

Fedele al proposito di affiancare all'attività di monitoraggio sismico quella di studio e di interpretazione dei sismogrammi, Lo Surdo rimarcava che, accanto alla stazione, era stato istituito un "centro di studi sismologici" che si dedicava a una molteplicità di ricerche:

– lo studio della propagazione delle onde elastiche attraverso la terra;
– la determinazione delle caratteristiche delle stratificazioni superficiali;
– l'individuazione di epicentri e di profondità ipocentrali;
– la rilevazione e lo studio di nuovi sistemi di onde sismiche superficiali;
– il perfezionamento e la creazione di nuovi tipi di strumenti sismici;
– lo studio di scale sismiche e dei mezzi per la razionale determinazione dell'intensità assoluta dei macrosismi[11].

---

[10] Nulla osta del Ministero dell'Educazione Nazionale, Roma 25 agosto 1936, in ACS, *CNR. Istituto Nazionale di Geofisica*, b. 1, f. 1.
[11] Lo Surdo A. (1940) *La registrazione e lo studio*, op. cit., p. 21.

Un particolare dell'officina dell'ING nei locali scantinati dell'Istituto di Fisica, all'interno della Città Universitaria (da Lo Surdo A. (1940) La registrazione, op. cit.)

Basterebbero soltanto la realizzazione e l'entrata in attività della complessa stazione sismica di Roma e dell'annesso centro studi sismologici a smentire l'affermazione che, nei primi anni di vita, l'ING sia esistito "solo sulla carta"[12]. In realtà, fin dai primi mesi dopo la costituzione, i geofisici dell'Istituto si dedicarono anche alla costruzione degli apparati di monitoraggio ionosferico, di quelli per lo studio dei raggi cosmici e dell'elettricità atmosferica e delle ricerche sulla propagazione delle microonde – solo per citare le realizzazioni più importanti – come è documentato in diverse pubblicazioni scientifiche che avremo modo di illustrare nei prossimi capitoli.

11.4. La rete geofisica integrata

L'entrata in esercizio della stazione sismica principale dell'ING, costituì il primo passo del progetto di rete geofisica integrata, esposto dallo stesso Lo Surdo in una seduta del Direttorio del

---

[12] Maiocchi R. (2001) Il CNR da Badoglio a Giordani, in Simili R., Paoloni G. *Per una storia del Consiglio Nazionale delle Ricerche*, vol. I, Laterza, Bari, p. 187.

CNR il 27 maggio 1940[13]. Oltre al caposaldo di Roma, i nodi principali della rete dovevano essere costituiti dagli osservatori di Trieste, Pavia, Rocca di Papa e Messina, concepiti come veri e propri centri di studio diretti da un geofisico, col supporto di assistenti e tecnici; i nodi secondari, da una dozzina di stazioni di più piccole dimensioni: Udine, Salò, Padova, Genova, Bologna, Firenze, Pisa, Bari, Foggia, Reggio Calabria, Cuglieri. Collegati alla rete dovevano essere anche l'Osservatorio per l'elettricità atmosferica di Roma-S. Alessio, sulla via Ardeatina, ormai in fase di completamento, e due "stazioni speciali" ospitate presso gli osservatori vulcanologici di Napoli e Catania.

Tutti questi centri di studio e di monitoraggio, forniti di diversi tipi di strumenti per osservare i fenomeni sismici, vulcanici, magnetici, elettrici, atmosferici, dovevano soddisfare l'intero arco degli interessi geofisici. Ma, come vedremo, a causa dell'incalzare degli eventi bellici, il progetto subì una lunga battuta d'arresto.

La stazione di Roma avrebbe svolto egregiamente il suo compito per oltre trent'anni. Nel 1970, dopo che l'Istituto di Fisica aveva ripetutamente chiesto di rientrare in possesso degli scantinati per ampliare i suoi laboratori, la stazione fu trasferita nei locali dell'Osservatorio Astronomico di Monte Porzio Catone, una trentina di km a sud-est di Roma, con la denominazione di Osservatorio Sismico Centrale di Monte Porzio Catone dell'ING.

Alcuni dei vecchi sismografi fatti costruire da Lo Surdo alla fine degli anni Trenta continuarono a funzionare regolarmente fino ai primi anni Ottanta, e solo allora furono dismessi[14]; chi volesse rendersi conto da vicino di come sono fatti, ne troverà esposti alcuni nelle sale dell'ex Osservatorio di Rocca di Papa, oggi trasformate in Museo Geofisico[15].

---

[13] Verbale dell'adunanza del Direttorio del 27 maggio 1940, in ACS, CNR. *Istituto Nazionale di Geofisica*, b.1, f.1.
[14] R. Console, comunicazione personale.
[15] AA.VV. (2008) *Il Museo Geofisico di Rocca di Papa*, Carsa Edizioni, Pescara.

Capitolo 12
Esperimenti
con le microonde

Marconi sentiva la grande importanza
che le microonde potrebbero avere in avvenire
e si sforzava di chiarirne le proprietà.
Giuseppe Pession, ingegnere e ammiraglio, 1941

12.1. Il primo numero della raccolta *PING*

L'esiguità dell'organico non impedì al neo direttore di avviare, fin dai primi mesi di vita dell'ING, il vasto programma di ricerche che aveva delineato in fase progettuale, mobilitando oltre ai quattro geofisici in pianta stabile, anche diversi altri ricercatori universitari, per lo più fisici, in qualità di collaboratori esterni. Furono creati dei gruppi di studio, ciascuno con specifiche vocazioni, che cominciarono a operare all'interno dei vari reparti dell'Istituto e a pubblicare sistematicamente i risultati dei loro lavori su diverse riviste italiane (*La Ricerca Scientifica, Il Nuovo Cimento, Memorie dell'Accademia d'Italia, Bollettino della Società Sismologica Italiana* ecc.); gli estratti venivano poi rieditati in una raccolta intitolata: *Pubblicazioni dell'Istituto Nazionale di Geofisica del Consiglio Nazionale delle Ricerche,* in breve *PING.*

La ricca serie delle *PING* fu inaugurata nel 1938 con una ricerca anticipatrice di ben più recenti applicazioni, che è stata definita dal fisico Pietro Dominici (direttore dell'ING negli anni 1977-79): "il primo telerilevamento geofisico della superficie terrestre mediante fasci radioelettrici"[1]. Il telerilevamento era la ricaduta applicativa di un esperimento, il primo in assoluto, di interferometria con microonde (onde radio cortissime o, se si preferisce, ad altissima frequenza) effettuato, come scriveva lo stesso Lo Surdo,

---

[1] Dominici P. (1998) *L'Istituto Nazionale di Geofisica,* op. cit.

"in completa similitudine con l'analogo ottico", col precipuo scopo di analizzare le frange delle onde interferenti[2].

Può giovare ricordare che l'interferenza ottica avviene quando due raggi luminosi provenienti dalla stessa sorgente, con diversi percorsi, si sovrappongono. Allora essi possono interferire in maniera costruttiva, rafforzandosi; oppure distruttiva, attenuandosi. Il fenomeno è il risultato della combinazione delle fasi delle due onde luminose: se sono in concordanza si rafforzano, se in opposizione si attenuano fino a estinguersi. Le frange d'interferenza sono le zone, più chiare o più scure, ove il fenomeno si evidenzia.

12.2. Alte frequenze sul lago di Albano

Fu molto ingegnosa la disposizione sperimentale ideata da Lo Surdo e realizzata, nella pratica, con l'aiuto dei suoi giovani allievi Enrico Medi e Guglielmo Zanotelli, entrambi fisici: il primo, laureato con Enrico Fermi, sarebbe diventato il direttore dell'ING nel 1949, dopo la morte di Lo Surdo; il secondo, particolarmente abile nella progettazione e realizzazione di apparati elettronici, avrebbe dato un contributo fondamentale alle attività sperimentali del nascente Istituto.

Un trasmettitore portatile di microonde, regolato sulla lunghezza d'onda di 16 cm, costituito da valvola oscillatrice, antenna e parabola di alluminio per concentrare il fascio, veniva collocato in varie posizioni sui bordi del lago di Albano, un piccolo cratere inattivo del Vulcano Laziale. Sui versanti opposti del lago, a distanze di 2-3 km dal trasmettitore, si montava un ricevitore la cui antenna poteva scorrere lungo un'asta verticale. In questo modo, la superficie del lago fungeva da specchio, creando un fascio riflesso di microonde che andava a interferire con quello reale. Il ricevitore mobile consentiva di analizzare le frange d'interferenza[3].

---

[2] Lo Surdo A., Medi E., Zanotelli G. (1938) Radiointerferometria con microonde. Esperienze sul lago di Albano, *PING* n. 1, 1938, estratto da *La Ricerca Scientifica*, IX, n. 9-10.
[3] *Ibid.*

Esperimenti con le microonde ai bordi del lago di Albano, ideati ed effettuati da Lo Surdo, con la collaborazione degli allievi Medi e Zanotelli nel 1937. In alto, il generatore e l'antenna trasmittente parabolica (foto da Lo Surdo A., Medi E., Zanotelli G. (1938) Radiointerferometria, op. cit.)

Lo Surdo, di spalle, guarda la piccola antenna ricevente per microonde piazzata sul bordo opposto del lago di Albano rispetto alla trasmittente. (foto da Lo Surdo A., Medi E., Zanotelli G. (1938) Radiointerferometria, op. cit.)

Le misure furono effettuate nell'arco del 1937 servendosi di una Balilla che era caricata di tutti i materiali elettronici necessari e spostata tra la periferia dell'abitato di Albano e le strade che costeggiano il lago, nelle varie postazioni scelte per collocare trasmittente e ricevente, suscitando la curiosità e lo stupore dei passanti. Due fotografie incluse nel primo numero delle *PING* documentano la forma delle antenne trasmittente e ricevente, che si possono considerare il prototipo di un apparato per il rilevamento di caratteristiche ambientali attraverso le onde radio riflesse dalla superficie terrestre; una di esse mostra Lo Surdo, ripreso di spalle, mentre coordina gli esperimenti, sullo sfondo dell'antenna ricevente e della vettura posteggiata sulle rive del lago[4].

Quelli erano i tempi in cui Guglielmo Marconi, pur giunto agli sgoccioli della sua esistenza a causa di un'indomabile *angina pectoris*, continuava a sperimentare l'impiego delle microonde come mezzo, oltre che di comunicazione, di rilevamento di masse in movimento, secondo una tecnica che, negli anni successivi, sarebbe stata battezzata con l'acronimo "radar"[5]. Gli esperimenti,

---

[4] *Ibid.*
[5] L'acronimo deriva dalla frase "radio detection and ranging", che indica la possibilità di ottenere posizione e caratteristiche del movimento di un oggetto attraverso l'impiego di onde radio.

Torre Chiaruccia a Santa Marinella (Roma). Nel 1932 Marconi vi fece installare il Centro Radioelettrico Sperimentale, un istituto di ricerca sotto la vigilanza del CNR in cui, fra l'altro, condusse esperimenti di radio-localizzazione con microonde che anticiparono l'invenzione del radar. I primi esperimenti con microonde effettuati dall'ING nel 1937-38 erano affini ai programmi marconiani (da ARI, Associazione Radioamatori Italiani, sez. Civitavecchia, www.digilander.libero.it/aricv)

coperti da segreto per il loro evidente interesse militare, venivano effettuati prevalentemente dal Centro Radioelettrico Speri-mentale di Torre Chiaruccia, a Santa Marinella (Roma), un centro di ricerca posto sotto la vigilanza del CNR, fondato dallo stesso Marconi nel 1932[6].

12.3. Il "raggio della morte" di Marconi

Il fatto che i fasci di microonde venissero concentrati, per mezzo di speciali antenne direttive, verso aeroplani in volo, automobili e addirittura animali al pascolo, aveva alimentato la leggenda che Marconi stesse sperimentando un "raggio della morte" in grado di neutralizzare qualunque apparato a motore in movimento e forse

---

[6] Guagnini A. (2001) Il Comitato di radiotelegrafia e gli sviluppi delle radio-comunicazioni, in Paoloni G., Simili R. *Per una storia del Consiglio Nazionale delle Ricerche*, vol. I, Laterza, Bari, pp. 365-405.

anche di eliminare le truppe nemiche. A diffondere questa diceria ci si era messa pure la moglie del duce, donna Rachele, che raccontava di avere assistito, un pomeriggio di giugno del 1936, a un esperimento in cui diverse macchine, compresa la sua, erano rimaste bloccate sulla Roma-Ostia per venti minuti, senza apparente motivo, e di avere saputo poi dal marito che l'autore del prodigio era stato Guglielmo Marconi in persona, per mezzo di uno dei suoi apparati radio:

"Sai Rachele, questo pomeriggio hai assistito a un esperimento segretissimo. È un'invenzione di Marconi che può dare all'Italia una potenza militare superiore a quella di tutti gli altri Paesi del mondo". E mi spiegò, grosso modo, in che cosa consistesse questa scoperta che alcuni, aggiunse, avevano chiamato «raggio della morte». "Il raggio" precisò "è ancora in fase sperimentale. Marconi sta continuando le ricerche. Come puoi bene immaginare, se riuscirà a realizzarla, l'Italia avrà in mano, in caso di guerra, un'arma tale da bloccare ogni movimento del nemico e praticamente renderci invincibili".[7]

Sebbene la spiegazione più probabile è che si trattasse di propaganda fascista, per far credere che l'Italia possedesse un'arma segreta, anche lo storico Renzo De Felice, in nota alla sua corposa biografia *Mussolini il duce*, riprende la storiella del "raggio della morte", riferendo che essa sarebbe stata confermata dallo stesso Mussolini nell'ultima intervista rilasciata al giornalista Ivanoe Fossani, circa un mese prima di essere fucilato:

Nel più volte ricordato "soliloquio" con I. Fossani, nel 1945, Mussolini si sarebbe intrattenuto a lungo sulla questione, dicendo che Marconi aveva in realtà perfezionato la sua invenzione, ma che, dopo aver chiesto consiglio al papa, aveva deciso di non rivelarla; Mussolini aveva cercato di fargli cambiare idea, ma prima di riuscirci lo scienziato era morto.[8]

[7] Mussolini R. (1979) *Mussolini privato*, Rusconi, Milano, pp. 10-13.
[8] De Felice R. (2008) *Mussolini il duce, II. Lo stato totalitario*, V ed., Einaudi, ET Saggi, Torino, p. 789.

Capitolo 12. Esperimenti con le microonde

12.4. L'attenzione di Lo Surdo per Marconi

Questa degli studi di Marconi sulla "radio-localizzazione" e della sua improbabile arma segreta è sicuramente un'altra storia rispetto alla nostra, ma l'abbiamo rievocata perché non ci sembra casuale che proprio la prima ricerca pubblicata dell'ING sia stata consacrata allo studio e alle applicazioni delle microonde. Anzi, considerata l'antica consuetudine di Lo Surdo con l'inventore della radio, è probabile che il neo direttore abbia voluto così dimostrare la sua attenzione ai programmi di ricerca marconiani. Nonostante, poi, gli apparati di Lo Surdo e collaboratori non avessero nulla a che fare con il presunto "raggio della morte", si può immaginare quante ipotesi fantastiche abbia suscitato nella popolazione di Albano e dintorni l'armeggiare dei ricercatori ING, con tutti quegli strani strumenti elettronici, attorno al lago.

Per andare ai risultati degli esperimenti, dall'elaborazione dei dati fu possibile apprezzare una piccola variazione (1/200.000) della velocità di propagazione delle radio-onde rispetto al

Un reticolo a diffrazione per microonde realizzato nel 1938 sulla terrazza dell'Istituto di Fisica da Lo Surdo e Zanotelli (da Lo Surdo A., Zanotelli G. (1939) Analisi spettroscopica, op. cit.)

valore nel vuoto e misurare l'ampiezza delle frange d'interferenza con l'approssimazione del centimetro[9]. Riassumeva lo stesso Lo Surdo:

L'importanza di questa realizzazione risiede nella possibilità di applicare per le onde elettromagnetiche, in condizioni analoghe per quanto in scala assai più grande, qualcuno di quei metodi interferometrici che hanno dato risultati molto brillanti in ottica per lo studio delle proprietà fisiche del mezzo in relazione alla velocità di propagazione.[10]

Le ricerche sulle microonde furono riprese, alcuni mesi più tardi, con un nuovo esperimento, questa volta allestito sulla terrazza più alta dell'Istituto di Fisica, alla Città Universitaria, dove fu realizzato uno speciale reticolo a diffrazione, allo scopo di effettuare l'analisi spettroscopica delle frequenze che accompagnavano l'emissione principale[11].

[9] Lo Surdo A., Medi E., Zanotelli G. (1938) *Radiointerferometria*, op. cit.
[10] *Ibid.*
[11] Lo Surdo A., Zanotelli G. (1940) Analisi spettroscopica delle microonde mediante il reticolo concavo, *PING* n. 22, 1940, estratto da *Memorie della Classe di Scienze Fisiche, Matematiche e Naturali della Reale Accademia d'Italia*, serie VI, vol. XI, pp. 1-7.

Capitolo 13
Sondando la ionosfera

*She [Miss Ionosphere, n.d.A.] appeared to me like a pretty but
complicated girl, and for this reason a fascinating
personality for a very young man,
as I was. A sudden love was born,
between us, that has happily lasted until now.*
Pietro Dominici, geofisico, 1998

13.1. Un registratore di densità elettronica

Agli inizi del corrente anno il prof. Antonino Lo Surdo,
Direttore dell'Istituto Nazionale di Geofisica del Consiglio
Nazionale delle Ricerche, mi affidò l'incarico di studiare e realizzare un complesso registratore della densità elettronica
nelle varie regioni ionosferiche e delle sue variazioni.
Da qualche tempo l'apparato è in funzione presso questo
Istituto Nazionale di Geofisica. Sarà quindi presto possibile la
pubblicazione mensile dei dati relativi alle condizioni della
ionosfera, e cioè: frequenze critiche di penetrazione delle varie
regioni ionosferiche (e quindi valori massimi delle densità
elettroniche delle stesse), altezze virtuali delle regioni ionosferiche ed inoltre tutte le caratteristiche relative alle perturbazioni ionosferiche.[1]

Questo incipit di un articolo di Ivo Ranzi, apparso nel 1938 su *La
Ricerca Scientifica*, e rieditato nello stesso anno tra le *Pubblicazioni
dell'Istituto Nazionale di Geofisica* (PING), costituisce la testimonianza dell'avvio del servizio di studio e di monitoraggio sistematico della ionosfera, ancora oggi un'attività di base fra gli svariati
compiti dell'Istituto.

---

[1] Ranzi I. (1938) La stazione ionosferica dell'Istituto Nazionale di Geofisica,
PING n. 4, 1938, estratto da *La Ricerca Scientifica*, IX, n. 5-6.

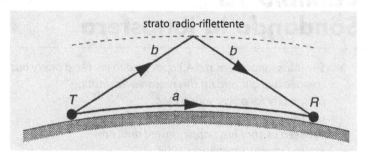

La scoperta della ionosfera. Per spiegare il successo della prima trasmissione radio transatlantica di Marconi furono avanzate, fin dai primi del Novecento, due ipotesi: o l'onda radio aveva viaggiato aderente alla superficie (a); oppure era stata riflessa (b) da uno strato ionizzato dell'alta atmosfera (strato radio-riflettente). Quest'ultima ipotesi si sarebbe affermata solo venti anni più tardi, grazie agli esperimenti di radio sondaggio effettuati da Appleton e Barnett e da Breit e Tuve. Il fisico Ivo Ranzi, pioniere italiano di queste ricerche, ebbe da Lo Surdo l'incarico di svilupparle presso l'ING (da Dominici P. (1998) My first fithy years, op. cit.)

Ivo Ranzi, un'altra valida competenza professionale valorizzata da Lo Surdo, si era laureato in fisica a Bologna nel 1925, lo stesso anno in cui, con ricerche indipendenti in Gran Bretagna e negli Stati Uniti, veniva dimostrata l'esistenza di uno strato dell'alta atmosfera capace di riflettere le onde radio, successivamente (1929) ribattezzato ionosfera. A questa scoperta era seguito un fervore di studi e sperimentazioni cui il giovane Ranzi si era subito dedicato con grande interesse.

L'ipotesi di una specie di specchio riflettente atmosferico delle onde radio, era stata avanzata già nel 1902 da Arthur Kennelly e Oliver Heavside per spiegare il successo del primo collegamento radio transatlantico effettuato da Guglielmo Marconi il 12 dicembre 1901 quando, contro ogni nozione fisica nota, una serie di impulsi elettromagnetici a onda lunga aveva valicato l'ostacolo della curvatura terrestre, viaggiando da Poldhu, in Cornovaglia, a San Giovanni di Terranova in Canada. L'ipotesi era stata poi abbandonata con la convinzione che le onde elettromagnetiche potessero propagarsi, oltre che in linea retta nello spazio, anche aderendo alla superficie terrestre e seguendone la curvatura[2].

---

[2] Dominici P. (1998) My first fifty years in ionospheric research, *Annali di Geofisica*, vol. 41, n. 5-6, pp. 859-861.

13.2. La scoperta della ionosfera

Più tardi, il moltiplicarsi dei casi in cui emittenti di debole potenza venivano captate a enormi distanze aveva indotto due gruppi di ricerca indipendenti, E.V. Appleton e M.A.F. Barnett in Inghilterra, e G. Breit e M.A. Tuve in Usa, a sondare l'alta atmosfera per mezzo di onde radio di varia frequenza, nel tentativo di svelarne le caratteristiche fisiche. Così, tra il 1924 e il 1925 si era delineata l'esistenza di una regione, a circa 100-350 km d'altezza, in cui gli atomi e le molecole dei gas atmosferici sono allo stato ionizzato, cioè separati in elettroni liberi (negativi) e nuclei (positivi), a causa di alcuni fattori ionizzanti come le radiazioni solari ultraviolette e X, e i raggi cosmici. Questo particolare stato fisico fa sì che, in funzione della frequenza, le onde radio di una certa emittente possono: o attraversare la ionosfera sfuggendo nello spazio, oppure esserne deviate, fino alla riflessione verso terra in una zona molto distante da quella di partenza[3].

Poiché la ionosfera, dopo più approfondite indagini, risultò di più ampia estensione (da 50 a 1000 km d'altezza), differenziata in vari strati a diversa densità elettronica e con caratteristiche mutevoli a seconda dell'ora, dell'alternarsi giorno/notte, della stagione e dell'attività solare, si impose la necessità di procedere a sondaggi sistematici con apparati chiamati ionosonde in grado di emettere impulsi radio a varia frequenza verso la ionosfera e di analizzarne gli echi di ritorno. Il tutto finalizzato alla stesura di previsioni dello stato della ionosfera, a vantaggio del servizio di radiocomunicazioni globale, oltre che dell'avanzamento delle conoscenze di fisica dell'atmosfera[4].

La prima stazione di sondaggi sistematici della ionosfera fu realizzata a Washington nel 1931. E, proprio a partire dallo stesso anno, troviamo il ventottenne Ranzi già impegnato negli studi ionosferici, sia teorici sia sperimentali, con articoli pubblicati su riviste nazionali e internazionali. Su *Nature* Ranzi riferisce dei suoi esperimenti con i sondaggi radio, iniziati nel mese di maggio del 1931 per misurare le altezze degli strati riflettenti; e avanza ipote-

---

[3] *Ibid.*
[4] Ivi, pp. 863-864.

si sui meccanismi di ionizzazione nell'alta atmosfera[5]. Su *Il Nuovo Cimento* pubblica anche i risultati delle modificazioni ionosferiche osservate durante le eclissi di sole del 1936 e del 1937, formulando proprie teorie che si riveleranno corrette[6].

13.3. Ivo Ranzi, pioniere della ionosfera

Il ruolo di Ranzi come autentico pioniere degli studi ionosferici in Italia, in parallelo con i massimi esperti mondiali del suo tempo, è testimoniato anche da Pietro Dominici, un altro famoso studioso della ionosfera all'ING, ma di una generazione successiva:

È un piacere per me ricordare che nel 1932 a Camerino, nell'Italia Centrale, una ionosonda fu realizzata da Ivo Ranzi, che a quel tempo era assistente del professore di Fisica presso la locale Università. Nel 1936 un'altra ionosonda fu posta in servizio regolare all'ING di Roma dallo stesso Ranzi, a quel tempo titolare della cattedra di Fisica all'Università di Firenze, e da Antonio Bolle, assistente del professore di Fisica all'Università di Roma: due persone che sono state molto importanti per me, prima come splendidi maestri e poi come cari colleghi e amici.[7]

Dunque, la realizzazione di ionosonde da parte di Ranzi precedette di diversi anni la costituzione dell'ING; poi, le sue ricerche ionosferiche confluirono nel nuovo Istituto fin dalla costituzione; anche se l'inizio del servizio "regolare" cui fa riferimento Dominici non è del 1936 (ricordiamo che l'ING nasce tra novembre e dicembre dello stesso anno) ma del 1938, come attesta lo stesso Ranzi nel suo citato articolo de *La Ricerca Scientifica*.

---

[5] Ranzi I. (1932) Causes of Ionization in the Upper Atmosphere, *Nature*, 130, 8 October 1932, p. 545; Ranzi I. (1933) Recording Wireless Echoes at the transmitting Station, *Nature*, 132, 29 July 1933, p. 174; Ranzi I. (1934) Phase Variations of Reflected Radio-Waves, and Possible Connection with the Earth's Magnetic Field in the Ionosphere, *Nature*, 133, 16 June 1934, p. 908.
[6] Ranzi I. (1937) Sugli agenti di ionizzazione dell'alta atmosfera, *Il Nuovo Cimento*, vol. 14, n. 4; Ranzi I. (1937) Stato della ionosfera durante l'eclisse solare dell'8 Giugno 1937, *Il Nuovo Cimento*, vol. 14, n. 6, 1937.
[7] Dominici P. (1998) *My first fifty years*, op. cit., pp. 863-864.

Il "radiogoniometro per atmosferici" costruito da Ivo Ranzi nel 1939: serviva a studiare i focolai delle grandi perturbazioni atmosferiche e a capire qual è la dinamica che porta alla formazione di temporali e tempeste. Questi studi, voluti da Lo Surdo nel neo costituito ING, ebbero, oltre che un valore teorico, ricadute applicative per il servizio di previsioni del tempo gestito dal Ministero dell'Aeronautica, che ordinò alcuni esemplari dello strumento (da Ranzi I. (1939) Radiogoniometro, op. cit.)

Pur non essendo nell'organico dell'ING, e mantenendo le sue posizioni accademiche, prima all'Università di Firenze, poi a quella di Perugia, Ranzi era distaccato all'Istituto con incarichi retribuiti che Lo Surdo gli faceva rinnovare periodicamente dal presidente del CNR, assicurandosi così la sua preziosa opera[8]. Grazie a questa collaborazione, Ranzi progettò e realizzò, nel corso del 1939, anche un "radiogoniometro registratore per atmosferici", cioè un apparecchio radio per localizzare e studiare i focolai da cui hanno origine le intense perturbazioni atmosferiche[9]. Esso si rivelò utilissimo sia per approfondire le conoscenze di base sulla genesi delle tempeste atmosferiche sia per le applicazioni relative alle previsioni del tempo, tanto che il Ministero dell'Aeronautica ne chiese due esemplari per "contribuire alla sicurezza delle rotte aeree"[10].

---

[8] Decreto della presidenza del CNR per il rinnovo degli incarichi retribuiti a I. Ranzi e A. Bolle del 27 luglio 1939, in ACS, CNR. Istituto Nazionale di Geofisica, b. 2, f. 2.

[9] Ranzi I. (1939) Radiogoniometro registratore per atmosferici, PING n. 21, 1939, estratto da La Ricerca Scientifica, X, n. 7-8.

[10] Lettera di A. Lo Surdo al CNR, Roma 25 marzo 1940, in ACS, CNR, Istituto Nazionale di Geofisica, b.2, f.2.

13.4. La nuova ionosonda dell'ING

Ma il capolavoro del giovane fisico della ionosfera fu la progettazione e la costruzione della nuova e più evoluta stazione per l'esplorazione ionosferica, anche questa collocata all'interno dell'Istituto di Fisica della Città Universitaria di Roma, che entrò regolarmente in funzione nel mese gennaio del 1940. Interamente realizzata nelle officine dell'ING, come del resto gli altri apparati di sondaggio radio dell'atmosfera che l'avevano preceduta, nonostante occupasse le dimensioni di un armadio e fosse realizzata con i mastodontici componenti dell'epoca (valvole termoioniche, condensatori e induttanze del tutto simili a quelle che oggi possiamo vedere togliendo il pannello posteriore di una radio degli anni Trenta), era tuttavia concepita col criterio innovativo dei telai staccati, per favorire la sua messa a punto e la ricerca di eventuali guasti. Leggiamo, nelle prime righe di un articolo dello stesso Ranzi, le caratteristiche generali dell'apparato:

In un precedente lavoro venne descritto un complesso registratore degli echi ionosferici per onde di frequenza variabile fra 5,5 e 10 MHz [Mega Hertz, n.d.A.]. I risultati di tali registrazioni, iniziate nell'agosto 1938, sono stati pubblicati e discussi in varie note.

Dal gennaio è entrato regolarmente in funzione, presso questo Istituto, un nuovo apparato registratore, che permette l'esplorazione ionosferica per una gamma di frequenze assai più estesa, e precisamente da 3 a 14 MHz. Data la posizione della stazione non si è ritenuto conveniente estendere la gamma al di sotto di 3 MHz, perché ciò avrebbe accresciuto l'eventuale disturbo che il funzionamento della stazione stessa apporta ai radioricevitori o ad amplificatori posti entro l'Istituto fisico o nelle immediate vicinanze. L'esplorazione viene effettuata ogni mezz'ora, oppure ogni ora e richiede, come nel vecchio apparato, un tempo di cinque minuti circa.[11]

---

[11] Ranzi I. (1940) Il nuovo apparato ionosferico dell'Istituto nazionale di geofisica in Roma, *PING* n. 35, 1940, estratto da *La Ricerca Scientifica*, XI, n. 3.

La stazione per lo studio della ionosfera progettata e realizzata all'ING
da Ivo Ranzi, nel 1939, su incarico di Lo Surdo, ed entrata in funzione
dal gennaio 1940 (a sinistra il pannello frontale, a destra un particolare
della sua struttura a telai distaccati). Ubicata nella sede dell'ING, presso l'Istituto
di Fisica della Città Universitaria, lanciava impulsi di onde elettromagnetiche
ad alta frequenza verso la ionosfera e, analizzando gli echi di ritorno,
permetteva di determinare l'altezza e la densità dei vari strati ionizzati.
Preceduta dalla costruzione di più piccoli apparati di sondaggi ionosferici,
sempre a opera di Ranzi, la nuova stazione qualificò il neo costituito ING
fra i maggiori istituti mondiali dedicati al monitoraggio e allo studio
della ionosfera (da Ranzi I. (1940) Il nuovo apparato, op. cit.)

Ranzi entrava poi nel dettaglio delle tre parti che componevano
la stazione: il trasmettitore "costituito da uno stadio oscillatore,
modulato a impulsi mediante un circuito a tiratron"; il ricevitore
"come nell'apparato precedentemente realizzato, del tipo a supe-
reterodina, ma con banda passante assai più larga"; e l'apparato di
registrazione composto da un oscillagrafo a raggi catodici sul cui
schermo era sovrapposta una speciale macchina fotografica a
pellicola mobile[12].

---

[12] Ibid.

In conclusione, l'autore non mancava di puntualizzare:

> L'apparato è stato interamente costruito nell'officina e con i mezzi dell'Istituto nazionale di geofisica. Mi ha efficacemente coadiuvato nel complesso lavoro di montaggio e nelle numerose prove eseguite con schemi diversi da quello definitivo, il dr. Antonio Bolle, assistente dell'Istituto fisico della R. Università di Roma.[13]

Anche questa realizzazione, date le sue evidenti ricadute applicative nel campo civile e militare, fu sviluppata d'intesa col Ministero dell'Aeronautica con cui il CNR e l'ING mantenevano assidui rapporti di collaborazione[14].

---

[13] *Ibid.*
[14] Lettera del Ministero dell'Aeronautica al CNR, Roma 20 settembre 1939, in ACS, CNR. *Istituto Nazionale di Geofisica*, b.2, f.2.

Capitolo 14
A caccia di raggi cosmici

La ricerca sui raggi cosmici ha continuato ad esercitare un ruolo vitale nel progresso della conoscenza umana del mondo fisico.

Bruno Rossi, fisico, 1964

14.1. L'antefatto dell'esperimento Conversi, Pancini, Piccioni

Uno degli episodi più celebrati nella storia della fisica delle alte energie è il cosiddetto esperimento CPP – dai cognomi di Marcello Conversi, Ettore Pancini e Oreste Piccioni – che, per dirla con le parole del premio Nobel Louis Alvarez, segnò l'inizio della moderna fisica delle particelle[1]. Di questo fondamentale lavoro, faticosamente portato a compimento in una Roma devastata dai bombardamenti, esistono numerose e circostanziate rievocazioni, anche in opere di divulgazione scientifica: molti hanno descritto l'avventurosa realizzazione e la geniale intraprendenza degli autori[2]. Ma poco è stato detto e scritto sull'antefatto di questa impresa, che consiste in una lunga e fruttuosa collaborazione, realizzata nell'ambito del neo costituito Istituto Nazionale di Geofisica, per iniziativa di Edoardo Amaldi, Gilberto Bernardini e Antonino Lo Surdo; solo Amaldi ne ha accennato nei suoi numerosi scritti di storia della fisica contemporanea[3].

[1] Alvarez L.W. (1998) Recent Developments in Particle Physics, in *Nobel Lectures, Physics 1963-1970*, World Scientific Publishing Co., Singapore, pp. 241–290.

[2] Uno dei più piacevoli racconti dell'esperimento CPP, in cui si alternano dettagli tecnico-scientifici ad aneddoti di vita privata, sullo sfondo dei drammatici avvenimenti bellici, si trova in Salvini G. (2004) La vita di Oreste Piccioni e la sua attività scientifica in Italia, *Rendiconti della Accademia dei Lincei*, serie. IX, vol. XV, pp. 289-324.

[3] Amaldi E. (1998) *20th Century Physics* op. cit.; Amaldi E. (1997) *Da via Panisperna all'America*, Editori Riuniti, Roma, pp. 66-68.

Il fisico italiano Domenico Pacini, che fin dal 1910 ipotizzò l'origine extraterrestre dei raggi cosmici partendo da esperimenti sottomarini di misura delle radiazioni ionizzanti (da De Angelis A. et al. (2008) Domenico Pacini, Il Nuovo Saggiatore, XXIV, n. 3-4)

L'argomento che sta alla base di questa vicenda è costituito dai raggi cosmici, quelle particelle elementari di origine extraterrestre che permeano tutto lo spazio e bombardano incessantemente il nostro pianeta. Essi, negli anni Trenta, erano oggetto di assidua ricerca non solo da parte dei fisici nucleari, ma anche dei geofisici. Per capire perché, dobbiamo risalire ai primi del Novecento, quando si

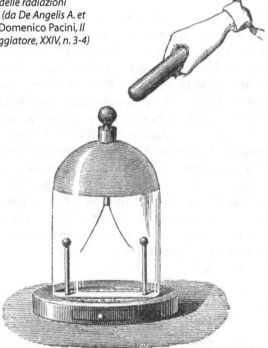

Un elettroscopio a foglie, strumento con cui, agli inizi del Novecento, veniva misurato il livello di ionizzazione dell'aria e quindi, indirettamente, la presenza di radiazioni ionizzanti. Per mezzo di strumenti simili, pionieri come Pacini e Hess arrivarono, indipendentemente, attorno al 1910-1912, a ipotizzare l'esistenza dei raggi cosmici

Il fisico austriaco Viktor Hess, nell'abitacolo di una mongolfiera ad Aussig, Austria, il 7 agosto 1912, mentre si accinge alla storica ascesa fino a 5.000 m per provare l'esistenza dei raggi cosmici (da De Angelis A. et al. (2008), Domenico Pacini, op. cit.)

era notato che la radioattività naturale negli ambienti terrestri, a quei tempi misurata indirettamente attraverso i tempi di scarica di un elettroscopio (non c'erano ancora i contatori Geiger), appare maggiore di quella imputabile alle rocce.

Tra il 1910 e il 1912 il fisico italiano Domenico Pacini e quello austriaco Victor Hess, erano giunti indipendentemente alla conclusione che debbano esistere flussi di radiazione ionizzanti di provenienza extraterrestre: il primo dopo aver immerso nelle acque del golfo di Livorno un elettroscopio e averne misurato le variazioni della velocità di scarica rispetto alla superficie; il secondo in seguito a misure analoghe effettuate ad alta quota, con un'avventurosa ascesa in mongolfiera fino a circa 5.000 metri[4].

Le successive ricerche convalidarono l'esistenza di quelli che, solo più tardi, sarebbero stati chiamati raggi cosmici, e accertarono che essi, originati dai processi nucleari all'interno delle stelle, sono costituiti da particelle elementari cariche, per lo più protoni, cioè nuclei dell'atomo di idrogeno, ma in misura minore anche da nuclei di atomi più pesanti e da elettroni. Dotati di varie energie, talvolta molto elevate, i raggi cosmici detti "primari" urtano con le particelle dell'alta atmosfera producendo, nelle interazioni che ne conseguono, veri e propri sciami di altre particelle: i raggi cosmici "secondari"[5].

[4] Rizzo G.B. (1930) Le radiazioni penetranti, in *Atti della Società Italiana per il Progresso delle Scienze*, XVIII, vol.1, Tipografia Nazionale, Roma, pp. 539-555; De Angelis A., Giglietto N., Guerriero L., Menichetti E., Spinelli P., Stramaglia S. (2008) Domenico Pacini un pioniere dimenticato dello studio dei raggi cosmici, *Il Nuovo Saggiatore*, vol. 24, n. 5-6, pp. 70-74.
[5] Rossi B. (1971) *I raggi cosmici*, Einaudi, Torino, *passim*.

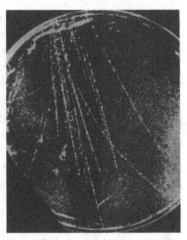

I raggi cosmici primari, urtando con le particelle dell'alta atmosfera, producono cascate di raggi cosmici secondari (Ufficio Stampa INFN)

Tracce di raggi cosmici in una camera a nebbia di Wilson realizzata dai fisici Occhialini e Blackett (da Blacket P.M.S., Occhialini G. (1933) Some photographs of the tracks of penetrating radiation, Proceedings of the Royal Society, 139, pp. 699-726)

14.2. Convergenza tra fisici e geofisici

Negli anni Trenta fu evidente che lo studio dei raggi cosmici e delle loro molteplici interazioni con la materia, costituiva un fertile terreno di indagini per svariati settori della fisica. Ai geofisici spettava il compito di chiarire l'influenza dei raggi cosmici sull'atmosfera, in particolare sui processi di ionizzazione dei suoi vari strati e, eventualmente, anche sui fenomeni meteorologici e sul clima della Terra (campi in cui s'indaga ancora oggi); a essi competeva, inoltre, spiegare perché alcune caratteristiche dei raggi cosmici cambino in funzione, oltre che della quota, anche della latitudine e della longitudine e come tali variazioni siano correlabili al campo magnetico terrestre cui queste particelle cariche sono sensibili.

Per i fisici delle alte energie i raggi cosmici rappresentarono un inaspettato dono della natura: affamati come erano di proiettili nucleari energetici per sondare la materia elementare e generare nuove specie di particelle, e non potendo tutti disporre dei costosi acceleratori necessari per questo tipo di esperimenti, l'os-

Bruno Rossi nel 1930 in laboratorio: fu un pioniere dello studio dei raggi cosmici all'Istituto Fisico di Firenze e quindi a Padova (Università di Padova)

servazione delle loro interazioni, effettuata con diversi tipi di apparati, diventò uno dei filoni di ricerca più seguiti in tutto il mondo.

In Italia i raggi cosmici, tra la fine degli anni Venti e l'inizio dei Trenta, dopo i pionieristici studi di Pacini, erano diventati un punto di forza della ricerca sperimentale all'Istituto di Fisica di Firenze, grazie all'impegno di un giovane innovatore come Bruno Rossi e dei suoi poco più giovani allievi Giuseppe Occhialini e Gilberto Bernardini, tutti sotto la tutela di quel Garbasso che allevò due generazioni di fisici fra le guerre mondiali (si potrebbe dire "il Corbino di Firenze").

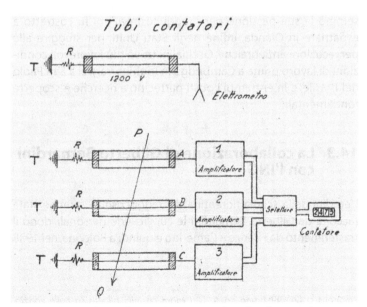

Il "circuito di coincidenze alla Rossi" permetteva di studiare il passaggio dei raggi cosmici attraverso file di contatori Geiger elettronicamente collegati (da Rizzo G.B. (1934) I raggi cosmici, Coelum, IV, n. 6, Bologna, p.125)

Rossi, nel 1928, appena ventitreenne, divenne assistente di Garbasso, e in pochi anni ottenne risultati fondamentali: la dimostrazione della natura particellare dei raggi cosmici (altri pensavano che si trattasse di radiazioni elettromagnetiche ad altissima frequenza); la previsione dell'effetto "Est-Ovest", cioè di un aumento dell'intensità delle particelle aventi carica negativa da Oriente, e positiva da Occidente, a causa delle deflessioni del campo magnetico terrestre; e, sul piano strumentale, la realizzazione del cosiddetto "circuito elettronico di coincidenze alla Rossi", che permetteva di studiare il passaggio delle particelle e le loro trasformazioni attraverso file di contatori Geiger elettronicamente collegate, alternate a spessori di materia. Molti storici hanno sottolineato che, in quegli anni, così come Fermi era stato l'artefice della scuola romana di fisica nucleare, Rossi fondò, a Firenze, quella dei raggi cosmici[6].

Poi, per svariati motivi, fra cui l'esiguità dei finanziamenti alla ricerca, le leggi razziali, la guerra, i fisici italiani subirono una vera e propria diaspora. Rossi, dapprima, si trasferì a Padova per occupare la cattedra di Fisica Sperimentale (1932), e pure lì disseminò la sua passione per i raggi cosmici, poi fu costretto a espatriare in Olanda, infine negli Stati Uniti, per sfuggire alle persecuzioni antiebraiche. Occhialini trovò più favorevoli condizioni di lavoro prima a Cambridge in Inghilterra, poi a San Paolo del Brasile; e in entrambi i posti partecipò a ricerche e scoperte fondamentali[7].

14.3. La collaborazione di Gilberto Bernardini con l'ING

L'eredità della scuola fiorentina dei raggi cosmici sarebbe stata raccolta da Gilberto Bernardini le cui vicende personali, dopo il trasferimento da Firenze a Camerino e quindi a Bologna, nel 1938

---

[6] Bonolis L. (2008) *Bruno Rossi. Dai raggi cosmici alla fisica nello spazio*, Relazione per il XVIII Convegno nazionale dei dottorati di ricerca in Filosofia, Reggio Emilia, gennaio 2008.
[7] Amaldi E. (1997) *Da via Panisperna*, op. cit.

Il fisico Gilberto Bernardini fu promotore, assieme ad Amaldi e a Lo Surdo, della collaborazione tra fisici e geofisici dell'ING per lo studio dei raggi cosmici. Questa foto lo ritrae negli anni Cinquanta mentre accompagna un giovane duca di Edimburgo in visita al laboratorio europeo di fisica del CERN a Ginevra (Archivio CERN)

si saldarono, in modo abbastanza inconsueto, alla storia dell'appena costituito ING. Infatti, pur avendo conquistato nell'ateneo bolognese la prestigiosa cattedra di Fisica Superiore, Bernardini non riusciva a procurarsi i mezzi per le sue amate ricerche sperimentali; così si rivolse all'Istituto di Fisica di Roma, dove poteva contare sull'amicizia di Amaldi e sulla stima di Lo Surdo[8]. Quest'ultimo, sebbene fosse un quarto di secolo più vecchio, aveva un comune legame col giovane fiorentino: il grande e ormai scomparso maestro Garbasso.

---

[8] Ivi, p. 66-68.

Fu lo stesso Bernardini, sostenuto da Amaldi, a bussare alla porta di Lo Surdo e a prospettargli una collaborazione per lo studio dei raggi cosmici. Lo Surdo, che nella sua qualità di neo direttore dell'ING disponeva di risorse fresche, accettò a patto che la ricerca includesse quegli aspetti dei raggi cosmici che presentavano rilevanza geofisica. E così Bernardini, pur insegnando a Bologna, prese a lavorare sistematicamente per qualche giorno la settimana a Roma, presso la sede dell'ING. Scrive Amaldi:

Queste attività venivano svolte nell'ambito dell'Istituto Nazionale di Geofisica (ING), il cui Direttore Antonino Lo Surdo, era stato convinto da Bernardini e da me ad affiancarle allo studio dei fenomeni sismici, del magnetismo terrestre e della ionosfera verso cui era rivolto il maggior sforzo dell'Istituto.

La relazione di Benardini sulla registrazione sistematica della intensità dei raggi cosmici riguarda un approccio che rientrava nella prassi seguita dall'ING per gli altri fenomeni terrestri assai più che negli interessi di Bernardini il quale cercava in tal modo di soddisfare le richieste di Lo Surdo.[9]

La pubblicazione che segna l'inizio della lunga collaborazione fra l'ING diretto da Lo Surdo e il vasto gruppo dei fisici italiani impegnati nello studio dei raggi cosmici. Tra il 1938 e il 1948 nelle PING (Pubblicazioni dell'Istituto Nazionale di Geofisica) furono pubblicati 36 lavori, frutto di ricerche originali sviluppate insieme da fisici e geofisici (Biblioteca INGV)

La relazione cui fa riferimento Amaldi è il primo lavoro sui raggi cosmici effettuato all'ING, in cui Bernardini annunciava la realizzazione di un impianto per la registra-

---

[9] *Ibid.*

zione di queste particelle, interamente progettato e costruito nei laboratori dell'Istituto:

> Per incarico del prof. Antonino Lo Surdo, Direttore dell'Istituto Nazionale di Geofisica, al principio del corrente anno [1938, n.d.A.] ho iniziato la costruzione di un complesso atto a registrare sistematicamente l'intensità dei raggi cosmici. Da qualche tempo è regolarmente in funzione la prima parte di questo impianto e precisamente una registrazione in coincidenze triple per contatori di Geiger. I dati sull'intensità così rilevati saranno oggetto di pubblicazione quando avranno raggiunto una mole sufficiente per la loro elaborazione, insieme ad uno studio delle fluttuazioni dell'intensità medesima, studio ai fini del quale è stata iniziata la costruzione del complesso di apparecchi registratori di cui sopra.[10]

Dopo avere ricordato la differenza fra aspetti fisici e geofisici nello studio dei raggi cosmici, Bernardini passava a descrivere con grande chiarezza e semplicità le caratteristiche tecniche e il funzionamento dell'impianto:

> È costituito da un sistema di tre contatori di Geiger e Muller, disposti verticalmente, ad una distanza dagli assi di 25 cm, così che l'insieme, costituente ciò che suole chiamarsi un telescopio per raggi cosmici, ha un'altezza di circa 50 cm. [...] Le scariche provocate dal passaggio di un corpuscolo ionizzante nei contatori vengono trasmesse come impulso di corrente ai tre rami di una registrazione per coincidenze. Quando un corpuscolo ionizzante della radiazione cosmica li attraversa tutti e tre, e allora solamente, la registrazione trasmette un impulso al circuito registratore vero e proprio costituito da un thyratron azionante un numeratore e una registrazione grafica su carta. Il movimento di questa è naturalmente regolato da un movimento a orologeria.[11]

Capitolo 14. A caccia di raggi cosmici

---

[10] Bernardini G. (1938) *La registrazione sistematica dell'intensità dei raggi cosmici nell'Istituto Nazionale di Geofisica in Roma*, *PING* n. 6, 1938, estratto da *La Ricerca Scientifica*, IX, n. 7-8 p. 1.
[11] Ivi, p. 5.

L'autore non mancava di sottolineare che, dati gli elevati costi dei contatori Geiger di fabbricazione straniera, all'ING si era deciso di produrli in proprio, per soddisfare le esigenze non solo dell'impianto già realizzato, ma anche

... per gli altri in studio e per una serie di esperienze che si stanno preparando nell'Istituto Nazionale di Geofisica sui vari problemi che si sono presentati nel campo dei raggi cosmici in quest'ultimo anno di intensa ricerca teorica e sperimentale.[12]

L'apparato per la registrazione sistematica dei raggi cosmici costruito a Roma nel 1938 da Gilberto Bernardini nell'ambito delle ricerche promosse e finanziate dall'ING (da Bernardini G. (1938) La registrazione, op. cit.)

14.4. Trentasei ricerche in dieci anni

Dopo questo esordio, che metteva l'ING in condizioni di competere con i migliori laboratori europei e americani nel campo dei raggi cosmici, il programma di ricerche conobbe una fioritura eccezionale. Tra il 1938 e il 1948, furono prodotti ben trentasei articoli, firmati da una quindicina fra fisici e geofisici che si coordinarono sotto la guida di Bernardini e la costante attenzione di Lo Surdo. Anche Amaldi partecipava attivamente alla fase organizzativa e a qualche spedizione fuori sede, ma non firmava gli articoli: aveva già assunto quel ruolo di appassionato manager della scienza che lo avrebbe contraddistinto nel dopoguerra.

Il ruolo propulsivo di Amaldi e Bernardini nel determinare il notevole impegno di ricerca del nascente ING nel campo dei raggi cosmici fu decisivo, ma i due giovani fisici sicuramente trovarono in Lo Surdo un interlocutore già molto sensibile a questa tematica: infatti, non bisogna dimenticare che, due anni prima

---

[12] *Ibid.*

Appunti manoscritti di Lo Surdo sugli esperimenti da effettuare in alta montagna, a Pian Rosa, per il programma di ricerche sui raggi cosmici (Archivio Storico ING)

della loro sollecitazione, quando il Direttorio del CNR lo aveva invitato a prefigurare un modello di istituto geofisico, egli aveva esplicitamente inserito nel suo progetto di ING lo studio della radiazione cosmica come specializzazione nell'ambito del Reparto per l'elettricità atmosferica e terrestre[13].

Il nostro ritrovamento di una cartella intitolata "Raggi Cosmici", custodita nel fascicolo personale di Lo Surdo presso l'Archivio Storico dell'ING, documenta con quanta attenzione il direttore seguisse questo filone di studi. In previsione di una campagna di ricerche ad alta quota, Bernardini gli preparava una dettagliata relazione dattiloscritta con tutti i particolari degli esperimenti da sviluppare e delle risorse necessarie.

Da sinistra: Edoardo Amaldi, Gilberto Bernardini e Ettore Pancini nel 1948, durante una campagna di osservazioni nel Laboratorio della Testa Grigia sul Pian Rosa (Archivio Amaldi)

---

[13] Istituto Nazionale di Geofisica del CNR, relazione di A. Lo Surdo, op. cit.

Veduta dall'alto delle capanne del laboratorio della Testa Grigia a Pian Rosa (quota 3.505 m) dove veniva effettuata gran parte degli esperimenti di alta quota sui raggi cosmici (Archivio Amaldi)

Lo Surdo approvava, annotando su appunti manoscritti l'elenco degli esperimenti, il personale coinvolto e i tempi di realizzazione previsti. Tutto ciò si svolgeva in pieno conflitto mondiale, quando, per portare a compimento il programma, era indispensabile ottenere permessi speciali onde far rientrare dal servizio di leva o dai fronti di combattimento ricercatori e tecnici[14]. In questo modo, malgrado gli sconvolgimenti bellici, oltre alle ricerche ordinarie svolte nella sede dell'Istituto, furono effettuate due importanti spedizioni sul Monte Rosa, la prima nell'inverno 1940-41, la seconda nell'inverno 1942-43[15]. Ricercatori e

Cartolina della Capanna-Osservatorio Margherita sul Monte Rosa (quota 4.559 m), inviata da Bernardo Nestore Cacciapuoti a Lo Surdo nel marzo 1940 (Archivio Storico ING)

---

[14] *Raggi Cosmici*, cartella relativa a una spedizione da effettuare al Pian Rosa contenente una relazione di G. Bernardini e appunti manoscritti di A. Lo Surdo, in INGV, *Archivio Storico ING*, b. 20, f. 83.
[15] Amaldi E. (1998) *20th Century Physics*, op. cit., p. 283.

strumenti trovavano asilo in due rifugi, rispettivamente posti presso la stazione superiore della funivia di Pian Rosa, a quota 3.505 m; e più in alto, alla Capanna Margherita, a quota 4.559. La valorizzazione del sito di Pian Rosa in quel contesto di studi avrebbe portato, nel 1947, alla sua trasformazione in struttura permanente di ricerca a disposizione dei fisici, col nome di Laboratorio della Testa Grigia[16].

Per finanziare tutto il programma di ricerche, missioni comprese, Lo Surdo ricorreva sia ai fondi destinati dal CNR all'ING sia a quelli a disposizione del Comitato per la Geofisica e Metereologia di cui era presidente. I collaboratori universitari assidui venivano retribuiti con compensi mensili che variavano da 300 lire, come nei casi dei più giovani Bernardo Nestore Cacciapuoti e Marcello Conversi, fino a 850 lire, come nel caso del capogruppo Gilberto Bernardini[17]. In occasione di specifiche missioni particolarmente impegnative, Lo Surdo riusciva a ottenere per ogni partecipante dei "premi di operosità" di circa 1.000 lire (pari a circa una mensilità di stipendio di un giovane assistente)[18].

I lavori sui raggi cosmici effettuati in ambito ING, pubblicati, per lo più, sulla rivista del CNR *La Ricerca Scientifica* e riediti nella raccolta *Pubblicazioni dell'Istituto Nazionale di Geofisica* (*PING*), affrontarono i temi più rilevanti del dibattito sui raggi cosmici in corso a quei tempi: le misure sistematiche della loro intensità a diverse quote e condizioni geografiche; la determinazione delle varie componenti che hanno origine dagli scontri fra i primari e l'atmosfera; il loro comportamento nell'attraversamento di spessori di materia e sotto l'influenza di un intenso campo magnetico; le caratteristiche fisiche di alcune specifiche particelle[19].

---

[16] Battimelli G. (2003) *L'eredità di Fermi*, Editori Riuniti, Roma, p. 154.
[17] Lettera di A. Lo Surdo al CNR, Roma 18 ottobre 1941, in INGV, *Archivio Storico ING*, fasc. personale M. Conversi, b. 17, f. 40.
[18] Lettera di A. Lo Surdo al CNR, Roma 30 aprile 1941, in INGV, *Archivio Storico ING*, fasc. personale M. Santagelo, b. 24, f. 137.
[19] Per i titoli di tutti questi lavori rimandiamo all'elenco delle *PING* 1938-1949, riprodotto in Appendice.

14.5. Il misterioso mesotrone

Diversi articoli furono dedicati a un misterioso soggetto che, assieme agli elettroni, era il componente più abbondante della radiazione secondaria ai più bassi livelli atmosferici: il mesotrone, una specie di elettrone pesante.

Scoperto nel 1937 da Seth Neddermeyer e Carl David Anderson al California Institute of Technology, il mesotrone suscitava molte attenzioni perché era ritenuto, erroneamente come si vedrà, la particella-forza responsabile della coesione fra i protoni dei nuclei atomici prevista dal fisico giapponese Hideki Yukawa[20].

La costituzione del gruppo sui raggi cosmici dell'ING assolse a diverse e importanti funzioni: l'importazione a Roma di un'attività di ricerca che, fino a quel momento, non era stata praticata in modo organico all'Istituto di Fisica della capitale, tranne qualche sporadico studio di Fermi e collaboratori; il recupero di una tradizione di studi fiorentina che altrimenti rischiava di eclissarsi; e soprattutto la valorizzazione di talenti che faticavano ad affermarsi in un sistema della ricerca complessivamente in crisi. A questo proposito, sia negli scritti di Amaldi sia nelle cartelle personali dell'Archivio Storico dell'ING, sono documentate le circostanze di reclutamento nel gruppo sui raggi cosmici di alcuni giovani i cui nomi sarebbero diventati presto noti. Ecco qualche esempio.

14.6. Il reclutamento dei fisici all'ING

Ettore Pancini, uno dei migliori allievi di Bruno Rossi a Padova, si presenta a Roma verso la fine del 1939 (all'età di ventiquattro anni) alla ricerca di opportunità di lavoro, dopo che il suo maestro era stato costretto a riparare all'estero a causa delle leggi razziali. Amaldi e Bernardini lo segnalano a Lo Surdo, gli fanno ottenere un contratto all'ING[21] dove comincia subito a occuparsi della componente elettronica e mesotronica dei raggi cosmici e della

---

[20] Foresta Martin F. (2005) *Dall'Atomo al cosmo*, op. cit. pp. 114-117.
[21] Amaldi E. (1998) *20th Century Physics*, op. cit., p. 267.

vita media del mesotrone[22]. Nel febbraio 1941 viene richiamato alle armi, ma l'anno successivo ottiene un permesso – e qui c'è lo zampino di Lo Surdo che era molto bene introdotto nelle alte sfere militari[23] – per partecipare a una spedizione sul Pian Rosa organizzata da Bernardini.

Dovrà ancora tornare sul fronte di combattimento ma, dopo l'armistizio, si arruolerà nella resistenza veneta, affrontando i nazifascisti da comandate di una squadra di GAP (Gruppi d'Azione Partigiana) e partecipando a coraggiose azioni di guerriglia col nome di battaglia Achille[24].

Un'accoglienza analoga, fra il 1939 e il 1940, ottengono il pisano Bernardo Nestore Cacciapuoti e il siciliano, di Castelvetrano, Mariano Santangelo, in quel periodo entrambi all'Istituto di Fisica di Palermo, disorientati per la cacciata del direttore Emilio Segrè (sempre a causa delle leggi razziali), ed entrambi alla ricerca di una nuova sistemazione. La troveranno a Roma: Cacciapuoti come assistente alla cattedra di Fisica Sperimentale di Amaldi[25]; Santangelo comandato presso l'ING (in origine era professore alle scuole superiori) grazie all'intervento di Lo Surdo, che recepisce una raccomandazione di Fermi in favore del fisico siciliano[26]. E, subito, anche le firme di Cacciapuoti e Santangelo cominciano a comparire nelle *PING*, con ricerche sulla radiazione cosmica al livello del mare e sulle componenti elettronica e mesotronica[27].

---

[22] Pancini E., Santangelo M., Scrocco E. (1940) Il rapporto fra l'intensità della componente elettronica e della componente mesotronica a 10 e 70 metri d'acqua equivalente sotto il livello del mare, *PING* n. 55, 1940, estratto da *La Ricerca Scientifica*, XI, n.12.

[23] Lettera di A. Lo Surdo al CNR, Roma 23 aprile 1940, in ACS, *CNR. Presidenza Badoglio*, b.11, f.100.

[24] Amaldi E. (1998) *20th Century Physics*, op. cit., p. 402.

[25] Amaldi E. (1998) *20th Century Physics*, op. cit., p. 267.

[26] Lettera di A. Lo Surdo al CNR, Roma 20 dicembre 1938, in INGV, *Archivio Storico ING*, fasc. pers. M. Santangelo, b. 24, f. 137; lettera di E. Fermi a G. Pantaleo, Roma 29 novembre 1938, in INGV, *Archivio Storico ING*, fasc. pers. M. Santangelo, b. 24, f. 137.

[27] Bernardini G., Cacciapuoti B.N., Piccioni O. (1939) Sull'assorbimento della radiazione cosmica e la natura del mesotrone, *PING* n. 23, 1939, estratto da *La Ricerca Scientifica*, X, n.11, 1939; Santangelo M., Scrocco E. (1940) Sui rapporti d'intensità delle componenti elettronica e mesotronica, *PING* n. 47, 1940, estratto da *La Ricerca Scientifica*, XI, n. 9.

In tempi di scarsa sensibilità alle tutele sul lavoro, i rischi che bisognava affrontare per portare avanti le missioni ad alta quota erano rilevanti. Ne farà le spese, nel 1941, Cacciapuoti che, durante una delle spedizioni a Pian Rosa, resterà coinvolto in un grave incidente. Evidentemente le condizioni di accoglienza del rifugio presso la stazione della funivia, a quota 3.505 metri, dove si svolgeva il grosso degli esperimenti, sconsigliavano il pernottamento; così si faceva in modo di concludere le misure sui raggi cosmici in tempo per l'ultima corsa della sera e scendere giù a Cervinia. Quando il lavoro si protraeva oltre l'ultima corsa, comunque si tornava a valle facendo uso degli sci, seguendo un ripido percorso su un ghiacciaio segnalato alla meglio da bandierine.

Come si apprende da una relazione di Lo Surdo[28], la sera del 5 gennaio 1941, durante una di queste solitarie discese, Cacciapuoti fece una rovinosa caduta: la punta dello sci gli colpì violentemente l'occhio destro, provocandogli una grave emorragia. Il giovane assistente riuscì a stento a raggiungere Cervinia, quindi fu trasferito all'ospedale di Torino, dove dovettero constatare che avrebbe riportato un'invalidità permanente. Un fitto carteggio conservato nella cartella personale di Cacciapuoti all'ING documenta l'impegno di Lo Surdo per fargli riconoscere dal CNR una consistente indennità, visto che a quei tempi non era stato possibile pagare una copertura assicurativa per i componenti della missione. L'amministrazione del CNR, ripetutamente sollecitata dal direttore dell'ING, sei mesi dopo l'incidente, liquidò all'infortunato la somma di 35.000 lire a titolo di risarcimento (lo stipendio annuo di un giovane assistente universitario era di poco più di 10.000 lire)[29].

Anche se di più breve periodo, merita una menzione la collaborazione al gruppo raggi cosmici dell'ING, tra il 1945 e il '46, di un promettente fisico milanese, Giuseppe Cocconi, divenuto poi noto al grande pubblico, più che per il suo notevole contributo alla fisica delle particelle, per avere avviato la ricerca sistematica di segnali intelligenti extraterrestri SETI (Search for Extra Terrestrial Intelligence). Dopo la laurea a Milano nel 1938, Cocconi

---

[28] Lettera di Lo Surdo al CNR, Roma 20 gennaio 1941, in INGV, *Archivio Storico ING*, fasc. pers. B.N. Cacciapuoti, b. 15, f. 29.

[29] Ricevuta di indennità per inabilità permanente, Roma 3 giugno 1941, in INGV, *Archivio Storico ING*, fasc. pers. B.N. Cacciapuoti, b. 15, f. 29.

Giuseppe Cocconi, fisico milanese attratto dal clima di fruttuosa ricerca che si creò all'ING negli anni Quaranta, collaborò alle ricerche sui raggi cosmici con due lavori sugli "sciami estesi", sviluppati assieme alla geofisica dell'ING Camilla Festa (Archivio CERN)

ottiene un soggiorno di studio a Roma con Fermi, sotto la cui guida costruisce una camera a nebbia di Wilson, cioè un apparato per visualizzare le tracce dei raggi cosmici[30]. Andato via Fermi, Cocconi torna a Milano e convince il suo direttore Giovanni Polvani a sviluppare un programma di ricerche sui raggi cosmici che riceverà i finanziamenti del Comitato per la Geofisica del CNR presieduto da Lo Surdo. Nel 1942 Cocconi è di nuovo a Roma, stavolta in veste di "aviere del governo" distaccato all'ING, dove fa esperimenti nel campo dei sensori infrarossi per conto dell'Aeronautica Militare assieme al luogotenente Giorgio Fea (un altro collaboratore dell'ING)[31], in un programma di ricerche militari diretto dallo stesso Lo Surdo[32]. Finita la guerra, anche Cocconi parteciperà alle ricerche del gruppo sui raggi cosmici di Roma e, in collaborazione con la geofisica dell'ING Camilla Festa (di cui parleremo fra poco), svilupperà esperimenti sulle caratteristiche dei cosiddetti "sciami estesi", documentati in due *PING* del 1946[33], tema che poi riprenderà negli Stati Uniti, alla Cornell University[34].

[30] Salvini G. (2009) Giuseppe Cocconi, *Il Nuovo Saggiatore*, vol. 25, n. 1-2, p. 77.

[31] Amaldi E. (1998) *20th Century Physics*, op. cit., p. 274.

[32] Lettera del Ministero dell'Aeronautica, Direzione Superiore Studi e Esperienze al Presidente del CNR, Guidonia 6 dicembre 1941, in ACS, *CNR. Istituto Nazionale di Geofisica*, b. 2, f. 2.

[33] Cocconi G., Festa C. (1946) Sulle particelle penetranti che accompagnano gli sciami estesi, *PING* n.125, 1946, estratto da *Il Nuovo Cimento*, serie IX, vol. III, n. 5; Cocconi G., Festa C. (1946) La distribuzione dei densità negli sciami estesi dell'aria, *PING* n. 126, 1946, estratto da *Il Nuovo Cimento*, serie IX, vol. III, n. 5.

[34] Amaldi E. (1998) *20th Century Physics*, op. cit., p. 274.

Il gruppo sui raggi cosmici, ovviamente, non si limitò a offrire opportunità di lavoro ai transfughi da altre università, ma coinvolse ricercatori interni dell'Istituto di Fisica e dell'ING. Fra i fisici "anziani" più affermati che vi collaborarono c'erano Gian Carlo Wick – che era stato stretto collaboratore di Fermi fra il 1932 e il 1937 e che ne aveva ereditato la cattedra di Fisica Teorica – e Bruno Ferretti, già assistente di Fermi e poi di Lo Surdo. Entrambi si occuparono, prevalentemente, dell'interpretazione teorica dei fenomeni osservati.

Fra i più giovani adepti al programma di ricerche c'erano Mario Ageno, appena laureato con Fermi, che esordì nel 1939 con una ricerca sui neutroni di alta energia di origine secondaria[35], e Camilla Festa, una studentessa di fisica che aveva chiesto di sviluppare la sua tesi sui raggi cosmici. Singolare fu la vicenda umana di questa ragazza, laureatasi nel giugno 1941 con Cacciapuoti, con una tesi sulla "curva di assorbimento della radiazione cosmica" e subito assunta all'ING, quando non aveva ancora compiuto ventuno anni[36]. Dopo un promettente inizio, tutto dedicato alla ricerca sperimentale sui raggi cosmici e alla stesura di numerosi articoli scritti in collaborazione con validi maestri come Bernardini, Cocconi e Santangelo, la Festa era passata a studiare, su incarico di Lo Surdo, la radioattività naturale della Terra, lasciando presagire gli sviluppi di una brillante carriera. Ma, qualche anno dopo la morte di Lo Surdo, sotto la direzione Medi, cominciò ad astrarsi sempre più dal lavoro di ricerca, fino a chiedere, nel 1955, un anno di aspettativa, a conclusione del quale non si ripresentò più all'Istituto. Più tardi Medi informò il Consiglio di Amministrazione di considerarla dimissionaria, dato che si era ritirata a vita monastica nel convento di S. Maria di Rosano, presso Firenze, fra le suore di clausura della regola benedettina[37].

---

[35] Ageno M. (1939) Sull'esistenza di neutroni secondari nella radiazione cosmica, PING n. 12, 1939, estratto da La Ricerca Scientifica, X, n.4.

[36] Curriculum vitae di C. Festa, in INGV, Archivio Storico ING, fasc. pers. Camilla Festa, b. 18, f. 55.

[37] Disposizione del direttore ING, Roma 30 novembre 1957, INGV, Archivio Storico ING, fasc. pers. C. Festa, b. 18, f. 55.

14.7. Il sodalizio fra Conversi e Piccioni

Fra il 1939 e il 1940 cominciano a collaborare con l'ING due fraterni amici che daranno un contributo decisivo alla conoscenza del mesotrone: Oreste Piccioni e Marcello Conversi.

Piccioni è un senese che si classificò secondo all'esame di ammissione alla Normale di Pisa ma, trascorso un anno, lasciò la prestigiosa scuola e passò a Fisica a Roma, attratto dalla fama di Fermi, con il quale si laureò nel 1938. Dopo l'espatrio del maestro, Piccioni venne aggregato al gruppo sui raggi cosmici e già l'anno successivo la sua firma si affacciò sulle *PING*, affiancata a quelle di Bernardini, Cacciapuoti, Ferretti, Wick, con lavori sull'assorbimento della radiazione cosmica, le componenti elettroniche e mesotroniche, i circuiti di conteggio a valvole[38]. È l'inizio di una prolifica attività sperimentale che continuerà anche nei periodi più drammatici del conflitto.

Più o meno nello stesso periodo, l'apprendistato sui raggi cosmici coinvolse un altro brillante studente, questa volta romano: Marcello Conversi, che si laureò nel 1940 con Ferretti e si indirizzò verso l'attività sperimentale.

Piccioni e Conversi scoprirono di avere molte affinità e fecero presto amicizia. Sul versante scientifico erano entrambi esperti di elettronica, il che li mise in condizioni di progettare innovativi apparati di rivelazione delle particelle; su quello politico erano entrambi antifascisti dichiarati. Piccioni fu sotto il Palazzo Reale a manifestare il giorno dopo la cacciata di Mussolini (25 luglio 1943) e si vantava di avere coniato la frase "Meglio tardi che mai!". Conversi almanaccava progetti rivoluzionari così riferiti da Piccioni:

---

[38] Bernardini G., Cacciapuoti B.N., Piccioni O. (1939) *L'assorbimento della radiazione*, op. cit.; Bernardini G., Cacciapuoti B.N., Ferretti B., Piccioni O., Wick G. (1939) Sulle condizioni di equilibrio delle componenti elettronica e mesotronica in mezzi diversi ed a varie altezze sul livello del mare, *PING* n. 27, 1939, estratto da *La Ricerca Scientifica*, X, n. 11; Piccioni O. (1940) Circuiti di numerazione utilizzanti valvole a gas, *PING* n. 41, 1940, estratto da *La Ricerca Scientifica*, XI, n.6.

Marcello mi invitò a stare con lui nella sua confortevole casa. Mi avvisò tuttavia, bisbigliando, che egli era interessato a un piccolo "hobby", che poteva costare la sua vita e anche la mia: egli stava costruendo un trasmettitore per incitare i romani a rivoltarsi ed uccidere i soldati tedeschi. Accettai volentieri e lavorammo anche a quella cosa.[39]

Pure sotto l'occupazione tedesca di Roma, tra avventurose fughe dagli obblighi militari di Piccioni e violazioni del coprifuoco di Conversi, i due continuarono gli esperimenti e le pubblicazioni. Nell'ambito della collaborazione con l'ING, in quel caotico 1943, svilupparono la tecnica delle registrazioni "di coincidenza a piccoli

Il lavoro pubblicato sulle PING che, come racconta il fisico Salvini, costituì la premessa indispensabile all'esperimento CPP (Biblioteca INGV)

tempi di separazione"[40] che permette di misurare, con grandissima precisione, il tempo intercorrente fra la creazione del mesotrone in una massa di materia e la sua disintegrazione con la comparsa di un elettrone, determinandone la cosiddetta vita media. Ha scritto il fisico Giorgio Salvini:

> Questa finissima capacità di misurare tempi brevi è la base del lavoro che ha portato Conversi e Piccioni, e successivamente Ettore Pancini, che ad essi si aggiunse, al grande risultato.[41]

---

[39] La testimonianza di O. Piccioni si trova in Salvini G. (2004) *La vita di Oreste Piccioni*, op. cit. p. 300.

[40] Conversi M., Piccioni O. (1943) Sulle registrazioni di coincidenza a piccoli tempi di separazione, *PING* n. 99, 1943, estratto da *Il Nuovo Cimento*, serie IX, vol. I, n. 3.

[41] Salvini G. (2004) *La vita di Oreste Piccioni*, op. cit., p. 296.

14.8. Verso la conclusione della collaborazione

Il "grande risultato", ottenuto nel 1946, con la famosa esperienza CPP, dimostrò che i mesotroni avevano caratteristiche tali da non poter essere assimilati alla particella di Yukawa, cioè ai mediatori delle interazioni nucleari, ma erano particelle caratterizzate da interazioni "deboli", a cui, in seguito, fu dato il nome di muoni. Con il loro riconoscimento la fisica cominciava a delineare la basilare famiglia delle particelle puntiformi chiamate leptoni (dal greco *leptos* = leggero). Ma questo risultato fu ottenuto fuori dalla collaborazione con l'ING che, nel frattempo, si avviava alla conclusione. Infatti, alla fine del 1945, per iniziativa di Amaldi, Bernardini e altri, era stato creato, in ambito CNR, il "Centro di studio della fisica nucleare e delle particelle elementari", diretto dallo stesso Amaldi, che diventava il principale punto di riferimento dei fisici dei raggi cosmici. Da quel momento, com'era logico, questo tema di ricerche passò gradualmente dall'ING al nuovo Centro del CNR, anch'esso ospitato presso l'Istituto di Fisica di Roma[42].

La collaborazione sui raggi cosmici in ambito ING segnò anche una svolta positiva nei rapporti fra Lo Surdo e i superstiti del gruppo Fermi. Certo, i motivi della distensione vanno ricercati nei mutati assetti di potere: scomparsi Marconi e Corbino, andati via Fermi e Segrè, Lo Surdo aveva assunto la direzione dell'Istituto di Fisica e non si sentiva più messo in ombra o peggio, alla berlina, dal gruppo dei giovani fisici rampanti. D'altra parte i "ragazzi", che nel frattempo erano cresciuti, avevano tutto l'interesse a stabilire sereni rapporti di lavoro col nuovo direttore.

Fa sorridere constatare come, pure in quel clima di ritrovata collaborazione, persistevano dei vezzi un po' goliardici tipici degli anni precedenti: in una lettera inviata da Bernardini ad Amaldi nel 1939[43] Lo Surdo viene soprannominato "il

[42] Amaldi E. (1997) *Da via Panisperna*, op. cit., p. 101.
[43] Lettera di G. Bernardini a E. Amaldi, Bologna 15 ottobre 1939, in Amaldi E. (1997) *Da via Panisperna*, op. cit., pp. 119-120.

Nordicino", un nomignolo coniato per lui qualche anno prima, a quanto sembra, perché la sua stanza si trovava nell'ala settentrionale dell'Istituto. E si può immaginare quanto dovesse suonare buffo questo appellativo dato all'ormai anziano e compassato professore del profondo Sud.

Capitolo 15
Elettricità dal vento

*Ogni azienda deve diventare autosufficiente
con energia elettrica
prodotta da turbine eoliche.*
Poul la Cour, meteorologo danese, 1890

15.1. Autarchia ed energia eolica

Nel 1938, in un clima politico e sociale pervaso dai programmi autarchici promossi dal fascismo a sostegno dell'economia di guerra, il direttore del neo costituito ING formulò una proposta di sfruttamento industriale dell'energia del vento finalizzata alla produzione di elettricità, con vantaggiosi risparmi di combustibili fossili. Si trattava di un campo di applicazioni assolutamente nuovo, nel quale si erano già cimentati con successo gli Stati Uniti e alcuni paesi nordeuropei, in particolare la Danimarca dove, nel 1897 il meteorologo Poul la Cour aveva realizzato nella località di Askov quella che viene considerata la prima centrale elettrica mossa dal vento in Europa[1]. A questa pionieristica impresa era seguita, in Danimarca, la costruzione di alcuni impianti consimili, della potenza di qualche decina di kilowatt ciascuno.

Lo Surdo intuì che anche in Italia potessero trovarsi diverse località caratterizzate da forza e costanza dei venti tali da permettere l'installazione di impianti eolici a elevato rendimento e concepì un programma di ricerche preliminari, con lo scopo di raccogliere precisi dati quantitativi sulle caratteristiche dei venti in tutto il territorio nazionale. In una pubblicazione del 1945, sul mensile del CNR *Ricerca scientifica e ricostruzione*, ripercorrendo la storia delle ricerche eoliche iniziate sette anni prima presso l'ING, così il professore motivava la necessità di riprendere quelle ricognizioni:

---

[1] Hau E. (2009) *Wind Turbines*, Springer, Berlino, pp. 24-26.

I dati delle osservazioni anemologiche, eseguite finora in Italia principalmente allo scopo di fornire elementi utili alla climatologia ed alla sicurezza delle rotte aeree, non costituiscono una base sufficiente per la valutazione dell'energia eolica, poiché il vento si presenta con caratteri diversi da una località all'altra [...] La natura accidentata del suolo ha una grande influenza sul regime dei venti, quindi, avanti di fissare il posto in cui può sorgere una centrale eolica di potenza rilevante, occorre evidentemente ricercare ove esistono le condizioni più favorevoli onde ottenere un buon rendimento.[2]

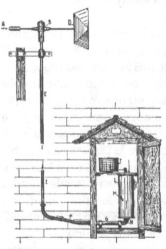

La stazione per la misura dei venti, progettata e realizzata all'ING nel 1938. Il disegno è tratto da un'illustrazione del mensile del CNR Ricerca scientifica e ricostruzione. Lo Surdo aveva intenzione di compilare una mappa anemologica dell'Italia, finalizzata alla localizzazione dei siti in cui installare centrali eoliche per produrre energia elettrica (da Lo Surdo A. (1945) Il rilevamento, op. cit.)

Anemografi installati sulla terrazza dell'Istituto di Fisica a Roma. Cento di questi apparecchi furono costruiti dalla ditta SIAP di Bologna, ma lo scoppio della guerra ne bloccò l'installazione nelle località potenzialmente idonee. Finita la guerra Lo Surdo tentò di rilanciare l'impresa, che tuttavia fu abbandonata dopo la sua morte. (da Lo Surdo A. (1945) Il rilevamento, op. cit.)

---

[2] Lo Surdo A. (1945) Il rilevamento dell'energia del vento ai fini della sua utilizzazione industriale, *PING* n.109, 1945, estratto da *Ricerca Scientifica e Ricostruzione*, XV, n. 2.

Gli strumenti per raccogliere i dati necessari alla compilazione della mappa anemologica erano pronti da tempo. Infatti, nei laboratori dell'ING, nel corso del 1938, era stato progettato e realizzato il prototipo di un nuovo tipo di anemografo (misuratore della velocità del vento) dotato di un apparato di registrazione su carta, capace di funzionare senza particolare assistenza tecnica, in modo da essere installato in una molteplicità di siti non necessariamente sorvegliati. Quindi, la ditta SIAP (Società Italiana di Apparecchi di Precisione) di Bologna era stata incaricata della costruzione di cento di questi anemografi che, dopo i collaudi e le tarature effettuati nelle officine dell'ING, avrebbero dovuto essere installati nelle località prescelte[3].

15.2. Indagini anemologiche in tre regioni

Verso la fine degli anni Trenta, le indagini anemologiche stavano per essere avviate in tre regioni, affidate al coordinamento di altrettanti professori universitari: in Liguria Alfredo Pochettino, titolare della cattedra di Fisica Sperimentale a Torino; nell'Istria Francesco Vercelli, dell'Osservatorio geofisico di Trieste; in Calabria Pericle Gamba, fisico terrestre e direttore dell'Ufficio Centrale di Meteorologia e Climatologia (questo il nome dato fra il 1937 e il 1941 alla storica istituzione). Altre campagne di osservazione erano state predisposte in Sardegna, Puglia e Sicilia. Tuttavia, l'incalzare degli eventi bellici indusse il CNR, proprio al principio della guerra, a sospendere, fra le tante, anche queste ricerche, a causa delle difficoltà economiche e di trasporto. Gli anemografi, ancora da collocare nei siti prescelti, rimasero imballati nei depositi dell'ING per tutta la durata del conflitto[4].

Finita la guerra Lo Surdo tentò di rilanciare le ricerche eoliche, riproponendole al Commissario straordinario del CNR Guido Castelnuovo, proprio all'indomani della liberazione di Roma, nell'autunno del 1944:

---

[3] Ivi, p. 118.
[4] Ibid.

A seguito del colloquio avuto con Lei, l'11 ottobre corrente, chiedo che sia confermato a questo Istituto Nazionale di Geofisica, presso il quale sono stati eseguiti finora tutti i lavori preliminari relativi a queste ricerche, l'incarico di continuare appena possibile quest'attività che ha importanza per l'economia della Nazione.[5]

La risposta fu immediata ma interlocutoria: Castelnuovo confermò la sua convinzione che l'Istituto dovesse continuare a svolgere ricerche sull'utilizzazione dell'energia del vento, tuttavia, a causa delle ristrettezze economiche, comunicò che non poteva far fronte a impegni di spesa immediati[6].

15.3. I tentativi di rilancio post-bellico del progetto

L'articolo che il direttore dell'ING scriveva nel 1945 per *Ricerca scientifica e ricostruzione* era, dunque, un tentativo di riprendere il progetto eolico nel contesto del rilancio industriale post-bellico:

> Nonostante l'importanza che ha per l'Italia l'utilizzazione dell'energia dei fenomeni naturali, l'energia del vento, al contrario di quanto è avvenuto per quella idraulica, non è stata finora da noi utilizzata in impianti di notevole potenza. Su ciò può avere influito molto probabilmente il fatto che, mentre l'energia idraulica disponibile può essere stimata facilmente e con sicurezza, la valutazione di quella eolica non può essere fatta con altrettanta facilità poiché dipende da elementi molto variabili col luogo e col tempo [...] L'Istituto Nazionale di Geofisica del Consiglio Nazionale delle Ricerche ha posto tra i suoi compiti quello di organizzare questo speciale rilevamento anemologico.[7]

---

[5] Lettera di A. Lo Surdo al Commissario Straordinario del CNR, Roma 13 ottobre 1944, in ACS, *CNR. Comitato Nazionale per la Geodesia e Geofisica*, b. 972, in riordinamento.
[6] Lettera di G. Castelnuovo al Direttore dell'ING, Roma 18 ottobre 1944, in ACS, *CNR. Comitato Nazionale per la Geodesia e Geofisica*, b. 972, in riordinamento.
[7] Lo Surdo A. (1945) *Il rilevamento dell'energia del vento*, op. cit., pp. 116-119.

In attesa di tempi migliori per rilanciare il progetto su base nazionale, il direttore dell'ING avviò una prima campagna di sondaggi in Sicilia, dove poteva contare su collaboratori all'Università di Messina e conoscenti presso alcuni comuni che si erano impegnati ad aiutarlo per l'installazione, in economia, degli apparecchi di rilevamento. Il coordinamento della ricerca fu affidato al professor Virgilio Polara, direttore dell'Osservatorio Geofisico di Messina, a cui la Giunta Amministrativa dell'ING assegnò la modesta somma di 100.000 lire per l'inizio della campagna di misure. Così, a partire dal luglio 1948, venti dei cento anemografi in deposito presso l'Istituto furono trasferiti a Messina e installati in varie località della provincia[8].

Ma nemmeno questo ulteriore tentativo riuscì a far decollare il progetto eolico: in quegli anni e nei successivi, le scelte energetiche dell'Italia si stavano indirizzando verso altre mete: innanzitutto la supremazia degli idrocarburi, e, per quanto riguarda le rinnovabili, il potenziamento delle risorse idroelettriche.

In prospettiva, poi, c'era la speranza che lo sfruttamento dell'energia da fissione nucleare, reso praticabile da Enrico Fermi con lo storico esperimento di Chicago del dicembre 1942, potesse soddisfare illimitatamente e a costi vantaggiosissimi la futura e crescente domanda di elettricità. Di lì a poco, negli Stati Uniti, sarebbe stato lanciato il programma "Atoms for Peace", che lasciava intravedere la possibilità di produrre elettricità talmente abbondante e a buon prezzo da non richiedere, secondo alcuni entusiasti, nemmeno l'uso dei contatori: *too cheap to meter*, secondo una battuta che diventò uno slogan[9].

In Italia non solo i governi, ma anche gli scienziati e i tecnologi che si occupavano di questioni energetiche, lasciarono cadere la proposta di Lo Surdo, convinti che l'energia eolica non potesse

[8] Adunanza della Giunta Amministrativa dell'ING del 1 luglio 1948, Ricerche sul vento ai fini dell'utilizzazione dell'energia eolica. Concessioni di fondi al prof. Polara, in INGV, *Archivio Storico ING*, b. 38, f.1.
[9] La frase:"Our children will enjoy in their homes electrical energy too cheap to meter" fu pronunciata da Lewis L. Strauss, presidente della U.S. Atomic Energy Commission e consigliere del presidente Eisenhower, in una conferenza per la National Association of Science Writers di New York, il 16 settembre 1954, e riportata dal *New York Times* del 17 settembre 1954.

apportare un contributo significativo al bilancio energetico nazionale. Infine, con la morte di Lo Surdo avvenuta nel 1949, venne meno anche la funzione di stimolo e di riflessione su questo tema che lo scienziato aveva esercitato fra la comunità scientifica. Anche all'ING, tranne una ricerca sulle caratteristiche anemologiche di alcune zone della Sicilia e della Calabria condotta da Francesco Peronaci durante la direzione Medi[10], il tema dell'energia eolica fu praticamente abbandonato.

Soltanto oggi, alla luce del fatto che l'eolica è diventata, nel panorama internazionale, la più promettente fonte di energia rinnovabile, e che anche in Italia essa sta avendo una notevole crescita[11], possiamo apprezzare appieno l'intuizione anticipatrice del primo direttore dell'ING.

---

[10] Peronaci F. (1950) Rilevamento dell'energia del vento ai fini della sua utilizzazione mediante aeromotori, *Annali di Geofisica*, vol. III, n.2.

[11] Negli ultimi anni, in Italia, l'eolico è cresciuto di oltre il 30% ogni anno in termini di nuova potenza elettrica installata, raggiungendo nel 2009 1.114 MW installati e 6,7 TWh di elettricità prodotti, pari al consumo domestico di 7 milioni di italiani, con un risparmio di circa 4,7 milioni di tonnellate di anidride carbonica (comunicato congiunto Anev, Enea, Aper e Ises, 8 gennaio 2010).

Capitolo 16
Scienza e razzismo

Esiste una scienza ebraica,
cioè un modo ebraico di trattare
o piuttosto di corrompere la scienza.
Giuseppe Pensabene, intellettuale fascista e antisemita, 1941

16.1. Attacco alle "ricerche giudaiche"

Il 15 luglio 1938 gli italiani appresero dai giornali di appartenere a una "razza pura", quella ariana, e di possedere un "privilegio biologico" che andava rigorosamente preservato, evitando mescolanze con altre razze come quella ebraica. Queste idee, rivestite da una pomposa impalcatura pseudo scientifica, erano contenute nel cosiddetto "Manifesto della Razza", un testo ufficialmente elaborato da dieci professori universitari, ma di fatto ispirato direttamente da Mussolini per allinearsi alla campagna antisemita dell'alleato tedesco[1].

Le conseguenze pratiche della svolta razzista del regime fascista furono catastrofiche per i cittadini di origine ebrea, che erano perfettamente integrati nella società italiana: con una serie di leggi e provvedimenti essi furono scacciati dalle università, dalle scuole e dagli uffici pubblici e discriminati pure nell'esercizio delle libere professioni e dei commerci. Furono centinaia i docenti "dispensati dal servizio", migliaia gli studenti espulsi e, al di là delle cifre, rilevante il patrimonio culturale disperso a causa di espatri o di riduzioni al silenzio di insigni personalità, in ogni ramo della cultura.

Nel campo scientifico, alla campagna razzista, si aggiunsero anche pesanti attacchi ad alcuni indirizzi della fisica. Mentre in Germania i premi Nobel Johannes Stark e Philipp Lenard, assieme

---

[1] Il cosiddetto "Manifesto della Razza" fu pubblicato per la prima volta sul *Giornale d'Italia* del 15 luglio 1938 col titolo "Il Fascismo e i problemi della razza".

"La scienza e gli ebrei", l'articolo apparso sulla terza pagina del giornale mussoliniano Il Tevere nel luglio 1941, a firma di Giuseppe Pensabene, in cui si bollavano come "giudaiche" le ricerche sui raggi cosmici promosse da Lo Surdo nell'ambito del CNR

ad altri scienziati filonazisti, bollavano come "scienze giudaiche" la relatività, la meccanica quantistica e altri recenti sviluppi della fisica ritenuti troppo astratti, pronunciando dure invettive contro i loro autori ebrei, anche in Italia venne allo scoperto qualche emulo di questo movimento.

In un elzeviro intitolato "La scienza e gli ebrei", apparso sulla terza pagina del giornale *Il Tevere di Roma* dell'1-2 luglio 1941, a firma del giornalista Giuseppe Pensabene (uno dei 360 intellettuali che avevano aderito al "Manifesto della Razza"), a essere prese di mira furono le ricerche sui raggi cosmici a cui il nascente ING stava dedicando tante risorse. Scriveva Pensabene:

> Per esempio si guardi ad uno dei cavalli di battaglia degli ebrei che oggi si occupano di fisica: cioè soprattutto alla fisica

nucleare. Una costruzione in gran parte fondata sull'arbitrio: e intanto qual è il suo tema fondamentale? Quello dell'identità tra materia ed energia. Non pare di ritrovare le stesse vedute della Cabala, quelle cioè per cui il mondo non è che continua emanazione? [...] Gli ebrei teorizzano, non osservano: ecco una delle ragioni per cui la scienza decade. Giacché si trova come tante altre sotto l'influenza degli ebrei.[2]

Poi, Pensabene entrava nel merito delle ricerche contestate:

In questi giorni nella Rivista *La Ricerca Scientifica* del Consiglio nazionale delle ricerche è uscito al posto d'onore un articolo intitolato *La camera di Wilson dell'Istituto di Fisica di Milano* corredato da molte fotografie sul quale [...] è la descrizione di un apparecchio ideato da un inglese che un tal Polvani ha fatto costruire per l'Università di Milano impiegando fondi forniti dal Consiglio delle Ricerche. L'apparecchio serve a ricerche di fisica giudaica come tutti sanno [...] scopo dell'apparecchio è di prestarsi alle ricerche sui raggi cosmici e alle infinite elucubrazioni alle quali danno luogo: campo anche questo adattissimo per la mentalità cabalistica e allo stesso tempo pubblicitaria degli ebrei [...] qual è il programma del Consiglio nazionale delle ricerche? Incoraggiare quelle ricerche che per i loro eventuali sviluppi possano mostrarsi giovevoli alla vita nazionale. Non si può certo dire che queste siano di tale natura. E poi rispecchiano l'indole d'un altra razza: distruttrice e sovvertitrice di qualsiasi vera ricerca.[3]

Il Tevere, va precisato, non era un giornale da niente: fondato dallo stesso Mussolini e affidato alla direzione del razzista Telesio Interlandi, si poneva come l'anima critica del regime rispetto al più ortodosso organo di partito *Popolo d'Italia*.

Letto l'articolo, pure in quel clima persecutorio in cui molti preferivano non esporsi, Edoardo Amaldi prese carta e penna e scrisse "All'Eccellenza A. Lo Surdo":

[2] Pensabene G. (1941) *La scienza e gli ebrei*, *Il Tevere di Roma*, 1-2 luglio 1941, p. 3.
[3] *Ibid.*

Chiunque legga tale articolo si rende assai facilmente conto che chi scrive non conosce neppure lontanamente questi importanti campi di ricerca della fisica moderna.

La suddetta affermazione appare ancor più strana a chiunque sappia, come Voi sapete meglio di ogni altro, che il primo scopritore dei raggi cosmici fu l'italiano Pacini a cui seguirono i tedeschi Hess, Kolhoerster eccetera.

Il largo pubblico ignora probabilmente un altro fatto e precisamente il notevolissimo sviluppo che hanno subito questi studi in Germania proprio negli ultimi anni. A testimonianza di questa mia affermazione Vi posso dire che sfogliando la *Naturwissenschaften*, oserei dire la più importante e ufficiale rivista tedesca, ho trovato complessivamente nelle annate 1939-40 ben 65 articoli e lettere riguardanti i raggi cosmici e la fisica nucleare, su 188 articoli e lettere riguardanti tutti i campi della fisica pura ed applicata.[4]

Non conosciamo la risposta di Lo Surdo, ma i fatti dimostrano che egli condivise il giudizio di Amaldi e non si curò minimamente delle accuse formulate da Pensabene e dagli altri fanatici del movimento razzista. Poco dopo questo episodio, infatti, nella sua veste di presidente del Comitato per la Geofisica e la Meteorologia del CNR, Lo Surdo autorizzò gli ulteriori finanziamenti per le ricerche sui raggi cosmici a favore del direttore dell'Istituto di Fisica di Milano Giovanni Polvani[5]. Inoltre, la collaborazione fra fisici e geofisici sui raggi cosmici nell'ambito dell'ING continuò a pieno ritmo, come è attestato da ben 14 lavori apparsi sulle *PING* tra il luglio 1941, quando era uscito l'articolo di Pensabene, e il giugno 1944[6], mese della liberazione di Roma e della fine del controllo nazifascista sugli istituti di ricerca della capitale.

---

[4] Lettera di E. Amaldi a A. Lo Surdo, Roma 14 luglio 1941, in Amaldi E. (1997) *Da via Panisperna*, op. cit., pp. 141-142.
[5] Lettera di A. Lo Surdo al CNR, Roma 22 settembre 1941, ACS, *CNR. Comitato per la Geodesia e Geofisica*, b. 972 II v.; lettera di A. Giannini a G. Polvani, 8 ottobre 1941, ACS, *CNR. Comitato per la Geodesia e Geofisica*, b. 972, II v., in riordinamento.
[6] *PING*: si vedano in Appendice n. 67-68, 70, 74, 80-81, 89, 90-92, 95, 98-99, 105.

16.2. Stark e Lo Surdo: due profili inaccostabili

Alla luce di questi fatti ci sembra inappropriato il giudizio di chi ha ritenuto di poter accostare i destini, scientifico e politico, dei due scienziati:

> Stark e Lo Surdo, uniti dalle loro importanti, virtualmente simultanee e indipendenti scoperte sull'influenza di un campo elettrico sulle linee spettrali, rigettarono gli ulteriori sviluppi della fisica moderna, aderirono ai programmi politici e razziali di Hitler e Mussolini, e subirono il disprezzo dei loro colleghi fisici.[7]

Apologia del nazismo scritta dal premio Nobel per la Fisica Johannes Stark (qui in una versione danese del 1932) dal titolo "Adolf Hitler, scopi e personalità". Lo scienziato tedesco, in cambio dell'aperto sostegno al nazismo, ricevette titoli e onori (da Wikipedia)

Ritratto di Johannes Stark al tempo in cui era presidente della "Deutsche Forschungsgemeinschaft" fra il 1934 e il 1936. Approfittando della sua posizione di potere, Stark si trasformò in un persecutore degli scienziati ebrei (da Leone M. et al. (2004) A simultaneous, op. cit.)

---

[7] Leone M., Paoletti A., Robotti N. (2004) *A Simultaneous Discovery*, op. cit., p. 291.

Bisogna ricordare che Stark, nel corso degli anni Trenta, aderì al movimento nazionalsocialista, diventò un acceso sostenitore di Hitler e si trasformò in un autentico attivista, scrivendo anche libri e articoli di propaganda nazista. Approfittando della sua fama di premio Nobel, Stark fondò il movimento "Deutsche Physik", che contrapponeva alla "sana" fisica sperimentale tedesca, di cui si autoproclamava il difensore, la "perversa" fisica giudaica di Albert Einstein, Niels Bohr e altri teorici di origine ebrea. Della relatività einsteniana Stark soleva dire che fosse un "colossale bluff ebreo" e quando uno scienziato tedesco "ariano" si permetteva di contestare le sue prese di posizione, come fece Werner Heisenberg in difesa dei colleghi ebrei, Stark non esitava ad accusarlo pubblicamente di comportarsi da "ebreo bianco" e a discriminarlo scientificamente, approfittando delle importanti cariche di cui era stato investito dal Terzo Reich: la presidenza del "Physikalisch-Technische Reichsanstalt" (Istituto

"Weiße Juden in der Wissenschaft", ossia "Ebrei bianchi nella scienza", titolo dell'articolo firmato da Johannes Stark e pubblicato il 15 luglio 1937 in Das Schwarze Korps, il giornale delle SS. In esso l'autore prendeva di mira gli scienziati ebrei come Einstein e Bohr e i loro sostenitori come Heisenberg, definendo questi ultimi "ebrei bianchi" e causando la loro emarginazione (da Schlatter C. (2002) Philipp Lenard et la physyque aryenne, École Polytechnique Fédéral de Lausanne, Lausanne, in www.ame.epfl.ch/biblio/schlatter.pdf)

Fisico-Tecnico) e quella della "Deutsche Forschungsgemeinschaft" (Associazione della Ricerca Germanica)[8].

Spalleggiato dal suo amico e collega Philipp von Lenard, anch'egli premio Nobel per la Fisica, Stark dedicò gran parte delle sue energie alla scrittura di libri e articoli per diffondere le sue tesi filonaziste. La sua crociata trovò sintesi nel libro *Nationalsozialismus und Wissenschaft* (Nazionalsocialismo e Scienza), pubblicato nel 1934, in cui Stark teorizzava, fra l'altro, che i posti chiave della ricerca scientifica dovessero essere occupati esclusivamente da tedeschi di razza pura[9].

Per queste e altre malefatte, nel 1945, all'arrivo degli americani in Baviera, dove si era ritirato nella sua tenuta di Eppenstat, Stark fu sottoposto al giudizio di una "Spruchkammer", una corte per la "denazificazione". A conclusione del processo, nel 1947, i giudici sentenziarono che si era comportato da *major offender* (la più grave delle quattro categorie di colpevolezza previste), e lo condannarono a quattro anni di lavori forzati. In appello, tuttavia, lo scienziato, come molti altri attivisti nazisti, riuscì ad alleggerire la sua posizione grazie all'intervento di alcuni ebrei che aveva chiamato a testimoniare in suo favore, e così se la cavò con un'ammenda da 1.000 marchi[10].

Niente di paragonabile esiste nel curriculum di Lo Surdo il quale, pur avendo giurato fedeltà al regime, come del resto la quasi totalità dei professori universitari, ed essendo vicino ai poteri forti del mondo accademico fascista, a cominciare da Marconi, per quanto risulta agli autori di questo saggio, non ha svolto opera di propaganda a favore del regime, né rigettato le nuove teorie della fisica e le ricerche relative ai loro sviluppi.

Indirettamente, l'orientamento politico di alcuni ricercatori da lui stesso reclutati come collaboratori dell'ING, nell'ambito delle ricerche sui raggi cosmici, può aiutare a valutare in maniera corretta la dipendenza (o, se si preferisce, l'indipendenza) di Lo Surdo rispetto all'ortodossia del regime fascista. Ecco qualche esempio.

---

[8] Gratzer W.G. (2000) *The Undergrowth of Science: Delusion, Self-Deception, and Human Frailty*, Oxford University Press, New York, pp. 244-265.
[9] *Ibid.*
[10] *Ibid.*

Bernardini e Amaldi, per esplicita dichiarazione di quest'ultimo, erano "guardati con sospetto" negli ambienti fascisti dell'università, avendo mostrato di mantenere legami con i colleghi che avevano lasciato l'Italia o in seguito alle leggi razziali o per disgusto del fascismo[11]. Cacciapuoti non faceva mistero di andare a insegnare nelle scuole private ebraiche per solidarietà nei confronti degli studenti espulsi[12]. Piccioni e Conversi avevano la fama di essere due teste calde e di progettare azioni contro i nazifascisti in piena occupazione tedesca (si veda paragrafo 14.7). Pancini, dopo l'armistizio, non esitò a porre in atto le sue idee antifasciste disertando l'esercito e diventando un valoroso comandante partigiano (si veda paragrafo 14.6). Wick, come aveva scritto Fermi in una preoccupata lettera a Persico, era per educazione familiare "un antifascista molto accanito"[13]: sua madre, la nota scrittrice e germanista Barbara Allason, era stata arrestata nel 1934 assieme ad altri esponenti di "Giustizia e Libertà".

Ebbene, Lo Surdo non esitava ad affiancare le firme di tutti questi ricercatori alla sua che, come direttore dell'ING, campeggiava in testa a ogni numero delle *PING*. È inevitabile chiedersi: se fosse stato un fascista allineato e zelante, avrebbe posto sotto la sua ala e abbondantemente supportato quanti fossero, più o meno manifestamente, oppositori del regime?

16.3. Lo Surdo additato come "giudeo"

Con l'attacco del *Tevere* non era la prima volta che l'isteria razzista colpiva l'ING e, più in genere, il CNR: subito dopo l'introduzione delle leggi antiebraiche Lo Surdo era stato indicato addirittura come uno dei tanti "giudei" che si annidavano nelle istituzioni scientifiche. La singolare accusa era comparsa in un articolo della rivista *La vita italiana* del luglio 1938 di cui era autore Giovanni

---

[11] Amaldi E. (1997) *Da via Panisperna*, op. cit., pp. 80-81.

[12] Violini G. (2006) La fisica e le leggi razziali in Italia, *Il Nuovo Saggiatore*, n. 1-2, p. 65.

[13] Lettera di E. Fermi a E. Persico, Roma, 6 maggio 1931, in Segrè E. (1987) *Enrico Fermi fisico. Una biografia scientifica*, II ed., Zanichelli, Bologna, pp. 248-249.

Preziosi, un altro dei firmatari del "Manifesto della Razza", oltre che uno dei più accesi sostenitori della politica antisemita del regime. In esso si sosteneva che il CNR fosse un ricettacolo di ebrei e si facevano i nomi di 12 persone, fra le quali il neo direttore dell'ING[14]. Data la considerazione di cui Preziosi godeva presso Mussolini, era dovuto intervenire il ministro della Cultura Popolare Dino Alfieri in persona, che aveva ordinato al vice presidente del CNR Amedeo Giannini di effettuare un'indagine, a conclusione della quale Lo Surdo era stato depennato dalla lista dei sospetti. In quello stesso periodo, all'ING, furono segnalati come "giudei" anche il segretario dell'Istituto e un inserviente: il primo fu subito scagionato; l'unico ad andarci di mezzo fu il secondo che venne licenziato, per poi essere riassunto e risarcito dopo la fine della guerra[15].

Alla dolorosa vicenda dell'applicazione delle leggi razziali nelle università, infine, appartiene anche l'episodio, citato da Segrè, in cui Lo Surdo appare come un persecutore (si veda paragrafo 6.2), piuttosto che come perseguitato. Ma poiché su quel fatto fu aperta una specifica inchiesta al tempo delle epurazioni dei soci fascisti nella ricostituita Accademia dei Lincei (1943-44), affronteremo la questione nel capitolo relativo (si veda capitolo 19).

[14] Maiocchi R. (2007) *Gli scienziati del Duce*, Carocci, Roma, pp. 275-276.
[15] Calcara G. (2004) *Breve profilo*, op. cit., p.7.

Capitolo 16. Scienza e razzismo

Capitolo 17
La ricerca e la guerra

Era stato ingenuo pensare di costruire
un edificio così fragile e delicato sulle pendici di un vulcano
che mostrava così chiari segni di crescente attività.
Edoardo Amaldi, fisico, anni Ottanta

17.1. Verso la catastrofe

Pietro Badoglio (a destra,
accanto a Marconi nel 1936)
fu presidente del CNR
dal 1937, dopo la morte
di Marconi, al 1941. Mussolini
sperava così di finalizzare
le ricerche dell'ente allo sforzo
bellico, ma rimase deluso.
Anche l'ING si giovò di maggiori
finanziamenti destinati
agli istituti del CNR in quel
periodo (per cortesia del Museo
Storico Badagliano)

Nel giugno del 1940 l'ingresso nel conflitto mondiale dell'Italia segnò l'inizio di un periodo molto tormentato per la vita dell'ING che, appena tre anni e mezzo dopo la sua costituzione, dovette fare i conti con un crescendo di emergenze: il richiamo alle armi della maggior parte dei suoi giovani ricercatori e impiegati; il progressivo diradarsi dei materiali necessari per la gestione della rete geofisica; le difficoltà di comunicazione; l'inflazione galoppante; e, per finire, le distruzioni a osservatori e stazioni causate dai bombardamenti, dai saccheggi delle truppe di occupazione e dalla guerra civile.

Con l'entrata in guerra dell'Italia, la dotazione finanziaria del CNR e dei suoi istituti aumentò, in valore assoluto, rispetto agli anni precedenti. Ciò fu dovuto sia al tentativo di compensare gli effetti della progressiva inflazione, sia alla speranza di ottenere dagli scienziati un supporto alla macchina bellica. Non a caso, dopo la morte di Marconi nel 1937, Mussolini aveva affidato la presidenza del CNR al generale e capo di Stato Maggiore Pietro Badoglio, che la tenne fino al 1941, non certo in virtù della propria cultura scientifica, ma con il mandato di svolgere opera di raccordo fra il mondo militare e quello della ricerca.

I bilanci annuali del CNR passarono dagli 8-12 milioni di lire (minimo e massimo) degli ultimi anni della presidenza Marconi, ai 16-22 milioni del quadriennio Badoglio. Di questa iniezione di fondi si giovò indirettamente anche l'ING che, come risulta dall'esercizio finanziario 1941-42, era al terzo posto, fra tutti gli istituti del CNR, quanto a finanziamenti annui. Infatti, in quel periodo, l'ente destinò ai suoi istituti di ricerca circa il 25% del suo budget annuale; di questa fetta, la maggior parte, poco più del 40%, fu assegnata all'Istituto di Chimica; il 22% all'Istituto Motori; il 19% all'ING. In valore assoluto, dei circa 16 milioni del bilancio del CNR, l'ING incassò quasi 800 mila lire[1].

17.2. Le richieste di esonero avanzate
da Lo Surdo

Alla vigilia del conflitto Lo Surdo si era dato da fare per evitare l'invio al fronte del suo personale scientifico e tecnico. Infatti, secondo quanto testimonia Amaldi, aveva preso contatti riservati con le alte sfere della Marina Militare, con cui era rimasto in stretti rapporti fin dalla sua militanza in quell'Arma, suggerendo di utilizzare i suoi ragazzi nell'attività di ricerca bellica, piuttosto che in prima linea:

> Si era rivolto ai responsabili dei servizi tecnici della Marina facendo presente che nell'interesse del paese invece di mobilitare e di mandare sui diversi fronti i giovani fisici dell'Istituto, sarebbe stato più saggio e utile utilizzarli in qualche servizio tecnico possibilmente in forma globale. Ma il comandante

[1] Maiocchi R. (2001) Il CNR da Badoglio a Giordani, in Simili R., Paoloni G. Per una storia, op. cit., pp. 173-200.

Matteini con cui aveva parlato, gli aveva risposto che la guerra, ormai prossima, sarebbe durata così poco che non valeva la pena di preoccuparsi di problemi che avrebbero dato risultati solo a lungo termine.[2]

Su questa iniziativa, di cui si venne a conoscenza solo a conflitto terminato, si possono avanzare due ipotesi, non necessariamente alternative: da una parte Lo Surdo pensava realmente che i ricercatori dell'Istituto di Fisica e dell'ING potessero sviluppare lavori tecnico-scientifici al servizio della macchina bellica, così come lui stesso aveva fatto ai tempi della Grande Guerra dedicandosi allo sviluppo dei "tubi C" per l'individuazione dei sottomarini nemici; dall'altra, più banalmente, si comportò da buon padre di famiglia, cercando di sottrarre i suoi ragazzi alla chiamata alle armi e di tenerli al lavoro in Istituto, assicurando così continuità all'attività scientifica.

Comunque, nonostante le pressioni del direttore, la maggior parte dei giovani ricercatori e professori ricevette la cartolina di precetto e dovette partire per i vari fronti di combattimento. Ma Lo Surdo non si rassegnò e, nei mesi successivi, presentò diverse istanze di esoneri, licenze e rimpatri, come risulta da un fitto carteggio fra i vertici del CNR e del Ministero della Guerra. D'accordo con Badoglio e Giannini, rispettivamente presidente e vicepresidente del CNR, chiese, fra l'altro, il differimento del corso allievi ufficiali per Pancini e Piccioni, i quali stavano preparando, per conto dell'ING, gli esperimenti sui raggi cosmici da eseguire in alta montagna nel 1940[3]; il rinvio del richiamo alle armi di Bernardini per lo stesso motivo; il rientro anticipato dal fronte nordafricano di Amaldi perché "a causa della sua assenza sono rimaste in sospeso importanti ricerche di fisica nucleare e di geofisica progettate sotto gli auspici di questo Consiglio"[4].

Anche se in prima battuta riceveva un diniego, Lo Surdo non esitava a riproporre le sue richieste fino all'ottenimento di qualche risultato: Pancini, sia pure con ritardo, ebbe la licenza per recarsi al

---

[2] Amaldi E. (1997) *Da via Panisperna*, op. cit., p. 90.
[3] Lettera di A. Lo Surdo al CNR, Roma 23 aprile 1940, in ACS, *CNR. Presidenza Badoglio*, b.11, f.100.
[4] Lettera di P. Badoglio a R. Graziani, Roma 11 novembre 1940, in ACS, *CNR. Presidenza Badoglio*, b.11, f.100.

Pian Rosa; Bernardini gli procurò dei grattacapi perché era talmente assorbito dagli esperimenti che non rispose a una convocazione del distretto militare di Bologna[5]; Amaldi, dopo sei mesi sul fronte nordafricano, fu comandato al CNR e poté rientrare a Roma per diretta disposizione del Maresciallo d'Italia Rodolfo Graziani. Su quest'ultimo rimpatrio Segrè ha lasciato nella sua autobiografia un commento alquanto acido, adombrando il sospetto di un tornaconto personale di Lo Surdo, il quale si sarebbe così guadagnato la duratura "gratitudine" di Amaldi[6]. La molteplicità delle richieste di interruzione del servizio militare avanzate da Lo Surdo in quegli anni a favore di suoi ricercatori e tecnici non supporta, tuttavia, l'ipotesi di un favoritismo *ad personam*.

Carlo Somigliana, illustre fisico-matematico dell'Università di Torino nel 1942, quando era presidente del Comitato Glaciologico Nazionale del CNR, accusò il direttore dell'Ufficio Centrale Girolamo Azzi di depredare gli Osservatori d'alta montagna e invitò sia Lo Surdo sia il presidente Vallauri a intervenire per fermarlo. Ne scaturì una controversia che si trascinò per anni e che denota i difficili rapporti che esistevano fra il vecchio e il nuovo istituto di geofisica (Univesità di Torino)

17.3. La controversia del Monte Rosa

In pieno conflitto mondiale si accese una controversia fra l'Ufficio Centrale da una parte e il CNR-ING dall'altra che lascia intendere come i rapporti fra le due istituzioni scientifiche fossero rimasti tesi, dopo la sottrazione delle competenze geofisiche ai ricercatori del Collegio Romano da parte del nuovo istituto.

La lite esplose attorno alle modalità di gestione di alcuni osservatori meteorologico-geofisici situati sul Monte Rosa, sui quali

---

[5] Lettera di A. Giannini al Direttore dell'Istituto di Geofisica del CNR, 29 ottobre 1939, in ACS, *CNR. Presidenza Badoglio*, b.11, f.100.
[6] Segrè E. (1995) *Autobiografia*, op. cit., p. 75.

L'Istituto "A. Mosso" del Col d'Olen (quota 2.901 m), uno degli osservatori d'alta montagna oggetto della controversia fra il CNR-ING da una parte e l'Ufficio Centrale dall'altra (Università di Torino)

c'era un intreccio di doveri e diritti fra svariati soggetti pubblici e privati, ma la cui attività, fino a quel momento, era stata coordinata dal Ministero dell'Agricoltura e, per suo conto, dall'Ufficio Centrale. Quattro le istituzioni coinvolte: la Capanna-Osservatorio Regina Margherita (4.559 m); l'Istituto "A. Mosso" del Col d'Olen (2.901 m); l'Osservatorio del lago Gabiet (2.340 m); l'Osservatorio del Monte d'Ejola a Gressonei la Trinità (1.860 m).

Come documentato in un fascicolo dell'Archivio Storico ING, intitolato "Osservatori del Monte Rosa", la vertenza fu aperta dal professor Carlo Somigliana, insigne fisico-matematico dell'Università di Torino, autore di fondamentali formule sulla dinamica dei corpi elastici che hanno avuto applicazione in geodesia, sismologia e glaciologia, e che per il CNR ricopriva l'incarico di presidente del Comitato Glaciologico Nazionale.

In tre lettere indirizzate a Lo Surdo nell'agosto 1942, Somigliana riferiva di essersi recato all'Osservatorio del Monte d'Ejola e di avere appreso che il direttore dell'Ufficio Centrale Girolamo Azzi, dopo un sopralluogo effettuato alcuni giorni prima, stava procedendo a una sistematica "spogliazione" di quello e degli altri tre osservatori del Monte Rosa, inviando a Roma registri, strumentazioni scientifiche e arredi, e manifestando l'intenzione di dismettere del tutto quelle strutture. Durissime le rimostranze di Somigliana che, sollecitando interventi immediati di Lo Surdo, del presidente del CNR e del ministro dell'Agricoltura, concludeva:

> Quegli Osservatori costituiscono un vanto della Scienza italiana; non devono essere abbandonati alla rapina di un incosciente, che ha probabilmente degli scopi che nulla hanno a che fare con gli interessi e col decoro della scienza nazionale.[7]

.

---

[7] Lettera di C. Somigliana a A. Lo Surdo, Gressonei la Trinità, 25 agosto 1942, in INGV, *Archivio Storico ING*, b. 58, f. 1.

C'è da dire che Azzi è considerato un esperto di ecologia agraria di fama internazionale, colui che in un quinquennio di direzione (1940-45) seppe imprimere all'Ufficio Centrale la svolta dall'indirizzo geofisico a quello di ecologia agraria, a suo tempo delineata dal ministro dell'Agricoltura Acerbo (si veda paragrafo 4.2) al fine di rilanciare, su nuove basi, la storica istituzione[8].

Lo Surdo veniva chiamato in aiuto da Somigliana, oltre che come presidente del Comitato per la Geofisica e la Meteorologia del CNR e come direttore dell'ING, anche perché da due anni era a capo di una commissione che stava studiando il riordino degli osservatori d'alta montagna, col proposito di sottrarli alla vigilanza del Ministero dell'Agricoltura e farli passare sotto il controllo del CNR, in analogia a quanto era stato già fatto con gli altri osservatori geofisici. Comprensibile, dunque, il nervosismo dell'Ufficio Centrale, riluttante a perdersi per strada altri pezzi del suo patrimonio scientifico.

Lo Surdo inoltrò subito le lagnanze di Somigliana al presidente del CNR Giancarlo Vallauri (subentrato nel 1941 a Badoglio) e questi intervenne pesantemente sui ministri dell'Agricoltura e dell'Educazione Nazionale chiedendo

... di voler disporre affinché sia restituito agli osservatori suddetti tutto il materiale asportato e perché tutto venga rimesso nel pristino stato, prima del sopraggiungere della stagione delle nevi.[9]

Nell'Archivio Storico ING non c'è la replica del Ministero dell'Agricoltura, ma il suo contenuto viene riferito in una lettera dello stesso Vallauri a Lo Surdo: Azzi sosteneva di aver asportato il materiale scientifico perché "giaceva inutilizzato" e quindi aveva pensato di impiegarlo meglio nella sede di Roma dell'Ufficio Centrale; quanto agli osservatori del Monte Rosa, essendo "nell'e-

---

[8] AA.VV. (1994) *Girolamo Azzi. Il fondatore dell'ecologia agraria*, La Mandragora, Imola, *passim*.
[9] Lettera del Presidente del CNR G. Vallauri al ministro dell'Agricoltura e Foreste e al ministro dell'Educazione Nazionale, Roma [ill.] 1942, in INGV, *Archivio Storico ING*, b. 58, f.1.

sclusiva giurisdizione" dell'Agricoltura, quel ministero era del parere che il CNR non avesse titolo per interferire[10].

La diatriba proseguì per mesi, ciascuna delle parti mantenendosi ferma sulle proprie posizioni: il CNR con ulteriori accuse ad Azzi; l'Ufficio Centrale e il Ministero dell'Agricoltura con la difesa del suo operato. Fu soltanto per il crescendo delle calamità belliche se la *querelle* si esaurì dopo circa un anno. Sarebbe stata risolta nel 1951, dopo la morte di Lo Surdo, con un accordo fra l'Ufficio Centrale, l'ING e l'Università di Torino, in cui si conveniva la riapertura degli Osservatori del Monte Rosa e la ripresa delle ricerche geofisiche d'alta montagna, nell'interesse di tutti[11].

17.4. Caos dopo l'armistizio

Dopo tre anni di conflitto, nell'estate del 1943, l'illusione delle potenze dell'Asse che la "fortezza Europa" fosse inespugnabile s'infranse e gli eventi bellici precipitarono verso la disfatta. Lo sbarco degli angloamericani in Sicilia, la caduta del fascismo, la fuga del re e l'armistizio, provocarono, nel giro di pochi giorni, la dissoluzione dello Stato. L'attività dell'ING, come quella dell'intero CNR e dei suoi numerosi istituti e centri di ricerca si interruppe per alcune settimane. Quando poté riprendere, in autunno, l'Italia era divisa in due: a Salò il risorto governo fascista della Repubblica Sociale Italiana (RSI), guidato da Mussolini, esercitava il suo potere nei territori dell'Italia Centro-Settentrionale occupati dai nazisti; a Brindisi, dove Vittorio Emanuele III era riparato, il cosiddetto "Regno del Sud", con il governo del maresciallo Badoglio, controllava i territori liberati dalle truppe alleate.

Anche il mondo delle istituzioni scientifiche, che aveva i suoi centri organizzativi nella capitale occupata dai nazisti, risultò dila-

Capitolo 17. La ricerca e la guerra

---

[10] Lettera del Presidente del CNR G. Vallauri al Presidente del Comitato per la Geofisica e la Meteorologia, Roma 18 ottobre 1942, in INGV, *Archivio Storico ING*, b. 58, f. 1.

[11] Verbale della riunione tenutasi il giorno 4 maggio 1951 tra i Ministeri e gli enti interessati al mantenimento degli osservatori scientifici del Monte Rosa, in INGV, *Archivio Storico ING*, b. 58, f. 1.

niato da questo stato di cose e, almeno fino all'ingresso degli alleati a Roma, il 4 giugno 1944, dovette subire le imposizioni della RSI. Fra queste c'era un decreto che stabiliva il trasferimento da Roma a varie città del Nord di enti e istituti di ricerca. Così, il I dicembre 1943, il Direttorio del CNR decise che la sede dell'ente fosse spostata a Venezia[12]. Ma fra il personale scientifico e amministrativo dovettero manifestarsi parecchie obiezioni, se il sottosegretario alla presidenza del consiglio Francesco Maria Barracu minacciò d'arresto quanti si rifiutavano di raggiungere le nuove sedi[13].

Al CNR si era pensato di tacitare Barracu facendo restare a Roma il presidente Francesco Giordani (succeduto nel 1943 a Vallauri), che era anche direttore dell'Istituto Nazionale di Chimica e presidente del Comitato Nazionale per la Chimica, e mandando a Venezia come delegato alla presidenza il chimico Giulio Natta[14], futuro premio Nobel[15]. Ma, come risulta da un rapporto inviato al Segretariato Generale della Corte dei Conti della RSI, che aveva sede a Cremona, Natta non raggiunse mai la sede di Venezia, dove presero servizio soltanto una decina tra ricercatori, amministrativi e commessi dell'ente[16].

17.5. L'ING fra Roma e Pavia

Diversi mesi dopo, il I giugno 1944, all'ING fu presa un'analoga iniziativa: il direttore Lo Surdo mantenne la sua sede a Roma, mentre il "geofisico principale" Pietro Caloi si trasferì all'Osservatorio di Pavia da dove diresse, sia sotto il profilo tecnico che amministrativo, le stazioni di Salò, Padova, Genova, Bologna e Firenze.

---

[12] Verbale dell'Adunanza del Direttorio del I dicembre 1943, in ACS, *CNR. Presidenza Giordani I*, b. 1, f.3.
[13] Circolare di F. Maria Barracu a tutti i ministeri, Roma 14 ottobre 1944, in ACS, *CNR. Presidenza Giordani I*, b.2, f. 6.
[14] Maiocchi R. (2001) Il CNR da Badoglio a Giordani, in Simili R., G. Paoloni G. *Per una storia*, op. cit., p. 197.
[15] Il premio Nobel per la Chimica fu assegnato a Giulio Natta nel 1963 "Per le ricerche e le scoperte sulla polimerizzazione stereospecifica del propilene".
[16] Relazione di W. Porena al Segretariato generale della Corte dei Conti di Cremona, [data ill.], in ACS, *CNR. Presidenza Giordani I*, b. 2, f. 6.

L'Osservatorio Geofisico di Pavia diventò, nel 1944, la sede dell'ING nella Repubblica di Salò. In rappresentanza di Lo Surdo, che rimase a Roma, vi prese servizio Caloi, col compito di sorvegliare gli osservatori e le stazioni ING dell'Italia Settentrionale nei giorni difficili della guerra civile (Istituto Nazionale di Geofisica)

Considerato il ritardo con cui fu adottata questa decisione – e qui bisogna ricordare che il I giugno 1944 si aspettava ormai da un giorno all'altro la liberazione di Roma e quindi la fine dell'assoggettamento alla RSI – è verosimile che essa rispondesse soltanto all'esigenza di salvare quel che restava ancora integro della rete geofisica nazionale, piuttosto che da motivazioni politiche.

La maggior parte degli osservatori e delle stazioni ancora in grado di funzionare era dislocata a Nord, nei territori controllati dai fascisti e dai tedeschi, e dunque si pensava di poter proteggere e gestire quel patrimonio scientifico trasferendo in alcune città del Settentrione solo poche unità di ricercatori e tecnici; piano che venne attuato tenendo conto anche delle esigenze personali e familiari del personale.

Con questi provvedimenti, almeno una parte della rete geofisica nazionale sopravvisse alla cacciata dei tedeschi e alla definitiva caduta del fascismo nella primavera del 1945[17].

---

[17] Calcara G. (2004) *Breve profilo*, op. cit., p. 11.

Capitolo 18
Sotto le bombe

Il nostro piccolo mondo era stato sconvolto,
anzi quasi certamente distrutto,
da forze e circostanze completamente estranee
al nostro campo d'azione.

Edoardo Amaldi, fisico, anni Ottanta

18.1. I gravi danni alla rete geofisica

Fino alla metà del 1942, nonostante la drammatica piega che aveva preso la guerra per l'Italia, la rete geofisica, pur se attuata a meno del cinquanta per cento rispetto ai progetti di Lo Surdo (si veda paragrafo 11.3), era ancora in piena efficienza. Risultavano stabilmente in funzione, oltre alla stazione centrale sismica di Roma, quelle di Salò, Padova, Genova, Bologna e Catania, nonché i due osservatori di Pavia e Rocca di Papa, questi ultimi finalmente passati nel maggio 1941 dall'ex Ufficio Centrale, e quindi dall'amministrazione del Ministero Agricoltura e Foreste da cui esso dipendeva, all'ING. Poco dopo, tuttavia, cominciarono i guai[1].

Le offese subite da osservatori, stazioni e strumenti della rete geofisica, a causa dei bombardamenti e delle azioni delle truppe di occupazione durante i cinque anni di conflitto, furono rilevanti. Già verso la fine del 1942 le prime incursioni aeree anglo-americane avevano messo a dura prova la buona volontà dei pochi ricercatori dell'ING rimasti in servizio. Pure sotto le bombe, Lo Surdo si era prefisso di non interrompere l'attività della rete geofisica e aveva chiesto ai direttori di osservatori e stazioni di proteggere gli edifici e le strumentazioni, come meglio si poteva, dalle incursioni aeree nemiche[2].

---

[1] Calcara G. (2004) *Breve profilo*, op. cit., pp. 9-10.
[2] *Ibid.*

Luigi Ferrajolo, direttore dell'Osservatorio Geofisico di Taranto. La sua drammatica corrispondenza durante la guerra testimonia i sacrifici fatti per non interrompere il servizio di registrazione dei terremoti (Università del Salento)

Il responsabile della rete Pietro Caloi, da parte sua, cercava di sostenere e incoraggiare i vari dirigenti periferici, che lo informavano continuamente delle emergenze locali e gli lanciavano richieste di aiuto. Questa determinazione ad andare avanti malgrado tutto portò a una specie di gara per mantenere in vita le stazioni danneggiate o rimaste a corto di risorse, come testimoniano alcune drammatiche corrispondenze che si intrecciarono fra la sede di Roma e le stazioni periferiche dell'ING negli anni più bui del conflitto e della guerra civile seguita all'armistizio dell'8 settembre 1943.

Abbiamo bisogno della carta laccata, della gomma lacca, pece greca e dell'alcool denaturato che ora qui è diventato estremamente raro e costa 10 lire al litro [...] Ho dovuto far riparare l'apparecchio per i segnali orari che aveva avuto un'avaria e la spesa di riparazione è costata 150 lire [...] Naturalmente io non so come andare avanti, tanto più che non è possibile con le esigenze della vita attuale rimetterci di tasca del denaro, come ho dovuto fare per la riparazione dell'apparecchio radio.[3]

Così si lamentava, in una lettera del 22 maggio 1943, il direttore della stazione di Taranto Luigi Ferrajolo, elencando il materiale necessario alla registrazione su carta dei sismogrammi. Analoghi problemi di sopravvivenza spicciola erano denunciati anche dal direttore dell'Osservatorio di Salò Carmelo Vacatello:

---

[3] Lettera di L. Ferrajolo al prof. Caloi, Taranto 22 maggio 1943, in INGV, Archivio Storico ING, b. 65, f.4.

Illustre professore non è possibile spedirvi i sismogrammi dell'ultima quindicina perché la Posta non riceve i pacchi per Roma. Vi prego autorizzarmi a dare un compenso mensile di L. 100 alla custode dell'Osservatorio dato che non mi è stato possibile trovare un meccanico in sostituzione del Lodi.[4]

A Catania, dove la stazione e gli strumenti erano stati danneggiati e in parte trafugati dalle truppe tedesche in ritirata, il direttore Gaetano Ponte, il 19 luglio 1944, tentava con mille espedienti di ripristinare il servizio:

Mercé il gentile ed intelligente aiuto del Maggiore Baxter delle truppe alleate, nello scorso dicembre potei ottenere l'autorizzazione di rimettere in funzione la stazione [...] Poiché tutt'ora manca il gas a Catania, abbiamo fatto l'affumicazione [della carta per i sismogrammi, n.d.A.] con il petrolio ed oggi meglio ancora con la nafta, fissando i sismogrammi con una soluzione di colofonia, la sola resina trovata in commercio e a carissimo prezzo; i risultati risultano superiori alla precedente vernice.[5]

Un mese e mezzo dopo, il 9 settembre 1944, ancora da Catania, l'assistente del direttore Margherita Addario, manifestava a Caloi tutto lo sconforto di chi non sa se esistano ancora istituzioni, persone e regole:

Da quando è stato ripristinato il servizio postale con Roma abbiamo atteso invano notizie. Confinata in questa lontana isola e dopo tutto quel che è accaduto, sono ansiosa di sapere. Non so neppure se esiste ancora il Consiglio delle Ricerche e quale sia la mia situazione. Dal professor Aquilina, benché abbia scritto diverse volte, ho ricevuto in principio una cartolina [...] e poi più nulla: non vorrei gli fosse accaduto qualcosa! Esiste l'Istituto di Fisica? E i sismografi?[6]

---

[4] Lettera di C. Vacatello al prof. Caloi, Salò 18 agosto 1943, in INGV, *Archivio Storico ING*, b. 65, f.1.
[5] Lettera di G. Ponte al prof. Caloi, Catania 19 luglio 1944, INGV, *Archivio Storico ING*, b. 50, f. 5.
[6] Lettera di M. Addario al prof. Caloi, Catania 10 settembre 1944, INGV, *Archivio Storico ING*, b. 50, f.5.

Ma poi gli accenti disperati lasciavano posto al desiderio di ripresa dell'attività di ricerca:

> Qui, dopo un'interruzione di nove mesi causa la guerra e i danni da essa prodotti, i sismografi hanno ripreso a funzionare. Dai primi di marzo regolati gli apparecchi, misurate le costanti, costruite le curve, ho ripreso l'interpretazione dei sismogrammi. Debbo inviarle i risultati?[7]

18.2. Osservatori occupati e saccheggiati

La rete era effettivamente ridotta a brandelli. All'indomani dell'armistizio, il 9 settembre 1943, le truppe tedesche avevano occupato il Forte Castellaccio di Genova, mettendo fuori uso la stazione sismica realizzata meno di due anni prima. La stessa sorte aveva subito l'Osservatorio per l'elettricità atmosferica da poco costruito a Roma-S.Alessio, sulla via Ardeatina. A Napoli i locali dell'Istituto di Fisica in cui erano ospitati i sismografi erano crollati sotto un bombardamento. A Rocca di Papa, l'Osservatorio appena restaurato, prima aveva subito ingenti danni a causa dei bombardamenti, poi il 20 gennaio del 1944 era stato occupato dalle truppe tedesche che ci avevano bivaccato fino all'arrivo degli alleati a Roma, il 4 giugno successivo[8]. Scriveva il custode Arnaldo Mosca a Lo Surdo, in una lettera datata 11 marzo 1944:

> Le cose […] vanno di male in peggio. Oltre al bombardamento che ha ridotto l'Osservatorio in condizioni pietose, ieri 10 corr. m. trovai dei soldati tedeschi che stavano asportando tavoli e seggiole […] mi recai dal comando dei carabinieri denunziando ciò che stava accadendo […] Anche venti orologi sono stati smontati, presi i pezzi interni trascurando l'esterno.[9]

---

[7] *Ibid.*
[8] Calcara G. (2004) *Breve profilo*, op. cit. p. 11.
[9] Lettera di A. Mosca al prof. A. Lo Surdo, Rocca di Papa 11 marzo 1944, INGV, *Archivio Storico ING*, b. 62, f. 3.

18.3. Il bombardamento dell'Università La Sapienza

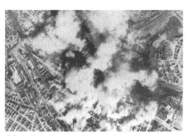

Il bombardamento americano di San Lorenzo del 19 luglio 1943 ebbe effetti disastrosi su alcuni edifici della Città Universitaria. L'ING, che aveva sede presso l'Istituto di Fisica fu risparmiato: quattro bombe caddero ai suoi lati senza distruggerlo (Associazione Nazionale Dopolavoro Ferroviario)

Uno dei più drammatici momenti per Lo Surdo e per molti dei suoi ricercatori e tecnici, mentre tutti insieme erano al lavoro all'interno dell'Istituto, arrivò la mattina del 19 luglio 1943, quando Roma subì la prima, massiccia incursione aerea americana, più nota come il bombardamento di San Lorenzo, che tuttavia andò ben oltre gli obiettivi militari dello scalo ferroviario, investendo anche edifici civili dei quartieri Tiburtino e Prenestino. È ancora Amaldi ad avercene lasciato una vivida e drammatica testimonianza in alcuni dei suoi scritti:

L'obiettivo dell'incursione era lo scalo merci della Stazione di San Lorenzo, ma più di ottanta bombe caddero all'interno del perimetro della Città Universitaria, danneggiando vari edifici. Era il 19 luglio 1943. Ricordo che ero con Gian Carlo Wick nel mio ufficio quando udimmo l'allarme antiaereo e proprio mentre stavamo rapidamente correndo verso le scale per raggiungere gli scantinati, vedemmo chiaramente attraverso le finestre le bombe cadere sull'edificio di Chimica di fronte al nostro Istituto. In quel momento eravamo più o meno tutti all'interno dell'edificio. Ricordo che c'erano G. Bernardini, B. Ferretti, M. Conversi, C. Ballario, A. Lo Surdo, E. Medi, R. Cialdea uno studente che poi diventò assistente di Lo Surdo, R. Berardo, M. Berardo, L. Zanchi e molti altri. Tutti i vetri del nostro edificio andarono in pezzi dal momento che quattro bombe caddero a pochi metri dai quattro angoli dell'edificio, ma le strutture non rimasero danneggiate.

Tuttavia noi temevamo che altri bombardamenti potessero seguire al primo, rendendo impossibile la continuazione del lavoro. Per diverse ragioni l'interruzione era ora inevitabile per tutti i ricercatori.[10]

Ancor più drammatici furono gli esiti del massiccio bombardamento angloamericano su Trieste, avvenuto il 10 giugno 1944, che colpì duramente la popolazione civile, provocando circa quattrocento morti e mille feriti. Fra i tanti edifici colpiti dalle bombe, ci fu l'Osservatorio Geofisico dell'ING che aveva sede in un'ala dell'Istituto Talassografico del CNR. Il direttore dell'Osservatorio, professor Francesco Vercelli (uno dei tre esperti cui Lo Surdo aveva affidato i rilievi anemologici), rimase per ore intrappolato sotto le macerie e ne fu estratto in gravissime condizioni, tanto che dovette restare per quasi un anno ricoverato in ospedale; mentre una giovane inserviente perse la vita[11].

Francesco Vercelli, direttore dell'Osservatorio Geofisico di Trieste dell'ING che era ospitato presso l'Istituto Talassografico (a destra dopo la ricostruzione), durante il bombardamento del 10 giugno 1944 rimase per ore sotto le macerie dell'Istituto ma sopravvisse (Archivio Osservatorio Geofisico di Trieste)

---

[10] Amaldi E. (1998) *20th Century Physics*, op. cit., p. 268.
[11] Mosetti F. (1984) *Geofisica. La ricerca scientifica, 1° aggiornamento dell'Enciclopedia monografica del Friuli-Venezia Giulia*, Istituto per l'Enciclopedia del Friuli-Venezia Giulia, Udine, p.142.

Capitolo 19
Il tempo delle epurazioni

Questa penosa indagine,
che abbiamo eseguito con ogni scrupolo,
è ormai compiuta, e siamo in grado di consegnare al Ministro
gli elenchi dei soci radiati e dei soci riammessi.

Guido Castelnuovo, matematico, e Giulio E. Rizzo, archeologo, 1945

19.1. Sanzioni contro gli ex fascisti

Dopo la liberazione di Roma e la costituzione del primo governo formato dai partiti antifascisti e presieduto da Ivanoe Bonomi, nel giugno del 1944 arrivò il momento della resa dei conti per coloro che più erano compromessi con la dittatura fascista. L'annunciata operazione di "defascistizzazione delle amministrazioni dello Stato" non risparmiò, almeno per quanto riguarda le istruttorie, il personale delle università, degli enti di ricerca e delle accademie e fece scattare una macchina complessa di decreti, accertamenti, sanzioni e ricorsi che andò avanti per alcuni anni.

Secondo quanto dettava il decreto del 1944 sulle "Sanzioni contro il fascismo", dovevano essere "epurati", cioè allontanati dagli uffici statali, coloro che avevano partecipato attivamente alla vita politica del fascismo conseguendo nomine per il favore del partito e coloro che avevano giurato fedeltà al governo della RSI; mentre sanzioni minori erano previste per coloro che, da posizioni di potere, avevano fornito prove di intemperanza, settarietà o malcostume[1].

Al CNR, e quindi anche all'ING, il compito di aprire questo delicato capitolo toccò al matematico Guido Castelnuovo (lo stesso a cui, secondo la testimonianza di Segrè, Lo Surdo avrebbe impedito la frequentazione della biblioteca d'istituto per le sue origini

---

[1] D.l. luog. 27 luglio 1944, n.159, *Sanzioni contro il fascismo*.

Guido Castelnuovo: da commissario straordinario del CNR, nel 1944, gestì la "defascistizzazione" del personale, ma non mosse alcun rilievo a Lo Surdo; da componente del Comitato delle epurazioni ai Lincei, invece, condusse l'istruttoria che portò alla sua radiazione. Poco dopo, nominato presidente dei Lincei, riammise Lo Surdo fra i soci Lincei (Accademia dei Lincei)

ebraiche), il quale fu nominato commissario straordinario dell'ente nel breve periodo dal 7 settembre 1944 al 28 dicembre dello stesso anno, coadiuvato da Francesco Tricomi, un altro illustre matematico antifascista[2].

I provvedimenti di epurazione puntarono dritti ai vertici degli enti e la prima testa a saltare fu quella del vice presidente del CNR Amedeo Giannini, un esperto di diritto internazionale che aveva ricoperto importanti incarichi durante il fascismo[3]. Ma presto tutto il processo di defascistizzazione si impantanò e gli inquisiti ebbero buon gioco a scagionarsi e riciclarsi.

Stando al carteggio fra Castelnuovo e gli organi preposti alle epurazioni, al CNR le istruttorie furono condotte con senso d'equilibrio, senza animo vendicativo. Ma non si deve nemmeno pensare che il commissario fosse particolarmente clemente, come si evince, per esempio, dall'azione che egli condusse nei confronti di uno dei firmatari del "Manifesto della Razza", il celebre professore universitario e biologo Sabato Visco, che era stato (e dopo un'interruzione di qualche anno sarebbe tornato a essere) preside della Facoltà di Scienze dell'Università di Roma, mentre per il CNR ricopriva il ruolo di direttore dell'Istituto Nazionale di Biologia. Dopo

[2] Maiocchi R. (2001) *Il CNR e la ricostruzione*, op. cit., pp. 5-6.
[3] *Ibid.*

avergli chiesto di dimettersi da quest'ultimo incarico, non avendo ricevuto risposta, Castelnuovo rimosse Sabato Visco d'autorità e, in un rapporto inviato alla Commissione d'epurazione del personale universitario, non esitò a bollarlo come il rappresentante di una "pseudo-scienza" ispirata ai principi del razzismo, e come un amministratore di "scarso rendimento" e di "molta trascuratezza"[4].

19.2. Tre inquisiti all'ING

All'ING, come risulta dai documenti d'archivio, solo tre ricercatori furono sottoposti da Castelnuovo a istruttorie per l'accertamento di eventuali responsabilità: Pietro Caloi, Guido Pannocchia e Ivo Ranzi. Caloi, pur essendosi recato a prestare servizio nell'Italia Settentrionale durante il governo della RSI, non fu deferito alla Commissione di epurazione perché non c'era stato da parte sua "animus collaborativo"[5]. Abbiamo già precisato che il suo trasferimento al Nord fu dettato dall'esigenza di salvaguardare la rete geofisica, piuttosto che da motivi politici. Pannocchia, invece, fu deferito "per essersi recato in Italia settentrionale, per aver aderito al Partito Fascista Repubblicano e per aver collaborato con la Guardia nazionale repubblicana"[6].

Più complesso il caso di Ranzi, il quale era stato denunciato per aver compiuto, assieme a funzionari tedeschi, "una minacciosa visita" all'Istituto Nazionale di Elettroacustica del CNR a Roma, che aveva sede all'ex Istituto di Fisica di via Panisperna, con l'intento, poi non attuato, di requisire materiale scientifico. Ma poiché il danno era rimasto "potenziale", Castelnuovo suggerì di seguire una linea di clemenza[7]. Prima ancora, nel 1937, Ivo Ranzi

---

[4] Lettera di G. Castelnuovo alla Commissione di epurazione del personale universitario presso il Ministero della Pubblica Istruzione, Roma 9 novembre 1944, ACS, *CNR. Presidenza Castelnuovo*, b.2, f. 16.
[5] Lettera di G. Colonnetti alla Presidenza del Consiglio dei Ministri, 23 aprile 1946, ACS, *CNR. Presidenza Castelnuovo*, b. 2, f. 16.
[6] *Ibid.*
[7] Lettera di G. Castelnuovo al Ministro della Pubblica Istruzione, Roma 16 settembre 1944, ACS, CNR. *Presidenza Castelnuovo*, b. 2, f. 16.

Lo Surdo verso la fine degli anni Trenta. In questa foto tratta dall'Annuario dell'Accademia d'Italia, *si intravede, appuntato all'occhiello della giacca, il distintivo del Partito Nazionale Fascista. Ma dalle istruttorie condotte al CNR al tempo dei processi di defascistizzazione, egli non risulta essere stato iscritto al Partito (Archivio Storico ING)*

si era macchiato di un grave episodio di antisemitismo ai danni di un collega. Secondo la testimonianza del fisico Alberto Bonetti, entrando in un'aula dell'Istituto Fisico di Arcetri a Firenze, dove era presente il fisico di origine israelita Giulio Racah, Ranzi avrebbe esclamato: "Qui sento puzza di ebrei". L'episodio, lì per lì, provocò la sdegnata uscita dall'aula di Racah, ma non comportò conseguenze per Ranzi nel periodo delle epurazioni[8].

E Lo Surdo? Viene spontaneo chiedersi quale trattamento gli fu riservato da quel Castelnuovo che avrebbe avuto tutte le buone ragioni di rivalersi su di lui per il torto subito? Prendendo per buone le accuse riferite da Segrè, Lo Surdo poteva essere deferito per almeno due reati contemplati nel decreto sulle epurazioni: avere conseguito nomine col favore del partito fascista (la direzione dell'ING sotto la presidenza Marconi e quella dell'Istituto di Fisica dopo la morte di Corbino) e avere dato prova di animo settario (l'allontanamento di Castelnuovo dalla biblioteca dell'Istituto). Ma, a carico di Lo Surdo, Castelnuovo, nella sua veste di commissario straordinario del CNR, non avviò nemmeno l'istruttoria preliminare. In un documento indirizzato alla Presidenza del Consiglio in cui si annotano, per ciascun dipendente o incaricato presso il CNR e istituti colle-

---

[8] Battimelli G., Orlando L. (2007) Scienze della natura e questione razziale. I fisici ebrei nell'Italia fascista, *Pristem/Storia* 19/20, pp. 63-105.

gati, i dati rilevanti ai fini di eventuali provvedimenti di epurazione da assumere, nulla è riportato accanto al nome di Lo Surdo, del quale addirittura non risulta nemmeno l'iscrizione al Partito Nazionale Fascista[9]: singolare omissione, se si considera che, nella sua fotografia a mezzobusto riprodotta in alcune pubblicazioni anteguerra, si può chiaramente distinguere il distintivo del PNF appuntato all'occhiello della giacca[10].

19.3. Lo Surdo sotto accusa all'Accademia dei Lincei

Un trattamento diverso, e decisamente contraddittorio, fu riservato a Lo Surdo dalla ricostituita Accademia dei Lincei. Qui è necessario premettere che Lo Surdo era Linceo ben prima che il fascismo avesse decretato, nel 1939, la fusione dell'Accademia dei Lincei con l'Accademia d'Italia voluta da Mussolini, e che il fisico siracusano era stato successivamente ammesso, così come Fermi, anche in quest'ultima esclusiva Accademia di regime.

Nel 1943, dopo la caduta del fascismo, Benedetto Croce, rifiutando l'offerta di presiedere l'Accademia d'Italia, si era pronunciato per la soppressione di questa istituzione culturale "creata come mezzo di allettamento e di asservimento verso gli uomini d'arte e di scienza", e per la ricostituzione dell'Accademia dei Lincei[11]. L'indicazione di Croce fu attuata l'anno successivo, già sotto il governo militare alleato, con la formazione di un Comitato per la ricostituzione dei Lincei composto da illustri studiosi[12], i quali si dovettero occupare, fra le altre cose, di vagliare il compor-

---

[9] Lettera di G. Castelnuovo alla Presidenza del Consiglio dei Ministri-Gabinetto, Roma 12 settembre 1944, in ACS, *CNR. Presidenza Castelnuovo*, b. 2, f.16.

[10] Annuario della Reale Accademia d'Italia, Roma, 1941, pp. 48-49.

[11] Paoloni G., Simili R. (2004) *I Lincei nell'Italia Unita*, G. Bretschneider editore, Roma, p. 193.

[12] Inizialmente composto da Guido Castelnuovo, Benendetto Croce (presidente), Gaetano de Sanctis, Giulio Emanuele Rizzo e Vincenzo Rivera, a cui più tardi si aggiunsero Giuseppe Armellini, Carlo Calisse, Vittorio Emanuele Orlando e Raffaele Morghen in qualità di cancelliere; si veda Paoloni G., Simili R. (2004) *I Lincei*, op. cit. p. 195.

tamento degli accademici nel ventennio della dittatura, espellendo quelli che risultavano "gravemente compromessi" col fascismo e riammettendo tutti gli altri.

A conclusione di mesi di istruttorie, polemiche e scontri, durante i quali la composizione del Comitato subì qualche cambiamento[13] e la lista dei soci da radiare fu rimaneggiata a più riprese, il 20 novembre 1945 il Comitato presentava il suo rapporto conclusivo al ministro della Pubblica Istruzione Vincenzo Arangio Ruiz:

I criteri di massima approvati dal comitato per l'espletamento dei suoi gravi compiti sono stati i seguenti:
1) valutare per la riammissione degli Accademici la loro condotta politica durante il periodo della nefasta dittatura;
2) escludere gli Accademici nominati notoriamente per ragioni politiche;
3) non riammettere gli Accademici d'Italia, già Lincei, che intervennero o apertamente aderirono alla seduta dell'Accademia indetta a Firenze sotto la presidenza di Giovanni Gentile, bastando per escluderli la sola considerazione che essi, con tale malaugurato intervento, riconobbero implicitamente la cosiddetta repubblica italo-tedesca.[14]

Seguivano i nomi di quaranta accademici radiati fra cui, nel gruppo dei Soci Nazionali appartenenti alla Classe di Scienze Fisiche, Matematiche e Naturali, anche quello di Lo Surdo. Per altri 98 soci veniva, invece, chiesta la riammissione. Nella lettera al ministro non sono specificate le motivazioni dei provvedimenti di espulsione, di cui, tuttavia, si può trovare qualche traccia nei verbali e negli appunti lasciati dai membri del Comitato.

[13] Guido Castelnuovo, Benedetto Croce (presidente), Luigi Einaudi, Giuseppe Levi, Quirino Majorana, Vittorio Emanuele Orlando, Giulio Emanuele Rizzo; si veda Paoloni G., Simili R. (2004) *I Lincei*, op. cit., p. 197.
[14] Lettera di G. E. Rizzo a S.E. prof. V. Arangio Ruiz, Ministro della Pubblica Istruzione. Roma 20 novembre 1945, in Accademia Nazionale dei Lincei, *Archivio Corrente*, pos. 2, b, Ricostituzione Accademia, fasc. Verbali Com. Epurazione, 27/10/1945.

L'aspetto più curioso di questa vicenda è che anche ai Lincei nel Comitato per le epurazioni c'era Guido Castelnuovo, e che anche in quella sede, il caso Lo Surdo passò fra le sue mani, come risulta da due suoi appunti manoscritti con precisi riferimenti al fisico de La Sapienza. Un appunto consiste in un elenco dei soci radiati con a fianco poche righe di motivazioni del provvedimento. A carico di Lo Surdo Castelnuovo annotava, oltre all'appartenenza all'Accademia d'Italia, il comportamento da "sostenitore servile del fascismo" e l'espulsione di alcuni studenti ebrei dall'aula delle lezioni dell'Istituto di fisica di Roma[15]. In un'altra più lunga e articolata nota manoscritta, Castelnuovo raccoglieva le argomentazioni portate da Lo Surdo a sua discolpa:

Foglio manoscritto, in cui Guido Castelnuovo, nella sua veste di membro del Comitato per la defascistizzazione nella ricostituita Accademia dei Lincei, riassumeva, alla fine del 1945, le circostanze a carico e a discarico di Lo Surdo [Castelnuovo riciclava la carta intestata del CNR di cui era stato Commissario straordinario l'anno precedente, ma l'appunto si riferisce all'istruttoria da lui svolta per conto dell'Accademia dei Lincei] (Archivio Accademia dei Lincei)

Il Prof. Lo Surdo dichiara che non è intervenuto né ha aderito alla seduta di Firenze dell'Accademia d'Italia; anzi non ha avuto più rapporti con la detta Accademia dopo che l'Accademia si è allontanata da Roma.

Per quanto riguarda l'allontanamento degli studenti ebrei dall'Istituto di Fisica, egli si è limitato ad applicare le disposizioni di una circolare del Rettore, di cui mi manderà copia. Ha fatto prendere visione della circolare ai professori, assistenti e

---

[15] Elenco manoscritto di G. Castelnuovo intitolato: *Soci radiati – Motivazioni*, in *Archivio Morghen*, Serie Enti. b. 31, f. 4.

inservienti dell'Istituto e questi ultimi hanno curato che venissero adottate le misure prescritte. Risulta però che ha mandato il bidello a sorvegliare quali studenti ebrei entrassero nelle aule di lezioni.

Risulta ancora che egli sosteneva non dovessero scienziati italiani accettare il premio Nobel che venisse a loro proposto.[16]

Nessun cenno, in questa istruttoria, in cui pure si parla dell'eccesso di zelo di Lo Surdo, all'altrettanto grave episodio citato da Segrè che riguarda l'allontanamento dalla biblioteca dell'Istituto di Fisica dello stesso Castelnuovo. Un episodio, per inciso, del tutto simile a quello contestato al celebre matematico Francesco Severi (lui sì un fascista ridondante di dichiarazioni e interventi pubblici a sostegno del regime) che, più o meno nello stesso periodo, impedì l'ingresso alla biblioteca dell'Istituto di Matematica ad alcuni colleghi ebrei, fra i quali il suo maestro Federigo Enriques[17].

Il silenzio ufficiale dei documenti sulla vicenda Lo Surdo-Castelnuovo ha indotto uno degli autori del presente saggio a interpellare la figlia di Castelnuovo, la professoressa di matematica Emma Castelnuovo, per chiederle se nel 1938, al tempo delle leggi razziali, o successivamente, avesse sentito raccontare dal padre il deplorevole comportamento di Lo Surdo nei suoi confronti. La Castelnuovo si è ricordata, pure a distanza di tanti anni, di avere avuto Lo Surdo come professore di Fisica al primo anno di Università (1933-34, corso di laurea in Matematica e Fisica) e di essere rimasta colpita "per la sua difficile comunicazione con gli allievi"; ma ha escluso di aver sentito dalla bocca del padre l'epi-

---

[16] Appunto manoscritto di G. Castelnuovo, in *Archivio Morghen*, Serie Enti, b. 31, f. 4. Due curiosità da segnalare su questo appunto: pur riguardando il lavoro svolto da Castelnuovo per conto del Comitato di Epurazione dei Lincei, esso risulta scritto su carta intestata "Consiglio Nazionale delle Ricerche – Il Commissario"; inoltre gli autori l'hanno consultato presso l'Archivio dei Lincei solo in fotocopia in quanto l'originale è andato a finire fra le carte personali dell'Archivio di Raffaello Morghen (che fu il cancelliere del Comitato), oggi custodite presso l'Archivio dell'Istituto Storico Italiano per il Medioevo di Roma.

[17] Israel G., Nastasi P. (1998) *Scienza e razza nell'Italia fascista*, Il Mulino, Bologna, p. 258.

sodio raccontato da Segrè, del quale non venne a conoscenza nemmeno per via indiretta, meravigliandosi che non se ne sia mai discusso in famiglia. "Dunque – conclude la figlia di Castelnuovo – o mio padre decise di non farne cenno, né al tempo in cui il fatto avvenne, né successivamente, oppure la vicenda è stata riportata in modo esagerato"[18].

A parte questo specifico episodio, viene spontaneo chiedersi come mai due inchieste parallele e contemporanee, quella al CNR e quella ai Lincei, trattate dallo stesso giudice, abbiano sortito esiti opposti, un'assoluzione al CNR e una condanna ai Lincei. Una possibile spiegazione potrebbe essere ricercata nel più severo clima che si era creato nel Comitato per le epurazioni del Lincei, rispetto a quello del CNR. E comunque i verbali rivelano che ai Lincei alcuni membri del Comitato non si sottrassero alla tentazione di salvare i propri protetti, a dispetto delle prove a carico, appellandosi alla loro chiara fama, e dando luogo a vivaci controversie[19].

Lo Surdo fu dunque radiato dai Lincei, assieme agli altri 39 soci giudicati colpevoli, con decreto del 4 gennaio 1946. Pochi giorni dopo, l'attività della rinata Accademia dei Lincei riprendeva sotto la presidenza congiunta dello stesso Guido Castelnuovo e di Luigi Einaudi.

19.4. Lo Surdo riammesso fra i Soci dell'Accademia

Ma questa lunga e intricata storia riserva ancora una sorpresa. Due anni e mezzo dopo, il 15 luglio 1948, sempre sotto la presidenza Castelnuovo, Antonino Lo Surdo, a seguito di una nuova votazione, veniva rinominato Socio Nazionale e riaccolto fra i soci dell'Accademia. Analogo trattamento fu riservato ad altri soci radiati.

---

[18] Testimonianza resa da Emma Castelnuovo a F. Foresta Martin il 4 giugno 2008.
[19] Verbale della seduta del Comitato per la ricostituzione dell'Accademia dei Lincei tenuta il 27 ottobre 1945 a ore 17 nei locali della Banca d'Italia, in Accademia Nazionale dei Lincei, *Archivio Corrente*, pos. 2, b, Ricostituzione Accademia, f. Verbali Comm. Epurazione, 27/10/1945.

Renato Cialdea, assistente di Lo Surdo dal 1942 al 1949, è stato incaricato di Fisica Sperimentale e professore di ruolo di Fisica Superiore, direttore del Planetario di Roma e fondatore del Museo di Fisica all'Università La Sapienza. Ricordando il suo maestro ha affermato: "Lo Surdo fu un fascista, ma né zelante e neppure antisemita" (Archivio Storico ING)

Come valutare questa marcia indietro? Alla distanza, i provvedimenti presi apparvero troppo rigorosi? Prevalsero motivazioni scientifiche, relative ai meriti di alcuni dei soci radiati? Entrambe le ipotesi sono legittime. Infatti, dai verbali dell'Accademia dei Lincei risulta che, dopo aver preso atto del brillante curriculum scientifico di Lo Surdo (relatore il professor Francesco Vercelli), 44 soci della Classe di Scienze Matematiche, Fisiche e Naturali, riuniti in "seduta segreta" il 7 giugno del 1948, votarono all'unanimità per la sua rielezione. Fra di essi era presente ed espresse voto favorevole anche il presidente dell'Accademia Guido Castelnuovo, sancendo così una riabilitazione di fatto di Lo Surdo[20]. Di certo non si può parlare di una sanatoria generale poiché le riammissioni riguardarono solo dieci dei quaranta soci epurati e furono attuate gradualmente, nell'arco di un decennio[21].

Il professore Renato Cialdea, che fu assistente di Lo Surdo dal 1942 al 1949, pensa che alla fine ci si rese conto dell'enormità dell'accusa di "sostenitore servile del fascismo" attribuita inizialmente dai Lincei:

---

[20] Verbale della Classe di Scienze Matematiche, Fisiche e Naturali, seduta segreta del 7 giugno 1948 – ore 16 per l'approvazione delle terne dei candidati proposti dalle categorie. Titolo 4, Elezioni 1948, b. 157 (collocazione provvisoria); Verbale della seduta del Comitato di presidenza per le operazioni di spoglio delle schede di votazione per le elezioni dei soci nazionali e corrispondenti e stranieri per l'anno 1948. Titolo 4, Elezioni 1948, b.156 (collocazione provvisoria).

[21] Elenco generale dei soci dell'Accademia dei Lincei dal 1870, in *Annuario della Accademia Nazionale dei Lincei 2009*, Roma, 2009, pp. 399-522.

Lo Surdo fu un fascista, ma non un fascista fanatico e neppure fece professione di razzismo. Era un uomo molto corretto e ligio ai regolamenti. La sua unica colpa fu quella di applicare alla lettera la legge che vietava l'ingresso degli ebrei nelle università. Certo, avrebbe potuto chiudere un occhio, ma sono convinto che agì solo per senso del dovere, non per antisemitismo.[22]

Lo Surdo, tirate le somme, uscì indenne dalle epurazioni e mantenne fino alla sua morte, avvenuta nel 1949, i suoi numerosi incarichi e titoli: all'Università di Roma la cattedra di Fisica Superiore, la direzione dell'Istituto di Fisica, l'incarico di Fisica Terrestre; all'ING la direzione; al CNR la presidenza del Comitato per la Geofisica e la Meteorologia; ai Lincei la qualifica di Socio Nazionale nella Classe di Scienze Fisiche, Matematiche e Naturali.

Pochi mesi dopo la conclusione della vicenda delle epurazioni ai Lincei, anche al CNR e negli istituti a esso facenti capo fu definitivamente chiuso questo sofferto capitolo. Nell'aprile 1946, in un "prospetto statistico riepilogativo del lavoro svolto dalla Commissione di epurazione", inviato alla presidenza del consiglio dei ministri, il presidente Gustavo Colonnetti, succeduto alla breve gestione commissariale Castelnuovo, comunicava che su 185 soggetti esaminati ventuno erano stati sottoposti a giudizio; di questi diciassette erano stati prosciolti e quattro sanzionati con pene minori[23]. Nessun altro epurato, insomma, dopo il vice presidente Giannini. Esiti analoghi si registrarono nel mondo universitario, dove personaggi come il citato professor Sabato Visco ripresero le loro posizioni di potere.

Nel mese di giugno di quello stesso 1946, in nome della pacificazione nazionale, l'amnistia voluta dal ministro della Giustizia Palmiro Togliatti avrebbe dato il colpo di spugna ai reati, piccoli e grandi, commessi dai fascisti e riaperto di fatto le stanze del potere anche a coloro che più erano compromessi col passato regime.

[22] Testimonianza resa da Renato Cialdea a F. Foresta Martin il 4 agosto 2009.
[23] Lettera di G. Colonnetti alla Presidenza del Consiglio dei Ministri – Gabinetto – Roma, 23 aprile 1946. Dati statistici sull'epurazione, in ACS, CNR. Presidenza Castelnuovo, b. 2, f. 16.

La delusione di quanti avevano creduto in un profondo rinnovamento delle istituzioni repubblicane si può riassumere in questa frase scritta dal fisico Enrico Persico al suo collega Franco Rasetti:

Qui come sai abbiamo fatto la repubblica, alla quale io ho dato il mio voto, ma senza farmi troppe illusioni. Il suo primo atto è stato una pazzesca amnistia [...]. L'epurazione come forse saprai si è risolta in una burletta, e fascistoni e firmatari del manifesto della razza rientrano trionfalmente nelle università.[24]

---

[24] Lettera di E. Persico a F. Rasetti, 1 luglio 1946, Università degli Studi di Roma La Sapienza, Istituto di Fisica, Archivio Persico, scatola 1, f. 2, "Corrispondenza personale".

Capitolo 20
Il distacco dal CNR

*Noi siamo qui adunati per dare inizio
ad una nuova fase dell'attività di questo Istituto,
che io chiamerei di mobilitazione della Scienza
ai fini della ricostruzione.*
Gustavo Colonnetti, ingegnere, presidente del CNR, 1945

20.1. L'ING diventa istituto autonomo

Gustavo Colonnetti, presidente del CNR negli anni della ricostruzione. Sotto la sua gestione l'ente si alleggerì di molti istituti creati durante il fascismo. L'ING diventò autonomo nel marzo 1945 e posto sotto la vigilanza del Ministero della Pubblica Istruzione. Lo Surdo, dopo un periodo di due anni in cui svolse il compito di commissario straordinario, ebbe la conferma a direttore dell'Istituto (Politecnico di Torino)

Assorbito il trauma delle devastazioni belliche e il disorientamento per le minacciate e di fatto minimamente attuate epurazioni, nel marzo 1945 il CNR fu sottoposto a una radicale riforma che portò al distacco dell'ING.

Proprio nei primi mesi della presidenza del professor Gustavo Colonnetti, ci si era resi conto che il CNR non avrebbe potuto disporre delle risorse necessarie per portare avanti il disegno mussoliniano di un ente di ricerca autonomo rispetto al mondo universitario, dotato di una propria rete di istituti prevalentemente votati alla ricerca finalizzata. Così, l'orientamento anteguerra fu ribaltato e, con un decreto legge approvato nel marzo 1945[1], fu varato un riordino che, fra l'altro,

---

[1] D. l. luog. 1.3.1945, n.82, *Riordinamento del Consiglio Nazionale delle Ricerche.*

trasformava la maggior parte degli istituti esistenti in "centri di studio e di ricerca" appoggiati presso le università o altri enti, a cui delegare l'amministrazione dei fondi forniti dal CNR. Da questa sistemazione, che aveva l'obiettivo di snellire l'amministrazione e gli organici del CNR, furono esclusi l'ING, che assunse personalità giuridica autonoma sotto la vigilanza del Ministero della Pubblica Istruzione, gli Istituti talassografici, che passarono al Ministero dell'Agricoltura e Foreste, e l'Istituto per l'esame delle invenzioni, rilevato dal Ministero dell'Industria Commercio e Lavoro[2].

Autonomia non voleva dire, tuttavia, che l'ING dovesse completamente recidere i rapporti col CNR: una convenzione stipulata nel settembre 1945 prevedeva, infatti, che il nuovo istituto autonomo avrebbe continuato a svolgere le sue attività coordinandole con quelle dell'ente di provenienza, impegnandosi a mettere a disposizione la propria opera di ricerca, consulenza e documentazione[3].

Per un verso, la nuova condizione di autonomia giuridica e amministrativa dell'ING poneva le premesse per il futuro sviluppo di un istituto dedicato, a tutto campo, alla fisica della Terra, come altri ce n'erano nei Paesi più avanzati del mondo, sganciato dalle ricorrenti crisi di vocazione e di indirizzo che avevano caratterizzato il CNR fin dalla sua nascita (e che si sarebbero riproposte nei decenni successivi). D'altra parte, l'ING, non ancora riemerso dalle sofferenze del conflitto, si trovava a dover affrontare un nuovo periodo di incertezze, gravato anche degli oneri amministrativi e contabili prima svolti dagli appositi uffici del CNR.

20.2. Lo Surdo riconfermato direttore

Il compito di traghettare l'Istituto dal vecchio al nuovo assetto fu affidato allo stesso Lo Surdo che per due anni, dal marzo del 1945 quando l'Istituto acquistò personalità giuridica autonoma, al

---

[1] D. l. luog. 1.3.1945, n.82, *Riordinamento del Consiglio nazionale delle ricerche.*
[2] Maiocchi R. (2001) *Il CNR e la ricostruzione*, op. cit., pp. 9-11.
[3] Calcara G. (2004) *Breve profilo*, op. cit., p.11.

maggio 1947, svolse il ruolo di commissario straordinario; quindi, essendo entrato in vigore il nuovo statuto dell'ente[4], fu riconfermato direttore[5].

Lo statuto dell'ING stabiliva i compiti dei nuovi organi direttivi e amministrativi e le rispettive competenze. Il direttore, scelto tra i docenti universitari o tra esperti di chiara fama nel campo geofisico, sovrintendeva alle attività dell'Istituto, ne presiedeva gli organi amministrativi e scientifici, ne curava i rapporti con le altre amministrazioni pubbliche e private. Il Consiglio di amministrazione provvedeva alla gestione amministrativa, economica e patrimoniale dell'ente, deliberando sui bilanci, sulle assunzioni e sulle carriere del personale; fra i suoi compiti anche la compilazione di una relazione annuale da inviare al Ministero della Pubblica istruzione e al presidente del CNR. Il Comitato consultivo, formato dal direttore, da un rappresentante del Consiglio di amministrazione e da uno del CNR, aveva le funzioni di organo squisitamente scientifico-tecnico per programmare le attività di ricerca e vigilare sui progetti[6].

Lo statuto definiva anche il trattamento del personale: i dirigenti erano equiparati ai professori universitari; i ricercatori agli insegnanti delle scuole secondarie superiori; tecnici, amministrativi e subalterni alle varie categorie di impiegati statali. Tutto il personale del vecchio ING, 27 tra ricercatori e impiegati vari, fu liquidato dal CNR e riassunto dal nuovo ente che, dal novembre 1945, dovette far fronte anche all'erogazione degli stipendi. Furono tempi di magra perché il Ministero del Tesoro, per due anni, attribuì all'ING dei finanziamenti provvisori di poco superiori alle sole spese del personale, mentre restavano insoluti i gravi problemi della ricostruzione delle infrastrutture e delle attrezzature scientifiche devastate dagli eventi bellici[7].

---

4 Il nuovo statuto ING, approvato con decreto del capo provvisorio dello Stato il 13.12.1946 n. 731, entrò in vigore il 7 marzo 1947.

5 La rinomina di Lo Surdo a direttore dell'ING ebbe decorrenza 1 giugno 1947, cfr. lettera del ministro della Pubblica Istruzione G. Gonella al prof. A. Lo Surdo, Roma 27 maggio 1947, in ACS, CNR. *Istituto Nazionale di Geofisica*, b. 3, f. 13.

6 Calcara G. (2004) *Breve profilo*, op. cit., p.12.

7 Ivi, pp. 11-13.

20.3. La rete geofisica nel dopoguerra

Il difficile stato dell'ING all'atto del conseguimento dell'autonomia, nel 1945, è efficacemente riassunto in un rapporto al Ministero della Pubblica Istruzione e al CNR[8] e in un programma dei lavori di "organizzazione e riorganizzazione" a partire dallo stesso anno[9], entrambi redatti da Lo Surdo.

La rete sismica nazionale risultava costituita, oltre che dalla stazione centrale di Roma nei locali della Città Universitaria La Sapienza, da dieci fra stazioni e osservatori: Trieste, Padova, Salò-Lago di Garda, Pavia, Genova, Bologna, Firenze, Rocca di Papa, Napoli, e Catania; ma di essi quattro erano completamente fuori uso per i danni subìti durante la guerra (Genova, Salò, Bologna e Napoli). Per rilanciare il reparto simico, sarebbe stato necessario ripristinare gli insediamenti danneggiati e, come proponeva Lo Surdo, aggiungerne altri nove: un lavoro immane, soprattutto se non supportato da adeguati finanziamenti[10].

L'attività del reparto per lo studio dell'elettricità atmosferica e terrestre era paralizzata dalla chiusura dell'Osservatorio principale di Roma-S.Alessio in seguito all'occupazione e alle devastazioni provocate dalle truppe tedesche nel 1943; oltre al suo ripristino, era necessario istituire una rete costituita da quattro stazioni per le misure del potenziale elettrico nell'atmosfera, opportunamente distribuite sul territorio nazionale[11].

Anche il reparto per le radiazioni, che si doveva occupare dello studio della radiazione solare e di quella terrestre e dei fenomeni ottici dell'atmosfera, risultava decapitato dall'inagibilità dell'osservatorio principale delegato a queste ricerche, quello di Rocca di Papa, che dopo le distruzioni belliche era stato occupato da famiglie di sfollati[12].

---

[8] Attività dell'Istituto Nazionale di Geofisica, rapporto di A. Lo Surdo al Ministero della Pubblica Istruzione e p.c. al CNR, (1945), in INGV, Archivio Storico ING, b.12, f.4.

[9] Lavori di organizzazione e riorganizzazione dell'ING, in progetto per l'anno 1945; relazione di A. Lo Surdo, in ACS, CNR. Fasc. "10pg. istituti e laboratori del CNR. Piani di lavoro 1945 gestione commissariale", in riordinamento.

[10] Attività dell'Istituto Nazionale di Geofisica, op. cit.

[11] Ibid.

[12] Ibid.

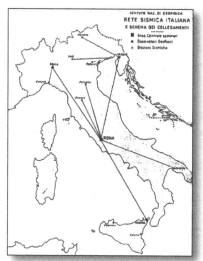

Lo stato della rete sismica italiana alla fine degli anni Quaranta, ai tempi della ricostruzione (Archivio Storico ING)

Tutto da attuare rimaneva il progetto del reparto per lo studio del magnetismo terrestre, già in fase avanzata di realizzazione prima della guerra, e che ora doveva essere ripreso con la costruzione di un osservatorio magnetico principale e il collocamento di strumenti di registrazione nelle varie stazioni. E a questo proposito Lo Surdo faceva notare come dalle organizzazioni geofisiche internazionali pervenissero sollecitazioni a colmare la lacuna di dati relativi al nostro Paese, posto al centro del Mediterraneo[13].

Meno problematica la situazione relativa al reparto che si doveva dedicare allo studio dei tremori vulcanici, dovuti ai movimenti del magma all'interno dei condotti vulcanici, per il quale erano già stati costruiti gli strumenti di registrazione da collocare nei due osservatori vesuviano ed etneo[14].

Oltre alle ricerche in questi settori portanti dell'attività istituzionale dell'ING, Lo Surdo non mancava di pianificare la prosecuzione delle ricerche sui raggi cosmici, in collaborazione con gli ex "ragazzi di Corbino", che tanti importanti e lusinghieri risultati avevano dato negli anni precedenti; e alcuni esperimenti tipicamente marconiani sulla propagazione delle onde radio in funzione delle condizioni atmosferiche e della ionosfera, di grande utilità per lo sviluppo e le applicazioni delle trasmissioni radio a grande distanza[15].

---

[13] *Ibid.*
[14] *Ibid.*
[15] *Ibid.*

20.4. Un laboratorio efficiente per la ripresa

Un punto di forza dell'ING, che lasciava ben sperare per un rapido ripristino degli apparecchi danneggiati e per l'impianto delle nuove reti strumentali, era costituito dall'esistenza di un efficiente reparto tecnico, dotato di officina meccanica, laboratorio di elettronica e falegnameria, dove ricercatori e tecnici dell'istituto erano in grado di progettare e realizzare tutti gli strumenti di monitoraggio necessari: sismografi, clinometri, elettrometri, magnetometri ecc., riducendo al minimo l'acquisto di costose apparecchiature[16].

Il rapporto Lo Surdo non costituiva soltanto una fotografia della situazione esistente e dei progetti da realizzare a breve, ma ribadiva anche un principio fondamentale della moderna geofisica, già enunciato dal direttore fin dalla fondazione dell'Istituto, quello secondo cui gli studi di base in fisica terrestre e l'attività di monitoraggio strumentale debbano andare di pari passo ed essere coordinati da un unico soggetto a essi esclusivamente dedicato:

Le ricerche di geofisica non possono essere compiute se non attraverso il funzionamento coordinato di un complesso omogeneo di laboratori e di osservatori, distribuiti nelle varie zone. Inoltre lo studio di una gran parte dei fenomeni geofisici richiede il rilevamento sistematico, spesso ininterrotto, dei detti fenomeni, rilevamento che non può essere compiuto da Istituti che abbiano prevalenti finalità didattiche e che non siano attrezzati, tanto riguardo al personale quanto ai mezzi, per lo scopo particolare di eseguire un lavoro continuo di ricerca e d'interpretazione scientifico-statistica.[17]

Per sbloccare la situazione di stallo sui finanziamenti richiesti dall'Istituto, Lo Surdo aveva tirato dalla sua parte il presidente del CNR Colonnetti, convincendolo a inserire in un suo discorso all'adunanza generale dell'ente del 14 novembre 1946 alcune frasi sulla necessità di colmare le gravi lacune esistenti nella rete geofisica nazionale:

---

[16] *Ibid.*
[17] *Ibid.*

Le oscillazioni dei vulcani che accompagnano l'attività erutti-
va dei vulcani, e spesso anche la precedono, i bradisismi che
talvolta si presentano come forieri di manifestazioni sismiche,
i fenomeni dell'elettricità e del magnetismo di origine cosmica o locale, e gli altri fenomeni geofisici della terra, del mare e
dell'aria, costituiscono un grandioso campo di ricerche che
finora non è stato affrontato con mezzi ed organizzazioni adeguate alla sua importanza; in certi casi esso è stato del tutto
trascurato: basti dire che nella vasta zona sismica che ha il suo
centro nello stretto di Messina da parecchi anni non esiste più
un sismografo funzionante![18]

Alla fine del 1947, dopo i ripetuti solleciti di Lo Surdo, il Tesoro dispo-
se un finanziamento annuo ordinario di 26.000.000 di lire, finalmente adeguato all'incremento del costo della vita, e uno straordinario di 13.460.000 lire[19]. Con questi fondi il direttore poté avviare il
previsto piano di ricostruzione e riorganizzazione dell'ente.

---

[18] Lettera di A. Lo Surdo al CNR, Roma 25 gennaio 1947, in ACS, *CNR.*
Istituto Nazionale di Geofisica, b. 4, fasc. 2.
[19] Calcara G. (2004) *Breve profilo*, op. cit., p.13.

Capitolo 21
Bilancio delle ricerche

L'opera però veramente grandiosa
fu la costruzione ex novo
dell'Istituto Nazionale di Geofisica.
Giuseppe Imbò, geofisico e vulcanologo, 1957

21.1. Quasi duecento lavori in 12 anni

Un bilancio delle ricerche svolte all'Istituto Nazionale di Geofisica in poco più di dodici anni di attività, dalla sua costituzione nel dicembre 1936, fino alla conclusione della direzione Lo Surdo nel giugno del 1949, non può prescindere da una più accurata analisi delle *Pubblicazioni dell'Istituto Nazionale di Geofisica (PING)* che raccolgono 197 lavori, la maggior parte dei quali concepiti e sviluppati durante i disastri della guerra e fra le enormi difficoltà dei periodi pre e post bellico[1].

Innanzitutto c'è da notare che, a causa della complessità delle ricerche affrontate e dei tempi necessari per l'elaborazione e l'edizione di un lavoro, le pubblicazioni di un certo anno spesso si riferiscono a studi iniziati nell'anno precedente. Sicché non deve destare meraviglia il fatto che le prime pubblicazioni dell'ING portino la data del 1938, cioè oltre un anno dopo la nascita dell'Istituto.

Da un'analisi puramente quantitativa emerge che, dopo una partenza moderata, con sette pubblicazioni nel 1938, dovuta all'esiguità dei ricercatori in organico e dei mezzi, il numero dei lavori cresce, superando i venti per anno tra il 1939 e il 1943, con l'eccezione del 1942 che vede giungere a compimento sette articoli. La crescita di produttività scientifica, malgrado l'incalzare degli eventi bellici, è sicuramente dovuta al coinvolgimento nelle attività dell'ING di collaboratori esterni all'Istituto, soprattutto

---

[1] Vedi elenco delle *PING* in Appendice.

docenti e assistenti dell'Istituto di Fisica diretto dallo stesso Lo Surdo, ma anche di altre università. Invece, la più ridotta produttività del 1942 dipende dal cumularsi delle assenze per i numerosi richiami dei ricercatori ai fronti di combattimento.

Eclatante l'anomalia del 1944, unico anno in cui le pubblicazioni si azzerano, segno evidente degli avvenimenti che marcarono l'anno precedente: il dissolversi dello Stato con la caduta del fascismo, l'armistizio, la divisione dell'Italia in due parti contrapposte, la guerra civile e la conseguente paralisi di tutte le attività scientifiche.

PUBBLICAZIONI ING 1938-1949
(DIREZIONE LO SURDO)

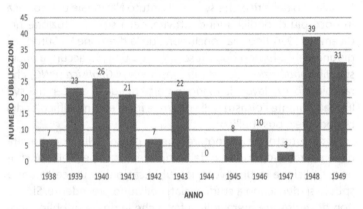

La produttività scientifica dell'ING durante la direzione Lo Surdo – in questo grafico documentata attraverso la distribuzione annua delle 197 pubblicazioni editate – sembra avere resistito meglio negli anni della guerra che in quelli immediatamente successivi. Nel 1944 si registra l'azzeramento delle pubblicazioni, conseguenza della divisione in due dell'Italia e della paralisi degli enti di ricerca. La netta ripresa avverrà solo dal 1948 (Elaborazione grafica degli Autori)

Notevoli furono gli effetti della crisi post bellica su ogni attività di ricerca, riscontrabili nei tre anni che vanno dal 1945 al 1947, durante i quali gli articoli pubblicati scendono rispettivamente a otto, dieci e tre per una molteplicità di cause: le distruzioni di infrastrutture e strumenti, il crollo dei finanziamenti e, non ultimo, il disorientamento per le variazioni di assetto statutario dell'ING, passato dal diretto controllo del CNR alla completa autonomia amministrativa. Ma notevole è, pure, la successiva ripresa, che porta i ricercatori dell'ING nel 1948 e nel 1949, cioè negli ultimi due anni della direzione Lo Surdo, a editare 39 e 31 articoli rispettivamente.

21.2. Le principali tematiche di ricerca

Un'analisi delle principali tematiche in cui possono iscriversi i 197 lavori pubblicati nel periodo preso in considerazione (1938-1949) – e che noi abbiamo riunito in dieci gruppi: sismologia, raggi cosmici, elettricità atmosferica, limnologia, ionosfera, radioattività terrestre, radiazioni e ottica atmosferica, geologia e geodesia, tecnologie, meteorologia – porta a individuare le vocazioni prevalenti del neo costituito ING e il mutare del loro peso relativo, pur nel breve periodo preso in esame.

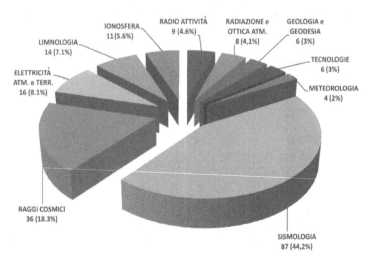

TEMI DI RICERCA DELLE PING 1938-1949
(DIREZIONE LO SURDO)

Suddivisione per temi di ricerca delle PING nel periodo 1938-1949, durante la direzione Lo Surdo. Per ogni tema, sono indicati numero di pubblicazioni e percentuale (Elaborazione grafica degli Autori)

Sismologia

La sismologia domina il campo con 87 pubblicazioni, pari al 44,2% del totale. Si tratta di ricerche alimentate dalla stazione sismica di Roma (si veda capitolo 11), e poi anche da stazioni e osservatori periferici, mano a mano che l'ampliamento della rete rendeva disponibili le registrazioni dell'attività sismica relativa a fenomeni globali e nazionali. Negli articoli sono affrontati i temi dominanti della sismologia a cavallo fra gli anni Trenta e Quaranta: le caratteristiche dei vari tipi di onde sismiche e le loro modalità di propagazione nei vari strati della Terra; la localizzazione delle sorgenti dei terremoti; l'interpretazione dei sismogrammi; l'analisi di specifiche sequenze sismiche; la progettazione e la realizzazione di nuovi strumenti sismici o di parti di essi.

Pure con qualche oscillazione, l'attenzione per gli studi di sismologia si mantiene costante in tutto il periodo preso in esame, tranne il 1944, anno dell'interruzione di ogni pubblicazione, e il 1947, anno in cui viene alla luce solo una pubblicazione a causa del cumularsi dei disastri subiti da osservatori e stazioni e della riduzione o interruzione delle registrazioni sismiche.

La raccolta delle *PING* è rivelatrice, oltre che dei contenuti delle ricerche, anche dell'organizzazione del lavoro e della distribuzione dei compiti fra il personale scientifico. In breve tempo, sotto il coordinamento del geofisico principale Pietro Caloi, si era

Dispositivi di registrazione dei terremoti alla Stazione sismica di Roma (da Lo Surdo A. (1940) La registrazione e lo studio, op. cit.)

I geofisici Pietro Caloi (da sinistra) e Domenico Di Filippo si dissetano sulla terrazza dell'Istituto di Fisica a Roma, nell'estate 1937, assieme al signor Zeffirino, un capo-operaio che li aiutava ad allestire le apparecchiature (per cortesia del figlio Francesco Caloi)

formato un gruppo che si occupava in maniera prevalente, anche se non esclusiva, di sismologia e di fisica dell'interno della Terra. Agli inizi ne facevano parte Guido Pannocchia, Francesco Peronaci e Ezio Rosini; negli anni successivi, grazie agli ampliamenti di organico e alle collaborazioni esterne, si aggiunsero Domenico Di Filippo, Maurizio Giorgi, Liliana Marcelli, Carlo Morelli e Paolo Emilio Valle.

Scorrendo i lavori si può vedere che Caloi puntava a una soddisfacente interpretazione dei sismogrammi, per trarne le informazioni essenziali sui terremoti. Un compito difficile poiché, come scriveva lo scienziato nel 1939:"Le varie fasi si intrecciano e si sovrappongono a vicenda, rendendo ardua, se non impossibile, una loro netta distinzione"[2]. Più tardi, la disponibilità di strumenti più raffinati, capaci di maggiori amplificazioni, e il parallelo progredire degli studi teorici, faranno superare le difficoltà.

Caloi, la cui firma compare in trentacinque degli 87 lavori considerati, primeggiava negli studi di sismologia teorica e si cimentava spesso nell'elaborazione di nuovi metodi grafici e analitici per la determinazione degli ipocentri e degli epicentri, per il calcolo della velocità dei vari tipi di onde longitudinali e trasversali, per la descrizione delle caratteristiche fisiche degli strati profondi[3]. All'inizio, i lavori di Caloi erano a firma singola, poi le collaborazioni con altri colleghi si fecero più frequenti, segno di un crescente affiatamento del gruppo.

Due esponenti della squadra di sismologi dell'ING: da sinistra, Paolo Emilio Valle e Mario De Panfilis (Archivio Storico ING)

Paolo Emilio Valle, approdato all'ING circa cinque anni dopo la costituzione, diventò presto un emulo di Caloi per assiduità alle ricerche sismologiche e per produttività, come attestano lavori pubblicati tra il 1941 e il 1949. Caloi e Valle, da soli o assieme ad altri autori, dedicarono diversi lavori allo studio dell'interno della Terra attraverso l'analisi delle modalità di propagazione delle onde sismiche suscitate dai terremoti lontani. In un'epoca in cui ancora si tentava di precisare le dimensioni e le condizioni chimico-fisiche dei gusci concentrici in cui è possibile dividere l'interno del nostro pianeta, i ricercatori citati diedero un valido contributo alla ricerca internazionale in questo settore calcolando, per esempio, la profondità del nucleo terrestre e confermando l'ipotesi sulla sua natura liquida e la probabile differenziazione fra la parte più esterna e quella interna[4]. In modo del tutto analogo gli studiosi dell'ING valutarono, con diversi metodi, la profondità e lo spessore di quelli che allora venivano chiamati lo "strato di granito" e lo "strato del basalto", ossia i due involucri più esterni della crosta continentale: il primo caratterizzato da rocce ricche in silicati, il secondo da rocce povere in silicati. Il piano di separazione fra i

---

[2] Caloi R. (1939) Analisi periodale delle onde sismiche e problemi a essa connessi, *PING* n. 13, 1939, estratto da *La Ricerca Scientifica*, X, n. 4.

[3] Caloi R. (1938) Sullo spessore dello strato delle onde Pg dell'Europa Centrale, *PING* n. 2, 1938, estratto da *La Ricerca Scientifica*, IX, n. 7-8; Caloi R. (1939) Nuovi metodi per la determinazione delle coordinate epicentrali e della profondità ipocentrale di un terremoto a origine vicina, *PING* n. 18, 1939, estratto da *La Ricerca Scientifica*, X, n. 7-8; Caloi R. (1940) Sopra un nuovo metodo per calcolare le profondità ipocentrali, *PING* n. 32, 1940, estratto da *La Ricerca Scientifica*, XI, n.1-2.

[4] Valle P.E. (1945) Sulla costituzione del nucleo terrestre, *PING* n. 108; Caloi P., Peronaci F. (1949) Il batismo del 28 agosto 1946 e la profondità del nucleo terrestre, *PING* n. 192, 1949, estratto da *Annali di Geofisica*, vol. II, n.4.

Il geofisico Carlo Morelli (da Dal Piaz G.V. (2009) Ricordo di Carlo Morelli, Istituto Veneto di Scienze, Lettere ed Arti, Venezia)

due strati (discontinuità di Conrad), fu collocato tra i 15 km e i 20 km di profondità[5]. Ancora Caloi fornì una valutazione della profondità della zona di transizione fra crosta e mantello (discontinuità di Mohorovicic), in corrispondenza dell'Italia nord-orientale, collocandola attorno ai 40 km[6].

Nel 1943, fra le firme del gruppo sismico comincia a comparire quella del giovane Carlo Morelli, un matematico, geodeta e fisico terrestre che di lì a poco diventerà direttore dell'Osservatorio Geofisico di Trieste, e che intanto sviluppa per l'ING studi sulla cartografia macrosismica, proponendo l'elaborazione di rappresentazioni sinottiche in cui compaiano, contestualmente, massima intensità, frequenza, ipocentri, natura delle scosse e caratteristiche geo-tettoniche delle zone sismiche, in modo da trarre il massimo delle informazioni utili non solo per la ricerca teorica ma anche per la prevenzione[7]. Seguendo questo criterio Morelli aveva costruito una carta sismica dell'Albania (allora colonia italiana) che gli valse l'attribuzione del premio Baratta dell'Accademia d'Italia[8].

Un'originalissima ricerca sulla sensibilità umana alle accelerazioni sismiche venne sviluppata fra il 1939 e il 1943 da Francesco Peronaci, con la costruzione di una piattaforma oscillante su ruote

[5] Caloi P. (1940) Sulla velocità di propagazione delle onde P* e sullo spessore dello strato di granito nell'Europa Centrale, *PING* n. 48, 1940, estratto da *La Ricerca Scientifica*, XI, n. 11; Festa C., Valle P.E. (1948) Una valutazione dello spessore dello "strato del granito" nel Mediterraneo centro-occidentale, *PING* n. 164, 1948, estratto da *Annali di Geofisica*, vol. I, n. 4.
[6] Caloi P. (1938) *Sullo spessore dello strato*, op. cit.
[7] Morelli C. (1942) Carte sismiche ed applicazioni, *PING* n. 102, 1943, estratto da *Bollettino della Società Sismologica Italiana*, vol. XL, n.1-2.
[8] Morelli C. (1941) La sismicità dell'Albania, *PING* n. 84, 1943, estratto da *Bollettino della Società Sismologica Italiana*, vol. XXXIX, n.1-2.

La piattaforma oscillante su ruote ideata e realizzata dal geofisico Francesco Peronaci dell'ING nel 1939 per stabilire il limite della sensibilità umana ai piccoli terremoti (da Peronaci F. (1939) Limite di sensibilità, *op. cit.)*

e munita di un registratore a penna, sulla quale venivano fatti sedere i soggetti da sottoporre alle prove. Il complesso apparato, di cui è rimasta solamente una documentazione fotografica, permise di determinare sperimentalmente un intervallo di accelerazioni che rappresentano i limiti inferiori della sensibilità umana per le oscillazioni orizzontali e verticali; valori che si aggirano, rispettivamente, attorno 0,5 gal e 1 gal (1 gal = 1 cm/s^2)[9].

Da segnalare un lavoro del 1949 di Domenico Di Filippo e Liliana Marcelli in cui, per la prima volta nelle *PING*, compare un

---

[9] Peronaci F. (1939) Limite di sensibilità umana alle accelerazioni sismiche orizzontali, *PING* n.15, 1939, estratto da *La Ricerca Scientifica*, X, n.5; Peronaci F. (1941) Limite di sensibilità umana alle accelerazioni sismiche verticali, *PING* n. 72, 1941, estratto da *La Ricerca Scientifica*, XII, n. 10; Peronaci F. (1941) Limite di sensibilità umana alle accelerazioni sismiche, *PING* n.85, 1943, estratto dal *Bollettino della Società Sismologica Italiana*, vol. XXXIX, n. 1-2.

metodo per la determinazione della magnitudo Richter, partendo dall'analisi di registrazioni sismiche effettuate con gli strumenti della stazione di Roma[10].

Per il filone delle ricerche sismiche Lo Surdo, oltre all'articolo sulla fondazione della stazione sismica di Roma di cui abbiamo ampiamente parlato (si veda capitolo 11), firmò alcuni lavori su: i microsismi di origine vulcanica (con Caloi e Ponte, il direttore dell'Osservatorio Vulcanologico di Catania)[11]; il miglioramento dei sismografi attraverso modifiche strutturali (ancora con Caloi)[12]; e su un argomento che gli stava a cuore fin dagli inizi della carriera, cioè la realizzazione di strumenti automatici per la determinazione dell'accelerazione massima nei forti terremoti (con Caloi e Peronaci). Si trattava di un nuovo e più elaborato tipo di accelerometri a reazione di gravità (si vedano paragrafi 8.3 e 8.4) che furono costruiti in serie e distribuiti in diverse stazioni e osservatori[13].

21.3. I raggi cosmici al secondo posto

Raggi cosmici

Dell'intensa attività di ricerca dell'ING nell'ambito dei raggi cosmici e del contributo decisivo che essa apportò ai successi della fisica italiana, tra gli anni Trenta e Quaranta, abbiamo già riferito con dovizia di particolari (si veda capitolo 14). Qui è opportuno sottolineare che, nel dodicennio della direzione Lo Surdo, questa attività fu al secondo posto, dopo la sismologia, per impe-

---

[10] Di Filippo D., Marcelli L. (1949) La Magnitudo dei terremoti e la sua determinazione nella stazione sismica di Roma, *PING* n. 191, 1949, estratto da *Annali di Geofisica*, vol. II, n. 4.

[11] Caloi P., Lo Surdo A., Ponte G. (1948) Agitazioni microsismiche originate da attività vulcanica, *PING* n. 128, 1948, estratto da *Annali di Geofisica*, vol. I, n.1.

[12] Caloi P., Lo Surdo A. (1948) Nuovo smorzatore per i sismografi tipo Wiechert, *PING* n. 138, 1948, estratto da *Annali di Geofisica*, vol. I, n. 2.

[13] Caloi P., Lo Surdo A., Peronaci F. (1948) La determinazione dell'accelerazione massima nei fenomeni macrosismici, *PING* n. 147, 1948, estratto da *Annali di Geofisica*, vol. I, n.3.

gno complessivo, avendo portato alla pubblicazione di 36 lavori, pari al 18,3% del totale, con il coinvolgimento di quattordici ricercatori: M. Ageno, G. Bernardini, B. N. Cacciapuoti, G. Cocconi, M. Conversi, B. Ferretti, C. Festa, G. Palmieri, O. Piccioni, B. Panebianco, S. Patanè, M. Santangelo, E. Scrocco, G. Wick. Senza contare i contributi di Amaldi e Lo Surdo, che collaboravano dietro le quinte, anche se non firmavano i lavori.

Le ricerche e le pubblicazioni sui raggi cosmici promosse dall'ING toccarono il massimo proprio negli anni del conflitto, tra il 1939 e il 1943, periodo in cui si concentrarono trentadue dei trentasei lavori pubblicati; poi declinarono e dal 1949 scomparvero del tutto dalle competenze dell'ING a seguito della formazione, in ambito CNR, del Centro di Studio della fisica nucleare e delle particelle elementari di cui si è già detto (si veda paragrafo 14.8). Dal 1951, con la costituzione, sempre da parte del CNR, dell'Istituto Nazionale di Fisica Nucleare (INFN), tutte queste attività sarebbero confluite nel nuovo organismo.

Elettricità atmosferica e terrestre

Ai tempi in cui l'ING muoveva i suoi primi passi, gli studi sull'elettricità atmosferica erano molto seguiti in Italia e nel mondo. Si andava delineando la consapevolezza che il sistema Terra-Atmosfera-Ionosfera si comporta come una specie di enorme condensatore sferico di cui la Terra rappresenta il polo negativo, la Ionosfera quello positivo e l'Atmosfera il dielettrico; e che, a causa di questa configurazione, anche in condizioni di cielo sereno, esiste in vicinanza del suolo una differenza di potenziale di circa 100 Volt per metro (gradiente elettrico).

Si pensava, inoltre, che le misure assidue del gradiente elettrico atmosferico e delle sue variazioni, rilevate in varie località del globo terracqueo, potessero aiutare a capire i fenomeni meteorologici e altri fenomeni fisici dell'atmosfera. Per questi motivi, all'atto della costituzione dell'ING, Lo Surdo aveva previsto un Reparto per l'elettricità atmosferica e terrestre che comprendesse anche lo studio della ionosfera e delle varie cause ionizzanti, come la radiazione cosmica e la radioattività terrestre, e che si occupasse del rilevamento sistematico del gradiente elettrico atmosferico attraverso una rete di monitoraggio (si veda capitolo 4).

L'Osservatorio per l'elettricità atmosferica di S. Alessio a Roma, com'era tra gli anni Quaranta e Cinquanta. Questo vecchio insediamento ha determinato la localizzazione dell'attuale sede dell'Istituto Nazionale di Geofisica e Vulcanologia poiché la Provincia di Roma offrì all'Istituto l'assegnazione di un appezzamento di terreno demaniale fin dagli anni Quaranta (da Lo Surdo A., Medi E. (1946) Ricerche sull'elettricità atmosferica, *op. cit.)*

Alla vigilia del conflitto mondiale era stata completata la costruzione dell'Osservatorio per l'elettricità atmosferica, posto nella tenuta agricola di S. Alessio a Roma, nei pressi della via Ardeatina, che doveva diventare il caposaldo delle stazioni dedicate a questi studi in tutta Italia; ma l'entrata in guerra ne aveva interrotto l'operatività e, con l'occupazione tedesca, l'immobile era stato requisito e saccheggiato dalle truppe naziste.

Le *PING* documentano l'avvio delle ricerche di elettricità atmosferica fin dal 1938, con una serie di lavori sull'andamento del campo elettrico e la ricerca di cariche elettriche in atmosfera. Gli studi erano coordinati dallo stesso Lo Surdo, che da giovane vi era stato avviato dal maestro Roiti a Firenze, e sviluppati in prevalenza da Enrico Medi; a essi, più tardi, si aggiunsero Renato Cialdea, che fornì il maggior contributo a questo

L'Osservatorio per l'elettricità atmosferica accoglieva spesso le visite di ricercatori stranieri, come nel caso dei tre gesuiti-geofisici spagnoli fotografati assieme a un giovanissimo Cialdea (per cortesia della figlia Donatella Cialdea)

reparto dopo Medi, e Guglielmo Zanotelli; occasionalmente collaborò anche Caloi. Medi, oltre a effettuare campagne di misure in varie località, sviluppò nuovi metodi di calcolo dell'indice di attività elettrica; mentre Cialdea e Zanotelli idearono e realizzarono speciali sonde radioattive per la misura del campo elettrico. L'attività di ricerca in questo settore produsse 16 pubblicazioni, pari all'8,1% del totale.

Renato Cialdea è oggi (2010) l'unico superstite fra i più stretti collaboratori di Lo Surdo degli anni Quaranta. Laureato in fisica con lo stesso Lo Surdo nel 1942, con una tesi sul fenomeno dell'elettrostrizione (la deformazione indotta da un campo elettrico), diventò subito dopo la laurea suo assistente all'università e assiduo collaboratore dell'ING. Dopo la morte di Lo Surdo, Cialdea è stato professore incaricato di Fisica Sperimentale e di Fisica Superiore e professore di ruolo di Fisica Terrestre, sempre all'Università La Sapienza. La sua intensa collaborazione con l'ING nell'ambito dell'elettricità, delle radiazioni e dell'ottica atmosferica, proseguì anche nel periodo della direzione Medi. Cialdea avrebbe dato importanti contributi anche nei settori della museologia e della divulgazione astronomica: nel 1948 fu nominato direttore del Planetario di Roma (allora ubicato in una sala delle Terme di Diocleziano, a piazza Esedra), incarico che mantenne per oltre vent'anni; nel 1978 fondò il Museo di Fisica alla Sapienza e lo diresse per un decennio.

21.4. Quel che resta dell'Osservatorio di S. Alessio

Tornando all'Osservatorio per l'elettricità atmosferica di S. Alessio, subito dopo la guerra, nel 1946, con un lungo articolo firmato da Lo Surdo e da Medi, veniva annunciato il suo ripristino e la ripresa delle ricerche sul potenziale elettrico dell'atmosfera[14]. Oltre al suo valore scientifico, quell'Osservatorio, a nostro giudizio, riveste un significato storico e simbolico particolare poiché ha determinato l'attuale localizzazione dell'INGV: dalla sua presenza, infatti, scaturì l'offerta della Provincia di Roma di un vasto appezzamento di terreno demaniale in cui costruire l'attuale sede dell'Istituto tra la via Ardeatina e la via di Vigna Murata, progetto che è andato a compimento nel 1993.

L'Osservatorio per l'elettricità atmosferica com'è oggi: un rudere in un vigneto di pertinenza dell'Istituto Agrario "Giuseppe Garibaldi", nella campagna adiacente a via di Vigna Murata a Roma (Foto di Valerio De Rubeis)

Non si può fare a meno di notare che gli studi sull'elettricità atmosferica hanno perso peso nell'ambito dell'odierna geofisica e sono scomparsi dalle attività dell'Istituto. Il vecchio Osservatorio di Sant'Alessio è stato da tempo dismesso e, fra le giovani generazioni di ricercatori INGV, se ne è persa memoria. È stato grazie ai ricordi dei più anziani se abbiamo potuto rintracciarne il rudere in un vigneto di pertinenza dell'Istituto Agrario "G. Garibaldi", a circa 1 km in linea d'aria dall'odierna sede dell'INGV, e ritrovare anche la targa marmorea che un tempo era affissa sul suo prospetto e che qualcuno, chissà quando, ha staccato e riattaccato – salvandola dalla distruzione – all'ingresso dell'Istituto Nazionale della Nutrizione in via Ardeatina[15].

[14] Lo Surdo A., Medi E. (1946) Ricerche sull'elettricità atmosferica, *PING* n.115, 1946, estratto da *Ricerca Scientifica e Ricostruzione*, XVI, n.1-2.
[15] Gli Autori sono grati ai dott. Rodolfo Console e Calvino Gasparini dell'INGV per le ricognizioni che li hanno portati a riconoscere i ruderi del vecchio Osservatorio di S. Alessio.

L'ingresso dell'Osservatorio di S. Alessio, com'era al tempo della sua fondazione, all'inizio degli anni Quaranta (a sinistra) (da AA.VV. (1954) Istituto Nazionale di Geofisica, *op. cit.) e com'è oggi (a destra) (Foto di F. Foresta Martin)*

Limnologia

Nel 1947 l'ING aprì un capitolo di ricerche che si potrebbero genericamente definire limnologiche, relative cioè ai laghi, e che erano in prevalenza volte a studiare il fenomeno delle sesse. Si tratta di oscillazioni del livello delle acque che si riscontrano nei bacini chiusi, simili alle maree ma, al contrario di queste, non legate alla forza d'attrazione luni-solare, e dipendenti piuttosto da cause meteorologiche come i venti, le differenze di pressione fra le parti dello specchio lacustre, le variazioni di temperatura.

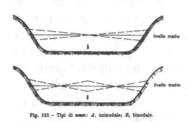

Fig. 123 – Tipi di sesse: *A*, uninodale; *B*, binodale.

Le sesse (oscillazioni delle acque lacustri) furono studiate in modo approfondito dai primi ricercatori dell'ING (soprattutto Caloi) i quali ne determinarono le caratteristiche per diversi laghi italiani. Nella figura in alto sessa di tipo uninodale e in basso binodale (da Desio A. (1973) Geologia applicata all'Ingegneria, *Hoepli, Milano, pp. 232-233)*

Le sesse si esplicano con modalità complesse: nel caso più semplice, uno dei fattori elencati, può provocare un'oscillazione a bilancia del lago, per cui al sollevamento delle acque a un estremo, corrisponde l'abbassamento nella parte opposta; le due parti sono separate da una linea nodale in cui non si registrano variazioni di livello. I periodi delle oscillazioni sono dell'ordine delle decine di minuti, le ampiezze di centimetri o decimetri. Ma i movimenti possono essere più complessi, con due o più linee nodali (sesse binodali, trinodali ecc.), e manifestarsi sia lungo l'asse maggiore del lago sia su direttrici trasversali, sovrapponendosi[16].

Come si può intuire, gli effetti delle sesse sull'ecosistema lago e sulle attività umane, non sono trascurabili: di qui l'interesse, oltre che scientifico, anche pratico nella conoscenza e previsione dei fenomeni. Scriveva Caloi, il principale artefice di questi studi, in una pubblicazione del 1948:

Uno di noi, impadronitosi dell'argomento, nei suoi aspetti teorici e sperimentali, ha iniziato uno studio sistematico – limitato per ora alle sesse ordinarie e a quelle termiche – del Lago di Garda; studio che ha già portato alla stampa di tre contributi. È nostro proposito estendere un'analoga ricerca a tutti i laghi italiani.[17]

La promessa fu mantenuta. Il capitolo sesse, aperto nel 1947, già alla conclusione della direzione Lo Surdo, nel 1949, includeva studi particolareggiati dei laghi di Garda, Maggiore, Albano, Lugano, S. Croce, Iseo e Scanno. Per ciascuno di essi furono determinati i periodi di oscillazione, le ampiezze e le cause fisiche dei fenomeni; quindi furono messi a confronto gli studi analitici delle sesse sviluppati dagli stessi ricercatori ING (oggi diremmo i modelli matematici), con le misure dirette *in loco*.

Allo scopo di rendere le indagini il più possibile complete, come annotava lo stesso Caloi in un'altra pubblicazione del 1949, furono realizzati anche dei modellini in scala ridotta dei laghi stessi, "in modo da poter eseguire degli esperimenti atti a consentire un ulteriore confronto fra la teoria e l'osservazione"[18]. Particolarmente ingegnoso l'espediente per simulare le sesse in laboratorio: un piccolo pendolo reso solidale al modellino del

Capitolo 21. Bilancio delle ricerche

---

[16] Desio A. (1973) *Geologia applicata all'Ingegneria*, Hoepli, Milano, pp. 232-233.
[17] Caloi P., De Panfilis M., Giorgi M., Peronaci F. (1948) Le sesse del lago Maggiore (Verbano), *PING* n. 141, 1948, estratto da *Annali di Geofisica*, vol. I, n.2.
[18] Caloi P. (1949) Le sesse del Lago di Garda, *PING* n. 169, 1949, estratto da *Annali di Geofisica*, vol. I, n.1.

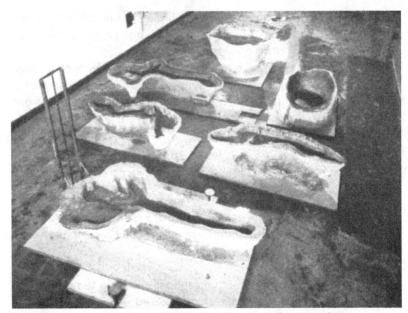

Modellini in pietra scolpita di alcuni laghi italiani (Maggiore, Albano, Iseo, Orta e Garda) per lo studio del fenomeno delle sesse in scala ridotta. Realizzati alla fine degli anni Quaranta, sono tuttora conservati al Museo Geofisico dell'Osservatorio di Rocca di Papa (da AA.VV. (1954) Istituto Nazionale di Geofisica, op. cit.)

lago, con le sue oscillazioni, ne faceva entrare in risonanza l'acqua. Polveri e coloranti sparsi sulla superficie del liquido permettevano, poi, di individuare e fotografare le linee nodali. Scampati all'inesorabile dispersione di strumenti e materiali di laboratorio, alcuni di quei modelli lacustri sono ancora oggi conservati presso il museo dell'Osservatorio di Rocca di Papa dell'INGV[19].

Gli studi sulle sesse produssero 14 pubblicazioni, pari al 7,1% sul totale dei lavori editati durante la direzione Lo Surdo, coinvolgendo sette ricercatori: oltre a Caloi, De Panfilis, Di Filippo, Giorgi, Marcelli, Pannocchia, Peronaci; e proseguirono negli anni successivi, fornendo un importante contributo alla comprensione di questi fenomeni.

---

[19] AA. VV. (2008) *Il museo Geofisico di Rocca di Papa*, op. cit., p. 35.

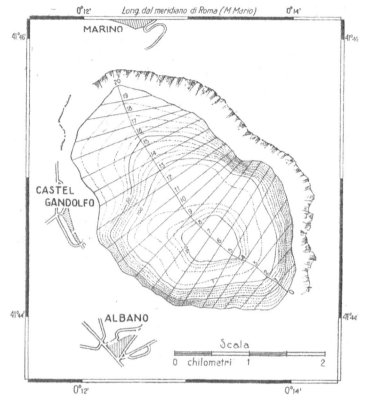

Studio delle sesse (oscillazioni della superficie delle acque) nel lago di Albano. All'analisi di questi fenomeni nei laghi italiani il gruppo di geofisici dell'ING diretto da Caloi dedicò diversi anni e numerose pubblicazioni (da Giorgi M. (1948) Studio sulle sesse del Lago d'Albano, Roma)

21.5. Continuità degli studi ionosferici

Ionosfera

Della realizzazione dei primi apparati per il sondaggio ionosferico presso la sede dell'ING nell'Istituto di Fisica della Città Universitaria, e del contributo dato da Ivo Ranzi a queste ricerche fin dalla fine degli anni Trenta, si è già detto (si veda capitolo 13). Da allora, tranne la parentesi bellica, l'attività di studio della ionosfera prima all'ING e poi all'INGV è stata ininterrotta, non solo per motivi di ricerca, ma anche per le evidenti ricadute applicative nel settore delle radiocomunicazioni, sia in ambito civile che militare. Le pubblicazioni riferibili a questi studi durante la direzione Lo Surdo ammontano a 11, pari al 5,6% del totale, e tutte testimoniano una costante attenzione per l'aggiornamento tecnologico degli strumenti di sondaggio ionosferico. Dopo le pionieristiche realizzazioni di Ranzi negli anni Trenta, il testimone passò al fisico Antonio Bolle, che nel 1948 ne raccolse l'eredità, realizzando per l'ING una nuova stazione per il rilevamento sistematico delle caratteristiche ionosferiche. Spiegava lo stesso autore nel 1948:

Fondata sui più moderni suggerimenti della tecnica, [la stazione] esplica una potenza di impulso di circa 20 kW, un perfetto allineamento del trasmettitore col ricevitore su ogni punto di una gamma assai ampia (2,5-20 Mc) e permette una registrazione continua e sicura degli echi anche in una zona particolarmente soggetta a radiodisturbi quali l'interno di un grande agglomerato urbano.[20]

Ma gli espedienti tecnici concepiti da Bolle non bastarono certo a ovviare agli inconvenienti legati all'esercizio della nuova stazione all'Istituto di Fisica della Città Universitaria, in pieno centro cittadino. I radiodisturbi cui faceva riferimento il ricercatore nel suo articolo diventarono un problema crescente, per superare il quale, alla fine degli anni Quaranta, fu deciso di collocare un'altra radiosonda ionosferica lontano da interferenze subìte e provocate: in piena campagna, presso l'Osservatorio per l'elettricità atmosferica di S. Alessio, da poco restituito alla sua piena funzionalità. Negli anni successivi tutta l'attività sistematica di sondaggio della ionosfera si sarebbe definitivamente concentrata in quell'area più adatta, ove furono costruiti nuovi padiglioni[21].

---

[20] Bolle A. (1948) Un nuovo complesso per il rilevamento sistematico delle caratteristiche ionosferiche, *PING* n. 142, 1948, estratto da *Annali di Geofisica*, vol. I, n. 2.
[21] Meloni A., Alfonsi L. (2009) Geomagnetism and Aeronomy activities in Italy during IGY, 1957/58, *Annals of Geophysics*, vol. 52, n. 2, April 2009, p. 132.

La verifica della capacità del nuovo apparato di indicare le frequenze utili per usufruire della riflessione ionosferica a scopo di comunicazioni radio fu affidata a Stelio Silleni, un fisico e militare di carriera che, nel 1948-49, fece un confronto fra i dati raccolti con le ionosonde dell'ING e quelli ricavati dall'esercizio di una rete di trasmissione dell'Esercito Italiano. La collaborazione fornì una conferma dell'attendibilità del lavoro svolto all'Istituto[22].

Radiazioni e ottica atmosferica

Questo tema di ricerca rappresentava uno dei cinque reparti principali in cui era stato suddiviso l'ING fin dalla costituzione, secondo il progetto dell'Istituto concepito da Lo Surdo e approvato dal CNR (si veda paragrafo 5.2); ciò nonostante, le ricerche relative non ebbero grande sviluppo durante la direzione Lo Surdo e portarono alla pubblicazione di soli 8 articoli, pari al 4,1% del totale.

Per quanto riguarda l'argomento radiazioni (non è superfluo precisare che in questo caso ci si riferisce a quelle luminose), gli studi si concentrarono sulla luce solare e su come essa viene assorbita e quindi diffusa dai gas, dalle particelle e dalle nubi presenti nell'atmosfera; tematiche queste che furono sviluppate da Renato Cialdea, Enrico Medi e Guglielmo Zanotelli, nell'intento di trovare utili correlazioni fra alcune caratteristiche fisiche della radiazione solare che attraversa l'atmosfera, per esempio il suo stato di polarizzazione, e i fenomeni meteorologici[23].

Per quanto riguarda, poi, l'ottica atmosferica, definizione più moderna di quelle che i fisici ottocenteschi chiamavano

---

[22] Silleni S. (1949) Raccolta di dati ionosferici dedotti da prove dirette di collegamenti R.T. effettuati sulla rete dell'Esercito, *PING* n. 187, 1949, estratto da *Annali di Geofisica*, vol. II, n. 3.

[23] Medi E. (1939) Polarizzazione della luce diffusa, radiazione dell'atmosfera e probabili indizi sulla tendenza dello stato del tempo, *PING* n. 20, 1939, estratto da *La Ricerca Scientifica*, X, n. 9; Zanotelli G. (1941) La luce delle nubi in relazione alla loro costituzione, *PING* n. 71, 1941, estratto da *Rivista di Meteorologia*, vol. III, fasc. 1-2; Cialdea R. (1947) Rilevamento sistematico dello stato di polarizzazione del cielo, *PING* n. 129, 1947, estratto da *Ricerca Scientifica e Ricostruzione*, XVII, n. 5.

Un alone solare: cerchi e archi luminosi attorno al Sole dovuti a fenomeni di rifrazione da parte di cristalli di ghiaccio negli alti strati nuvolosi. Dello studio di questi e altri fenomeni consimili di ottica atmosferica si occupava un apposito reparto dell'ING (da A. Fresa (1952) La Luna, Hoepli, Milano, p. 517)

"meteore luminose", gli studi si rivolgevano a fenomeni come gli arcobaleni, gli aloni solari e lunari, lo scintillio delle stelle, i miraggi ecc., con il proposito di spiegarne compiutamente le cause, ricorrendo alle leggi dell'ottica e alla conoscenza della fisica dell'atmosfera.

Medi, per esempio, dopo una lunga serie di osservazioni del Sole effettuate, tra il 1939 e il 1940, dall'Osservatorio di Rocca di

Osservazione del "raggio verde", un altro tipico fenomeno di ottica atmosferica che si può osservare al tramonto del Sole sul mare. Questo fenomeno fu oggetto di un approfondito studio da parte di Enrico Medi (da una tavola del libro Le rayon vert *di Jules Verne)*

Papa che era deputato a questo tipo di studi, riuscì a dare una precisa spiegazione del raro fenomeno del "raggio verde", uno spettacolare sprazzo di luce color smeraldo che si può cogliere sul bordo superiore del Sole tramontante; e dimostrò che esso è dipendente, oltre che dalle condizioni atmosferiche, anche dal potere risolutivo a disposizione dell'osservatore. A occhio nudo, a causa del piccolo diametro della pupilla (basso potere risolutivo), il raggio verde si percepisce solo eccezionalmente; invece con un cannocchiale di almeno 10 cm di apertura, si può vedere frequentemente[24].

21.6. Il laboratorio di radioattività terrestre

Radioattività

La radioattività naturale della Terra non era uno dei campi di studio presenti nel progetto costitutivo dell'ING elaborato da Lo Surdo nel 1936; eppure, dal 1947 diventò un tema di ricerca privilegiato, tanto da essere considerato da Lo Surdo alla stregua di uno dei Reparti in cui era suddivisa l'attività dell'Istituto, da dotare di un moderno laboratorio specializzato[25]. Nel solo biennio

---

[24] Medi E. (1940) Osservazioni sul "raggio verde", *PING* n. 64, estratto da *Rivista di Meteorologia*, vol. II, fasc. 3-4.
[25] Si veda la presentazione "Gli annali di Geofisica", probabilmente di A. Lo Surdo, *Annali di Geofisica*, vol. I, n.1, gennaio 1948, p. 4.

1948-49, conclusivo della direzione Lo Surdo, le pubblicazioni relative alla radioattività furono 9 (4,6%).

La responsabilità di organizzare il gruppo di studio sulla radioattività era stata affidata dal direttore a due giovani fisici interni all'ING che avevano già lavorato con successo al gruppo sui raggi cosmici (si veda capitolo 14): Camilla Festa e Mariano Santangelo, i quali furono incaricati, in particolare, di progettare e realizzare il "Laboratorio per ricerche sulla radioattività della Terra" dell'Istituto, avente compiti sia di ricerca fondamentale che applicativa[26]. A entrambi si devono anche alcuni approfonditi articoli di rassegna sulla distribuzione degli isotopi radioattivi nella Terra, sulle caratteristiche di tali elementi e sui metodi impiegati per studiarli[27].

Le ricerche sulla radioattività raccolsero i contributi originali e innovativi di un'illustre collaboratrice esterna: Giuseppina Aliverti, cui spetta il merito di avere messo a punto nuovi metodi di misura della radioattività presente nell'aria e nelle acque.

La Aliverti si era laureata in Fisica nel 1919 a Torino con Alfredo Pochettino, un collega e amico di Lo Surdo, dedicandosi subito dopo all'insegnamento universitario e alla ricerca sperimentale in Fisica Terrestre; nel 1931 aveva inventato il cosiddetto "metodo dell'effluvio elettrico per misure di radioattività atmosferica" (per effluvio si soleva indicare il passaggio di cariche elettriche fra due elettrodi affacciati, posti a elevata differenza di potenziale). Il metodo Aliverti si basava, in pratica, sulla proprietà che ha l'effluvio di depositare sopra uno dei due elettrodi le particelle radioattive presenti nell'aria; dopo di che si passava a esaminare l'elettrodo così attivato in una camera di ionizzazione, valutandone indirettamente il livello di attivazione dalla misura della caduta di potenziale[28].

---

[26] Festa C., Santangelo M. (1948) La radioattività della Terra [I parte], *PING* n. 163, 1948, estratto da *Annali di Geofisica*, vol. I, n.4.

[27] Festa C., Santangelo M. (1948) *La radioattività*, op. cit.; Festa C. (1949) Sul funzionamento dei contatori di Geiger-Mueller, *PING* n.172, 1949, estratto da *Annali di Geofisica*, vol. II, n. 1; Festa C., Santangelo M. (1949) La radioattività della Terra [II parte], *PING* n.193, 1949, estratto da *Annali di Geofisica*, vol. II, n. 4.

[28] Aliverti G (1932) Sul metodo dell'effluvio per misure di radioattività atmosferica, in *Atti della Reale Accademia delle Scienze di Torino*, vol. LXVII, Accademia delle Scienze, Torino, 22 maggio 1932.

La Aliverti, in seguito (1937), partecipò al concorso per un posto di geofisico all'Ufficio Centrale, classificandosi prima e ottenendo la direzione dell'Osservatorio Geofisico di Pavia, proprio quando il neo costituito ING stava per raccogliere competenze e strutture dalla vecchia istituzione. Subito dopo la guerra, con una ingegnosa variante ai suoi dispositivi di rilevamento della radioattività atmosferica, la Aliverti sviluppò per l'ING un nuovo metodo per la misura di quella che allora si definiva "l'emanazione radioattiva nell'aria tellurica"[29]: oggi diciamo, più semplicemente, il Radon, un gas radioattivo prodotto dal decadimento del Radio, che emerge dal sottosuolo e tende ad accumularsi in pozzi, scantinati e piani bassi degli edifici.

Anche Morelli, da Trieste, collaborò al reparto sulla radioattività occupandosi dei metodi di datazione delle rocce attraverso l'analisi dei decadimenti di alcuni isotopi radioattivi naturali e tentando poi una valutazione più precisa dell'età della Terra. In un suo articolo del 1949 osservava che, con l'affinarsi di questi metodi, la stima dell'età della Terra era progressivamente aumentata, "fino a passare dai pochi milioni di anni, al valore di 3,3 miliardi di anni, che oggi si ritiene il più probabile". E aggiungeva che tale risultato non poteva essere ignorato dalle teorie cosmogoniche secondo cui l'Universo sarebbe nato appena 2 miliardi di anni fa[30]. Rileggendo quelle note sessant'anni dopo, non possiamo fare a meno di sottolineare quanto fossero acute le osservazioni di Morelli, dato che la stima per l'età della Terra si è ulteriormente allungata e quella oggi comunemente accettata è di circa 4,6 miliardi di anni; mentre la nascita dell'Universo viene fatta risalire a 13-14 miliardi di anni fa.

Geologia e Geodesia

Le ricerche su tematiche geologiche e geodetiche furono limitate ma significative e svolte quasi tutte dal già citato professore Carlo Morelli: infatti, su un totale di 6 pubblicazioni relative a que-

---

[29] Aliverti G. (1948) Nuovo metodo per la misura del contenuto radioattivo dell'aria tellurica, PING n. 155, 1948, estratto da Annali di Geofisica, vol. I, n. 3.
[30] Morelli C. (1949) L'età della Terra, PING n. 190, 1949, estratto da Annali di Geofisica, vol. II, n. 3.

sti campi di studio, pari al 3% del totale, cinque portano la sua firma. Morelli descrisse accuratamente lo stato delle reti magnetica e gravimetrica, qual era nell'immediato dopoguerra, e la necessità di svilupparle in maniera adeguata alle richieste poste dagli organismi internazionali[31]. Poi si occupò della definizione di geoide, la superficie ideale che rappresenta tutti i punti formanti il livello medio dei mari e delle terre in cui la forza di gravità ha lo stesso valore. Si tratta di un'astrazione utile in geofisica poiché le misure degli scostamenti dal geoide teoricamente calcolato, stanno a indicare la presenza di zone a densità maggiore o minore all'interno della Terra[32].

Tecnologie
Sotto questo titolo si possono raccogliere poche ricerche sperimentali non riconducibili ad alcuno dei principali reparti in cui si esplicava l'attività dell'Istituto e che riguardavano lo sviluppo di tecniche promettenti per alcuni aspetti della geofisica applicata. Dei 6 lavori riferibili a questa tematica (3%), quattro riguardano l'utilizzo delle microonde sia come strumento di sondaggio ambientale sia di comunicazione, a cui si dedicarono Lo Surdo, Medi e Zanotelli, secondo quanto è stato già detto (si veda capitolo 12). Anche del tentativo di Lo Surdo di impiantare una rete di anemometri per acquisire le conoscenze utili allo sfruttamento dell'energia eolica abbiamo riferito (si veda capitolo 15).

Una curiosità riguarda l'introduzione all'ING, nel 1949, del sistema di trasmissione dati in fac-simile, come risulta da un articolo di Marco Frank, un collaboratore che si dedicò alla progettazione e realizzazione di un apparato di questo tipo[33].

---

[31] Morelli C. (1946) La rete geofisica e geodetica in Italia nel suo stato attuale e nei suoi rapporti con la struttura geologica superficiale e profonda, *PING* n. 121.

[32] Morelli C. (1949) Il geoide e la geofisica, *PING* n. 178, 1949, estratto da *Annali di Geofisica*, vol. II, n. 2.

[33] Frank M. (1949) Nuovo sistema di fac-simile, *PING* n. 195, 1949, estratto da *Annali di Geofisica*, vol. II, n. 4.

Meteorologia

Coerente con l'impegno di non interferire con l'attività del servizio meteorologico dell'Aeronautica, Lo Surdo mantenne al minimo l'attenzione per la meteorologia, limitandola ad alcuni aspetti della ricerca di base. Soltanto 4 (2%), di conseguenza, furono le pubblicazioni dedicate alle tematiche meteorologiche. Fra di esse spicca una delle prime ricerche sulle temperature esistenti alla base della stratosfera (10-12 mila metri), rilevate con una sonda posta su pallone aerostatico da Giorgio Fea, un fisico dell'Aeronautica Militare che teneva un corso di meteorologia alla Sapienza e collaborava anche con l'ING. Negli anni Sessanta

Giorgio Fea, in divisa col grado di colonnello, negli anni Sessanta, quando era capo del Servizio Meteorologico dell'Aeronautica Militare. In piena guerra aveva fatto ricerca con Giuseppe Cocconi all'ING in un programma di ricerche militari sui sensori infrarossi, ma anche dopo il suo ingresso nel Servizio Meteo dell'AM continuò a collaborare con l'Istituto. L'uomo in primo piano sulla sinistra è il geofisico Carlo Morelli. Sullo sfondo s'intravede Renato Cialdea (per cortesia di Donatella Cialdea)

Fea, col grado di colonnello e poi di maggiore generale, sarebbe diventato capo del Servizio meteorologico dell'Aeronautica Militare[34].

Verso la meteorologia rivolse i suoi interessi anche Maurizio Giorgi, dopo avere esordito con un'intensa attività di ricerca nel gruppo sismico e in quello limnologico a fianco di Caloi e Valle negli anni della guerra e dell'immediato dopoguerra. Giorgi rappresenta un altro caso notevole di geofisico dell'ING approdato a incarichi dirigenziali in altre istituzioni scientifiche: negli anni Sessanta sarebbe diventato direttore del Centro Nazionale di Fisica dell'Atmosfera e Meteorologia del CNR. Giorgi fu anche un efficace divulgatore: alla fine degli anni Cinquanta ebbe una certa diffusione il suo volume tascabile *Geofisica*, pubblicato da ERI (Edizioni Radiotelevisione Italiana), nato dalla fortunata serie di trasmissioni radiofoniche *Classe Unica* della Rai[35].

21.7. Un'impresa coronata dal successo

Questa veloce rassegna delle pubblicazioni prodotte dai ricercatori dell'ING nel corso della direzione Lo Surdo, non pretende certo di essere esaustiva e siamo certi che un esame più approfondito dei lavori possa condurre a evidenziare, più di quanto abbiamo fatto noi, contributi innovativi e realizzazioni originali, valorizzando professionalità e competenze i cui contorni risultano sfocati a causa dell'inesorabile trascorrere del tempo.

Tuttavia riteniamo di avere appurato, su basi documentali, che l'impresa di Marconi, Lo Surdo e degli altri promotori dell'ING fu coronata da successo: in pochi anni, e nonostante la tragedia della Seconda Guerra Mondiale, il nuovo Istituto riuscì a chiamare a raccolta e a esprimere il meglio delle competenze geofisiche italiane, sia dentro il CNR sia nel più vasto ambiente universitario e accademico, rilanciando il panorama delle ricerche in questo

---

[34] Fea G. (1948) Esperienze di controllo sulla misura della temperatura nella stratosfera, *PING* n. 144, 1948, estratto da *Annali di Geofisica*, vol. I, n. 2.
[35] Giorgi M. (1958) *Geofisica*, ERI, Torino.

settore e rendendolo competitivo con quanto si andava facendo all'estero. L'Italia ebbe, per la prima volta dalla proclamazione dell'Unità, una rete geofisica degna di questo nome, che avrebbe costituito la spina dorsale di quel sistema di monitoraggio indispensabile tanto alla conoscenza quanto alla protezione del territorio, pur con gli alti e bassi che, nei decenni successivi, ne avrebbero caratterizzato lo sviluppo. In sintesi: un patrimonio prezioso, di cui coltivare la memoria per avere piena consapevolezza dell'impegno e dei sacrifici compiuti per realizzarlo.

Capitolo 22
Gli ultimi anni di Lo Surdo

Il professor Lo Surdo può ben a ragione
e con onore essere segnalato
come uno dei maestri della Fisica sperimentale.
Francesco Giordani, chimico, presidente dell'Accademia
dei Lincei, 1949

22.1. Il potenziamento della rete e le pubblicazioni

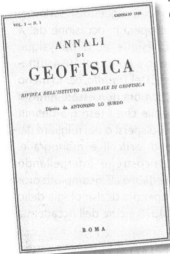

Frontespizio del primo numero del periodico Annali di Geofisica, fondato da Lo Surdo nel luglio 1948 col proposito di "veder riuniti in una rivista specializzata i lavori inerenti questo importante ramo della scienza; lavori che attualmente si pubblicano in riviste diverse, dedicate a discipline affini" (Biblioteca ING)

Negli ultimi due anni della direzione e dell'esistenza di Antonino Lo Surdo, l'ING uscì definitivamente dalla crisi post-bellica. Le stazioni e gli osservatori danneggiati ripresero gradualmente a funzionare, la rete sismica fu estesa ad alcuni importanti centri del Meridione come Messina e Palermo e infine anche gli organici furono potenziati: divennero otto i ricercatori in pianta stabile e ventuno gli impiegati, suddivisi tra amministrativi, tecnici e subalterni, tutti nella sede centrale dell'Istituto, mentre per il controllo delle stazioni periferiche venivano reclutate alcune decine di collaboratori esterni[1].

Nel 1948, visto il fiorire della produzione scientifica dei suoi ricercatori, Lo Surdo volle fondare una rivista d'Istituto, gli *Annali di*

---

[1] Calcara G. (2004) *Breve profilo*, op. cit., pp. 14-15.

Geofisica, prevalentemente destinata a pubblicare i lavori del personale interno, ma aperta anche a collaborazioni esterne, che di fatto poi arrivarono, arricchendo la testata dei contributi di illustri studiosi internazionali come K.E. Bullen, B. Gutenberg, V. Keylis Borok, J.P. Rothé, R. Teisseyre e altri[2]. Questa testata, edita oggi con il titolo di *Annals of Geophysics*, è un'apprezzata e citata rivista internazionale di fisica terrestre.

Rimase incompiuta, invece, un'altra iniziativa editoriale che stava particolarmente a cuore a Lo Surdo, il *Trattato di Geofisica*, un compendio sulla fisica dell'aria, dell'acqua e della terra solida, scritto a più mani e rivolto a studenti e cultori della materia. Poco prima della sua morte, nel marzo del 1949, Lo Surdo aveva comunicato, nel corso di una riunione del Consiglio dell'Istituto, che la pubblicazione del primo volume era imminente; ma, con la sua scomparsa, il progetto si arenò. Negli anni seguenti si parlò del rilancio dell'iniziativa e dell'uscita dell'opera in occasione del X Congresso della UGGI (Union Géodésique et Géophysique Internationale), che avrebbe avuto luogo a Roma nel 1954; tuttavia anche questa scadenza fu disattesa[3]. Del *Trattato*, per lo meno di quello che ne era stato già scritto, sembra non essere rimasta traccia nell'Archivio dell'ING. È probabile che i testi già definiti siano rimasti in mano agli stessi autori, dispersi o, nel migliore dei casi, utilizzati per la pubblicazione di articoli e monografie. Secondo quanto abbiamo potuto ricostruire interpellando Francesco Caloi, figlio di Pietro, è ricollegabile all'incompiuto progetto del *Trattato di Geofisica* un compendio di sismologia dello stesso Caloi pubblicato postumo nel 1978 a cura dell'Accademia dei Lincei[4].

Il professor Lo Surdo pensava effettivamente a una pubblicazione a più mani, edita dall'ING. Mio padre ci lavorò a lungo, nel corso degli anni Quaranta, dedicandosi alla parte sismolo-

---

[2] Ivi, p. 15.
[3] *Ibid.*
[4] Caloi P. (1978) *La Terra e i terremoti*, I Volume: *Introduzione alla sismologia (Teorie, metodi, strumenti)*, Accademia Nazionale dei Lincei, Commissione di studio delle calamità naturali e della degradazione dell'ambiente, vol. XVI, Roma.

gica. Io ho conservato una quindicina di quaderni manoscritti che testimoniano quella fatica. Ma l'impegno della ricerca giornaliera da portare avanti per l'Istituto rallentava l'avanzamento dell'opera, di cui si sentiva particolare bisogno sia per la mancanza di testi organici sull'argomento, sia per l'assenza di cattedre di sismologia in Italia. Poi, l'avvento della guerra, le difficoltà della ripresa, la morte di Lo Surdo, bloccarono quella bella iniziativa, vera primizia per l'Italia.

Andato in pensione, papà si dedicò al riesame di tutto il materiale da lui accumulato, arrivando a portare a compimento una prima parte dell'opera, relativa alle teorie, metodi e strumenti della sismologia. Restavano da definire e rivedere i testi di una seconda parte, dedicata alle caratteristiche fisiche della Terra, alle prospezioni sismiche e ad altri argomenti di geofisica applicata. La morte, sopravvenuta nel 1978, interruppe questa sua ultima fatica. Subito dopo, l'Accademia dei Lincei assunse il nobile impegno di curare l'edizione della prima parte dell'opera, sotto il titolo "La Terra e i terremoti. I Volume: Introduzione alla sismologia". Quanto al secondo volume, esso

I big della geofisica mondiale riuniti a Oslo nel 1948 alla conferenza della Union Géodeésique et Géophysique Internationale. Al centro si riconoscono Beno Gutenberg e Inge Lehemann. Dietro quest'ultima, l'uomo con i baffi è Harold Jeffreys. A rappresentare l'Istituto Nazionale di Geofisica c'era Pietro Caloi, il più alto sulla scalinata a destra (per cortesia di Francesco Caloi)

non ha ancora visto la luce. I manoscritti di mio padre sono ora affidati alle cure del dottor Graziano Ferrari e del professor Rodolfo Console, entrambi dell'INGV, che li stanno studiando per valutarne l'eventuale pubblicazione.[5]

22. 2 Un direttore autoritario ma benevolo

Giuseppe Imbò, fisico terrestre e direttore dell'Osservatorio Vesuviano, stimava Lo Surdo come un grande maestro e scienziato e scrisse la sua commemorazione per l'Accademia dei Lincei (Archivio Storico ING)

Nei rapporti con i suoi collaboratori, l'ormai quasi settantenne professor Lo Surdo era diventato molto più aperto e gioviale. Come ha raccontato il fisico terrestre napoletano Giuseppe Imbò, suo più giovane collega e amico, egli amava intrattenersi a lungo con i collaboratori in appassionate conversazioni su argomenti scientifici e appariva cordiale e bonario, pur conservando un sottofondo di riservatezza e di tristezza[6].

Alcuni allievi e assistenti che lo conobbero in quegli anni, lo hanno descritto come un maestro benevolo e disponibile, anche se il suo atteggiamento di fondo era autoritario e paternalistico. Il tecnico di laboratorio Marcello Cardoni, che ha lavorato ininterrottamente all'ING dal 1942 al 1991, e che quindi ha direttamente collaborato con Lo Surdo negli ultimi anni della sua direzione, ricorda innanzitutto la sua sobrietà e metodicità:

---

[5] Testimonianza resa da Francesco Caloi a F. Foresta Martin il 31 gennaio 2010.
[6] Imbò G. (1957) *Antonino Lo Surdo*, op. cit., p. 36.

Marcello Cardoni (a sinistra), tecnico di laboratorio dell'ING dal 1942, ricorda ancora (2009) la metodicità del direttore Lo Surdo nell'arrivare puntualissimo alle otto ogni mattina in Istituto (Archivio Storico ING)

Arrivava puntualissimo ogni mattina alle 8 con un tram che lo portava dai Parioli, dove abitava, fino alla Città Universitaria. Solo eccezionalmente, se c'era qualche interruzione del servizio pubblico, faceva ricorso all'automobile dell'Istituto, che in quei tempi di scarsezza di ogni cosa non era alimentata a benzina ma da due bombole di gas collocate alla meglio sul tettuccio. La porta del direttore era sempre aperta a tutti, tranne per la mezzora che precedeva il suo corso di Fisica durante la quale non tollerava interruzioni perché voleva prepararsi accuratamente la lezione e i materiali per gli esperimenti: soleva ripetere che non sarebbe stato giusto avere amnesie o incertezze di fronte agli studenti.

Così come era severo con se stesso, Lo Surdo pretendeva precisione e correttezza dagli altri. Riferisce ancora Cardoni:

Ricordo che una volta sorprese il portiere dell'Istituto sbracato e con la sigaretta in bocca. Gli piombò addosso e gliela fece volare via con una manata. Quello continuava a scusarsi e a dire che sarebbe voluto scomparire sotto un mattone. Poi il direttore uscì e, stranamente, lo vedemmo andare al bar interno dell'Università e poi ritornare subito indietro. Era andato lì solo per comprare un pacchetto di sigarette: lo mise in mano al portiere dicendogli che gli dispiaceva di essere stato così brusco, ma che lui non si facesse trovare più in atteggiamenti scomposti durante il servizio.[7]

Nonostante la rigidità di Lo Surdo, all'ING c'era spazio per qualche divertimento improvvisato tra un lavoro e l'altro. Cardoni racconta di partite di calcetto disputate sulla terrazza dell'Istituto, documentate da fotografie della fine degli anni Quaranta. Francesco Peronaci, un geofisico ormai scomparso, ha riferito ai suoi più giovani colleghi di una simpatica burla da lui stesso ordita ai danni del vecchio direttore, più o meno nello stesso periodo, mentre si stava dedicando a ricerche sull'elettricità atmosferica. A un certo punto Lo Surdo chiese a Peronaci di trovare, per tentativi, quale fosse l'isolante più adatto per tappare un elettrometro a foglie mobili, in modo tale che lo strumento mantenesse la carica il più a lungo possibile. Dopo aver fatto qualche prova, non avendo trovato nulla di particolarmente efficace, Peronaci fuse alla fiamma un frammento di vetro, ne tirò un filo sottilissimo e invisibile, e con quello fissò le due foglioline dell'elettrometro in modo che restassero completamente divaricate (configurazione tipica quando l'elettrometro è carico). Poi mostrò l'apparecchio a Lo Surdo, dicendogli che pensava di aver risolto il problema. Effettivamente le ore passavano e l'equipaggio dell'elettrometro restava sempre divaricato. Per Lo Surdo il fatto era talmente incredibile che, a un certo punto, malgrado l'evidenza esclamò: "Funziona benissimo, tuttavia mi sembra che ora le foglioline tornino a riavvicinarsi!". La risata generale gli fece capire che c'era il trucco[8].

[7] Testimonianza resa da M. Cardoni a F. Foresta Martin il 14 luglio 2009.
[8] Episodio raccontato da F. Peronaci al geofisico dell'INGV R. Console e da quest'ultimo a F. Foresta Martin.

22.3. Ritratto di Lo Surdo privato

Di Antonino Lo Surdo privato ci è rimasto qualche sprazzo di notizia grazie al nipote Mariano (figlio del fratello Giovanni sopravvissuto con lui al terremoto) che, attorno al 1990, rese una testimonianza a Paolo Coriglione, un biografo del fisico siracusano:

> Quando Mariano, ora funzionario della Banca d'Italia in pensione, viene invitato a parlare dello "zio Ninì" è felice di ricordare il tempo passato quando abitavano nella stessa casa di Firenze, dove l'illustre zio dirigeva l'Osservatorio di Arcetri. Ricorda ancora quando ebbe da zio Ninì la nomina di "segretario personale" dietro compenso di una briosh al giorno e un gelato la domenica, o quando lo seguiva a Bruxelles e per il mondo nei vari convegni di scienziati. Mariano ci svela anche una "debolezza umana" del grande fisico: peccava di gola davanti ai "manicaretti alla siciliana" di cui andava matto. Non disdegnava inoltre, durante i suoi soggiorni parigini, di fare una capatina alle "Folies-Bergère".
> Costretto per la sua attività a stare lontano dalla sua terra, coglieva ogni occasione per tornare, pur se per brevi periodi, a godersi il sole, il mare e gli odori della sua Sicilia, nella residenza estiva di Giampilieri Marina, in provincia di Messina.[9]

Giunto verso il termine della sua esistenza, Lo Surdo forse voleva recuperare qualche rapporto che, negli anni passati, si era sviluppato nella maniera decisamente sbagliata. Nel 1947, saputo che Emilio Segrè era tornato in Italia dagli Stati Uniti, dove ormai risiedeva stabilmente presso l'università californiana di Berkeley, chiese di vederlo. Probabilmente gli mostrò una cordialità cui l'ex allievo di Fermi non era abituato; fatto sta che Segrè la interpretò come adulazione e gli rispose, gelido, che lui non dimenticava come lo aveva trattato e che era inutile che ora gli venisse a fare "salamelecchi"[10]. Questo era il carattere di Segrè che, non a caso, i suoi stessi compagni avevano soprannominato "il basilisco": il mitologico serpente il cui solo sguardo può uccidere.

---

[9] Coriglione P. (1993) *Antonino Lo Surdo Geofisico*, Flaccavento, Siracusa, pp. 14-15.
[10] Segrè E. (1995) *Autobiografia*, op. cit., p.75.

22.4. La morte di Lo Surdo

Nella primavera del 1949 le condizioni di salute di Lo Surdo si deteriorarono improvvisamente a causa di un ictus cerebrale che, secondo quanto ci ha raccontato il professor Cialdea, lo colpì poco dopo il suo rientro a Roma da un breve soggiorno a Messina. Enrico Medi, che andò a confortarlo sul letto di morte, riferì di un'agonia lunga e penosa. La notte del 7 giugno il direttore dell'ING trapassò all'età di 69 anni. Lo stesso Medi gli sarebbe succeduto come direttore dell'Istituto il 18 giugno dello stesso anno. Sempre Medi, un mese dopo la morte, commemorò pubblicamente il direttore, alla presenza del personale dell'Istituto, con un'orazione in cui gli accenti emotivi prevalsero di gran lunga sulla biografia dello scienziato[11]; e ne scrisse poi un più sobrio necrologio per gli Annali di Geofisica[12]. Anche la rivista Nature, a conferma della visibilità internazionale di Lo Surdo, ne pubblicò un ricordo[13].

All'Accademia dei Lincei il presidente Castelnuovo inviò alla famiglia, in segno di omaggio, il diploma di nomina di Lo Surdo a socio nazionale, assieme a una lettera di partecipazione al lutto, ma non ne organizzò la pubblica commemorazione, come si suole fare solitamente con i soci illustri venuti a mancare. A colmare questa lacuna ci avrebbe pensato, sette anni dopo, il professor Francesco Giordani, amico ed estimatore di Lo Surdo, nel frattempo succeduto alla presidenza dei Lincei[14].

Il fascicolo personale di Lo Surdo custodito all'Accademia dei Lincei rivela tutti i passaggi tortuosi che dovette affrontare Giordani nel tentativo di portare a compimento il suo proposito, e fornisce una conferma indiretta dei controversi sentimenti che suscitava Lo Surdo fra i soci Lincei, anche post mortem. Dapprima ci fu una "seduta segreta" dei soci della Classe di Scienze Fisiche,

---

[11] L'orazione funebre di E. Medi dedicata a A. Lo Surdo è stata integralmente pubblicata in Responsabilità del sapere, n. 15-16, Palombi Editori, Roma 1949; e in Coriglione P. (1993) Antonino Lo Surdo, op. cit., pp. 63-74.
[12] Medi E. (1949) Antonino Lo Surdo, Annali di Geofisica, vol. II, n.2.
[13] AA.VV. (1949) Prof. A. Lo Surdo, Nature, vol. 164, September 3, p. 398.
[14] Fascicolo personale di A. Lo Surdo, in Accademia Nazionale dei Lincei, Archivio Corrente, B. L6.

Matematiche e Naturali che designò Enrico Persico a tenere la commemorazione di Lo Surdo. Al rifiuto di questi, Giordani si rivolse a Pietro Caloi il quale declinò a sua volta, indicando come più adatto a recitare il necrologio un socio con specifiche competenze fisiche. Esito sfavorevole ebbe pure un'altra richiesta di Giordani al professor Giulio Cesare Trabacchi, il famoso direttore del laboratorio di fisica della Sanità che aveva reso possibili alcuni fondamentali esperimenti di Fermi e collaboratori, fornendo loro i costosissimi isotopi radioattivi.

L'invito di Giordani, infine, fu accolto volentieri da Giuseppe Imbò che chiese, tuttavia, di limitarsi alla stesura di un articolo per i *Rendiconti dell'Accademia*, senza la pubblica rievocazione.

Francobollo commemorativo dedicato a Lo Surdo nel 1980. Faceva parte di due valori dedicati all'idea europea

L'articolo di Imbò, a parere degli scriventi, è quello che con maggiore precisione e completezza descrive l'attività scientifica di Lo Surdo, fin dagli esordi, rendendo conto del valore e della versatilità dello scienziato, anche attraverso la citazione di autorevoli giudizi sulla sua opera come quelli espressi da Volterra e da Corbino[15].

Dopo un lungo periodo di oblio, il 28 aprile 1980, Antonino Lo Surdo è stato ricordato dall'Amministrazione delle Poste e Telecomunicazioni con un francobollo commemorativo, nell'ambito di una serie formata da due valori celebrativi dell'idea europea. Il valore da 170 lire era dedicato al navigatore Antonio Pigafetta; quello da 220 lire a Lo Surdo, raffigurato di profilo, accanto a una rappresentazione del globo terracqueo. L'emissione fu accompagnata da un bollettino illustrativo filatelico che conteneva un breve profilo biografico dello scienziato, compilato dallo storico della fisica professor Salvo D'Agostino[16].

[15] *Ibid.*
[16] Amministrazione delle Poste e delle Telecomunicazioni, emissione di una serie di francobolli celebrativi dell'idea europea, Roma, 28 aprile 1980.

Qualche anno dopo l'ING, su proposta del presidente professor Enzo Boschi, dedicò ad Antonino Lo Surdo la biblioteca nella sede di Roma dell'Istituto.

Infine, anche la toponomastica della Capitale ha voluto ricordare il nome del fondatore dell'ING. A Roma, stretto fra due anse del Tevere, c'è un quartiere in cui le vie, affiancate l'una all'altra, senza tener conto di amicizie e inimicizie, portano i nomi di alcuni degli scienziati che abbiamo citato in questa storia: Roiti, Garbasso, Volterra, Corbino, Fermi, Castelnuovo, Lo Surdo, e tutte si snodano ai lati del grande viale Guglielmo Marconi.

Appendice

Pubblicazioni dell'Istituto Nazionale di Geofisica (PING) 1938-1949 (direzione Lo Surdo)

Abbreviazioni dei temi di ricerca:
SIS = Sismologia
COS = Raggi cosmici
EAT = Elettricità atmosferica e terrestre
LIM = Limnologia
ION = Ionosfera
ROT = Radiazioni e Ottica atmosferica
GEO = Geologia,Geodesia
RAD = Radioattività terrestre
TEC = Tecnologie varie
MET = Meteorologia

1. Lo Surdo A., Medi E., Zanotelli G. (1938) *Radiointerferometria con microonde esperienze sul lago di Albano.* **TEC**
2. Caloi P. (1938) *Sullo spessore dello strato delle onde PG dell'Europa centrale.* **SIS**
3. Medi E. (1938) *Campo elettrico e radiazione dell'atmosfera.* **EAT**
4. Ranzi I. (1938) *La stazione ionosferica dell'Istituto Nazionale di geofisica in Roma.* **ION**
5. Lo Surdo A., Zanotelli G. (1938) *Velocità di propagazione di microonde in prossimità della superficie terrestre.* **TEC**
6. Bernardini G. (1938) *La registrazione sistematica dell'intensità dei raggi cosmici nell'Istituto Nazionale di geofisica in Roma.* **COS**
7. Caloi P. (1938) *Ricerche su terremoti ad origine vicina - scosse del Cansiglio dell'ottobre 1936-XIV.* **SIS**
8. Ranzi I. (1939) *Osservazioni ionosferiche eseguite a Roma dall'agosto al novembre 1938-XVII.* **ION**
9. Bernardini G., Ferretti B. (1939) *Sulla componente elettronica della radiazione penetrante.* **COS**

10. MEDI E. (1939) *Ricerche di cariche elettriche nell'atmosfera.* **EAT**

11. PANNOCCHIA G. (1939) *Sismografo verticale a 20s, di periodo proprio.* **SIS**

12. AGENO M. (1939) *Sull'esistenza di neutroni secondari nella radiazione cosmica.* **COS**

13. CALOI P. (1939) *Analisi periodale delle onde sismiche e problemi ad essa connessi.* **SIS**

14. CALOI P. (1939) *Tempi di tragitto per terremoti ad origine vicina.* **SIS**

15. PERONACI F. (1939) *Limite di sensibilità umana alle accelerazioni sismiche orizzontali.* **SIS**

16. RANZI I. (1939) *Sull'abbassamento meridiano di ionizzazione nell'alta ionosfera.* **ION**

17. AGENO M. (1939) *Sugli effetti di scambio nella radiazione cosmica.* **COS**

18. CALOI P. (1939) *Nuovi metodi per la determinazione delle coordinate epicentrali e della profondità ipocentrale di un terremoto ad origine vicina.* **SIS**

19. ROSINI E. (1939) *Nuovo tipo d'onda a carattere longitudinale tra le fasi P.E.S.* **SIS**

20. MEDI E. (1939) *Polarizzazione della luce diffusa - radiazione dell'atmosfera e probabili indizi sulla tendenza dello stato del tempo.* **ROT**

21. RANZI I. (1939) *Radiogoniometro registratore per atmosferici.* **ION**

22. LO SURDO A., ZANOTELLI G. (1940) *Analisi spettroscopica delle microonde mediante il reticolo concavo.* **TEC**

23. BERNARDINI G., CACCIAPUOTI B.N., PICCIONI O. (1939) *Sull'assorbimento della radiazione cosmica e la natura del mesotrone.* **COS**

24. BERNARDINI G., CACCIAPUOTI B.N. (1939) *Sulla curva degli sciami e la natura del mesotrone.* **COS**

25. RANZI I. (1939) *Frequenze critiche ionosferiche osservate a Roma dal dicembre 1938 al settembre 1939-XVII.* **ION**

26. BOLLE A. (1939) *Altezze di riflessione delle radioonde a Roma dal gennaio al settembre 1939-XVII.* **ION**

27. BERNARDINI G., CACCIAPUOTI B.N., FERRETTI B., PICCIONI O., WICK G. (1939) *Sulle condizioni di equilibrio delle componenti elettronica e mesotronica in mezzi diversi e a varie altezze sul livello del mare.* **COS**

28. CALOI P. (1939) *Il terremoto dell'Appennino tosco-romagnolo dell'11 febbraio 1939-XVII.* **SIS**

29. MEDI E. (1939) *Andamento diurno del campo elettrico terrestre in Roma.* **EAT**

30. AGENO M., BERNARDINI G., CACCIAPUOTI B.N., FERRETTI B., WICK G. (1939) *Sulla instabilità del mesotrone.* **COS**

31. CACCIAPUOTI B.N. (1939) *Sulla natura della componente elettronica della radiazione cosmica.* **COS**

32. CALOI P. (1940) *Sopra un nuovo metodo per calcolare le profondità ipocentrali.* **SIS**

33. MEDI E. (1940) *Influenza delle cariche elettriche localizzate sulle misure del campo elettrico dell'atmosfera.* **EAT**

34. BERNARDINI G., CACCIAPUOTI B.N., FERRETTI B., PICCIONI O., WICK G. (1940) *Sulle condizioni di equilibrio delle componenti elettronica e mesotronica intorno al livello del mare.* **COS**

35. RANZI I. (1940) *Il nuovo apparato ionosferico dell'istituto nazionale di geofisica in Roma.* **ION**

36. CALOI P. (1940) *Caratteristiche sismiche dell'Appennino toscoromagnolo.* **SIS**

37. PICCIONI O. (1940) *Sulla componente molle in direzione inclinata rispetto alla verticale.* **COS**

38. CALOI P. (1940) *Sulle ricerche elettriche nell'atmosfera.* **EAT**

39. GIORGI M. (1940) *Propagazione anomala delle onde sismiche nell'Asia minore.* **SIS**

40. RANZI I. (1940) *Le tempeste ionosferiche del 25 e del 29 marzo 1940-XVIII.* **ION**

41. PICCIONI O. (1940) *Circuiti di numerazione utilizzanti valvole a gas.* **COS**

42. CALOI P. (1940) *Sopra alcuni nuovi sistemi di onde sismiche a carattere superficiale oscillanti nel piano principale.* **SIS**

43. CACCIAPUOTI B.N., PALMIERI G. (1940) *Sugli effetti di transizione della radiazione cosmica intorno al livello del mare.* **COS**

44. ROSINI E. (1940) *Il terremoto della Garfagnana del 15 ottobre 1939-XVII.* **SIS**

45. ZANOTELLI G. (1940) *Nuovo metodo di ricezione a cambiamento di frequenza per telegrafia con microonde.* **TEC**

46. ZANOTELLI G. (1940) *Assorbimento elementare della luce nel passaggio attraverso alle nubi.* **ROT**

47. SANTANGELO M., SCROCCO E. (1940) *Sui rapporti d'intensità delle componenti elettronica e mesotronica.* **COS**

48. CALOI P. (1940) *Sulla velocità di propagazione delle onde P* e sullo spessore dello strato del granito nell'Europa centrale.* **SIS**

49. SANTANGELO M., SCROCCO E. (1940) *Su una curva di assorbimento della radiazione cosmica.* **COS**

50. BERNARDINI G., CONVERSI M. (1940) *Sulla deflessione dei corpuscoli cosmici in un nucleo di ferro magnetizzato.* **COS**

51. LO SURDO A. (1940) *La registrazione e lo studio dei fenomeni sismici nell'Istituto Nazionale di geofisica del C.N.R.* **SIS**

52. CALOI P., PANNOCCHIA G., ROSINI E. (1940) *Registrazioni sismiche in Roma dal 1 settembre al 31 dicembre 1938-XVI ottenute presso l'Istituto Naz. di geofisica del C.N.R.* **SIS**

53. CALOI P., ROSINI E. (1940) *Sui tempi di tragitto delle onde PG e SG nell'Italia centrale.* **SIS**

54. CALOI P., PANNOCCHIA G., ROSINI E. (1940) *Registrazioni sismiche in Roma dal 1 gennaio al 30 aprile 1939-XVII ottenute presso l'Istituto Naz. di geofisica del C.N.R.* **SIS**

55. PANCINI E., SANTANGELO M., SCROCCO E. (1940) *Il rapporto fra l'intensità della componente elettronica e della componente mesotronica a 10 e 70 metri d'acqua equivalente sotto il livello del mare.* **COS**

56. CALOI P., PANNOCCHIA G., ROSINI E. (1940) *Registrazioni sismiche in Roma dal 1 maggio al 31 agosto 1939-XVII ottenute presso l'Istituto Naz. di geofisica del C.N.R.* **SIS**

57. BERNARDINI G., PANCINI E., SANTANGELO M., SCROCCO E. (1941) *Sulla produzione della radiazione secondaria elettronica da parte dei mesotroni.* **COS**

58. CALOI P. (1941) *Determinazione delle coordinate epicentrali di un terremoto ad origine vicina con i tempi delle onde longitudinali e trasversali dirette.* **SIS**

59. PANNOCCHIA G. (1941) *Studio sulla fase massima di un terremoto lontano.* **SIS**

60. PATANÈ S. (1941) *Sul rapporto molle/dura della radiazione cosmica al livello del mare.* **COS**

61. CALOI P., PANNOCCHIA G., ROSINI E. (1940) *Registrazioni sismiche in Roma dal 1 settembre al 31 dicembre 1939-XVII ottenute presso l'Istituto Naz. di geofisica del C.N.R.* **SIS**

62. CALOI P., GIORGI M., PANNOCCHIA G., ROSINI E. (1941) *Registrazioni sismiche in Roma dal 1 gennaio al 30 aprile 1940-XVIII ottenute presso l'Istituto Naz. di geofisica del C.N.R.* **SIS**

63. ZANOTELLI G. (1941) *Sulla teoria del passaggio della luce attraverso alle nubi.* **ROT**

64. MEDI E. (1941) *Osservazioni sul "raggio verde".* **ROT**

65. CALOI P., GIORGI M., PANNOCCHIA G., ROSINI E. (1941) *Registrazioni sismiche in Roma dal 1 gennaio al 31 agosto 1940-XVIII ottenute presso l'Istituto Naz. di geofisica del C.N.R.* **SIS**

66. DI FILIPPO D. (1941) *Il terremoto del monte Amiata del 19 giugno 1940-XVIII.* **SIS**

67. PATANÈ S., PANEBIANCO B. (1941) *Sulla curva di assorbimento della radiazione cosmica sotto terra.* **COS**

68. CACCIAPUOTI B.N., PICCIONI O. (1941) *Determinazione della vita media del mesotrone tra 2000 e 3500 m. Sul livello del mare.* **COS**

69. CALOI P., GIORGI M., PANNOCCHIA G., ROSINI E. (1941) *Registrazioni sismiche in Roma dal 1 settembre al 31 dicembre 1940-XVIII-XIX ottenute presso l'Istituto Naz. di geofisica del C.N.R.* **SIS**

70. BERNARDINI G., CACCIAPUOTI B.N. (1941) *Sulla componente elettronica della radiazione cosmica e la teoria dei processi moltiplicativi.* **COS**

71. ZANOTELLI G. (1941) *La luce delle nubi in relazione alla loro costituzione.* **ROT**

72. PERONACI F. (1941) *Limite di sensibilità umana alle accelerazioni sismiche verticali.* **SIS**

73. GIORGI M. (1941) *Il terremoto del monte Amiata del 16 ottobre 1940-XVIII.* **SIS**

74. BERNARDINI G., CONVERSI M., PANCINI E., WICK G. (1941) *Sull'eccesso positivo della radiazione cosmica.* **COS**

75. CALOI P., DI FILIPPO D., MARCELLI L., PALMIERI G. (1941) *Registrazioni sismiche in Roma dal 1 gennaio al 30 aprile 1941-xix ottenute presso l'Istituto Naz. di geofisica del C.N.R.* **SIS**

76. VALLE P.E. (1941) *Dromocrone e velocità apparenti delle onde spaziali relative al terremoto del 15 aprile 1941-XIX.* **SIS**

77. MARCELLI L. (1941) *Caratteristiche fondamentali delle onde longitudinali dirette nell'Italia centrale (Toscana).* **SIS**

78. VALLE P.E. (1942) *Nuovo metodo per la determinazione delle coordinate ipocentrali di un terremoto lontano.* **SIS**

79. MEDI E. (1942) *Gli equalizzatori di potenziale.* **EAT**

80. BERNARDINI G., CACCIAPUOTI B.N., PANCINI E., PICCIONI O. (1942) *Sulla vita media del mesotrone.* **COS**

81. CACCIAPUOTI B.N. (1942) *Effetto delle variazioni meteorologiche sulla intensità della radiazione mesotronica.* **COS**

82. Aquilina C. (1942) *Studio geofisico della regione a lava leucititi-ca situata in località Osa.* **GEO**

83. Morelli C. (1943) *Sulla rappresentazione cartografica della sismicità,* estratto da BSSI. **SIS**

84. Morelli C. (1943) *La sismicità dell'Albania,* estratto da BSSI. **SIS**

85. Peronaci F. (1943) *Limite della sensibilità umana alle accelerazioni sismiche.* **SIS**

86. Di Filippo D. (1942) *Studio microsismico del terremoto del basso Tirreno.* **SIS**

87. Genevois G. (1943) *Il terremoto di Deruta.* **SIS**

88. Valle P.E. (1942) *Contributo allo studio delle onde SKS.* **SIS**

89. Conversi M., Piccioni O. (1943) *Un circuito di conteggio a demoltiplicazione di 16 con tubi a vuoto.* **COS**

90. Bernardini G., Festa C. (1943) *Su un metodo per la determinazione della vita media del mesone basato sugli effetti integrali di assorbimento.* **COS**

91. Cacciapuoti B.N., Piccioni O. (1943) *Sull'assorbimento della componente elettronica della radiazione cosmica.* **COS**

92. Piccioni O. (1943) *Un nuovo circuito di registrazione a coincidenze.* **COS**

93. Caloi P. (1943) *Sull'attrito interno nella crosta terrestre.* **SIS**

94. Valle P.E. (1943) *Sull'energia associata alle onde sismiche SKS e SKKS.* **SIS**

95. Festa C., Santangelo M., Scrocco E. (1943) *Sull'assorbimento anomalo della atmosfera intorno al livello del mare.* **COS**

96. Caloi P. (1943) *Nuovo metodo per determinare le coordinate ipocentrali e la velocità di propagazione delle onde longitudinali e trasversali dirette.* **SIS**

97. Di Filippo D. (1943) *Il terremoto di Cervara di Roma.* **SIS**

98. Festa C. (1943) *Sulla diffusione dei mesoni nel piombo.* **COS**

99. Conversi M., Piccioni O (1943) *Sulle registrazioni di coincidenza a piccoli tempi di separazione.* **COS**

100. Valle P.E. (1943) *Assorbimento e smorzamento di alcuni tipi di onde sismiche.* **SIS**

101. Caloi P. (1945) *Ricerche di cariche elettriche nell'atmosfera.* **EAT**

102. Morelli C. (1943) *Carte sismiche ed applicazioni.* **SIS**

103. Valle P.E. (1943) *Sull'interpretazione dei sismogrammi tra 80 e 120.* **SIS**

104. DI FILIPPO D. (1943) *Sulla determinazione della profondità ipocentrale con un metodo basato sull'ipotesi di A. Mohorovicic.* **SIS**

105. CONVERSI M., SCROCCO E. (1943) *Ricerche sulla componente dura della radiazione penetrante eseguite per mezzo di nuclei di ferro magnetizzati.* **COS**

106. VALLE P.E. (1943) *Sulla determinazione delle coordinate ipocentrali di un sistema lontano.* **SIS**

107. CALOI P. (1943) *Caratteristiche sismiche fondamentali dell'Europa centrale.* **SIS**

108. VALLE P.E. (1945) *Sulla costituzione del nucleo terrestre.* **SIS**

109. LO SURDO A. (1945) *Il rilevamento dell'energia del vento ai fini della sua utilizzazione industriale.* **TEC**

110. VALLE P.E. (1945) *Sulla rifrazione di onde piane elementari in mezzi firmo-viscosi.* **SIS**

111. CIALDEA R. (1945) *Lo stato di polarizzazione del cielo a Roma durante l'eclissi parziale di sole del 9 luglio 1945.* **ROT**

112. MEDI E. (1945) *Indice di attività elettrica.* **EAT**

113. VALLE P.E. (1945) *Sulla dispersione delle onde sismiche dirette.* **SIS**

114. VALLE P.E. (1945) *Sull'equazione della velocità delle onde di Rayleigh.* **SIS**

115. LO SURDO A., MEDI E. (1946) *Ricerche sull'elettricità atmosferica.* **EAT**

116. MEDI E. (1946) *Andamento diurno del campo elettrico terrestre in Palermo.* **EAT**

117. VALLE P.E. (1946) *Sul periodo delle onde sismiche in relazione all'assorbimento.* **SIS**

118. VALLE P.E. (1946) *Sull'interpretazione della fase F.* **SIS**

119. ALIVERTI G. (1946) *La salinità delle precipitazioni a Pavia nel periodo ottobre 1944-ottobre 1945.* **MET**

120. CALOI P. (1946) *Sulla propagazione delle onde di Rayleigh in un mezzo elastico firmo-viscoso stratificato.* **SIS**

121. MORELLI C. (1946) *La rete geofisica e geodetica in Italia nel suo stato attuale e nei suoi rapporti con la struttura geologica superficiale e profonda.* **GEO**

122. CALOI P. (1948) *Le sesse del lago di Garda parte I.* **LIM**

123. CALOI P. (1947) *Sulla determinazione delle coordinate epicentrali di un terremoto ad origine vicina.* **SIS**

124. VALLE P.E. (1946) *Sul coefficiente di assorbimento delle onde sismiche superficiali.* **SIS**

125. Cocconi G., Festa C. (1946) *Sulle particelle penetranti che accompagnano gli sciami estesi.* **COS**

126. Cocconi G., Festa C. (1946) *La distribuzione della densità negli sciami estesi dell'aria.* **COS**

127. Caloi P. (1947) *Notevoli onde interne (sesse termiche) nel lago di Garda.* **LIM**

128. Caloi P., Lo Surdo A., Ponte G. (1948) *Agitazioni microsismiche originate da attività vulcanica.* **SIS**

129. Cialdea R. (1947) *Rilevamento sistematico dello stato di polarizzazione del cielo.* **ROT**

130. Cialdea R., Lo Surdo A., Zanotelli G. (1948) *Influenza della carica spaziale sul funzionamento delle sonde radioattive.* **EAT**

131. Cialdea R. (1948) *Un nuovo tipo di pireliometro di angstrom a compensazione elettrica.* **ROT**

132. Cialdea R., Lo Surdo A. (1948) *Sonde radioattive a percorso ridotto.* **EAT**

133. Morelli C. (1948) *Ulteriori elementi a sostegno di una correzione per i valori della gravità.* **GEO**

134. Giorgi M., Valle P.E. (1948) *Contributo allo studio delle onde "m".* **SIS**

135. Aliverti G. (1948) *Inverni freddi, rigidi, rigidissimi e inverni caldi, miti, mitissimi.* **MET**

136. Giorgi M. (1948) *Sui periodi della fase massima di terremoti lontani.* **SIS**

137. Caloi P. (1948) *Le sesse del lago di Garda parte II.* **LIM**

138. Caloi P., Lo Surdo A. (1948) *Nuovo smorzatore per i sismografi tipo Wiechert.* **SIS**

139. Morelli C. (1948) *Discussione e considerazioni sulla compensazione d'insieme della rete internazionale delle stazioni di riferimento per.le misure di gravità relativa.* **GEO**

140. Valle P.E. (1948) *Contributo allo studio delle caratteristiche sismiche del Mediterraneo centro-orientale.* **SIS**

141. Caloi P., De Panfilis M., Giorgi M., Peronaci F. (1948) *Le sesse del lago Maggiore (Verbano).* **LIM**

142. Bolle A. (1948) *Un nuovo complesso per il rilevamento sistematico delle caratteristiche ionosferiche.* **ION**

143. Cialdea R. (1948) *Registrazione delle onde longitudinali di breve periodo.* **SIS**

144. Fea G. (1948) *Esperienze di controllo sulla misura della temperatura nella substratosfera.* **ROT**

145. Caloi P., Peronaci F. (1948) *Il terremoto del Turkestan del 2 novembre 1946.* **SIS**

146. Pannocchia G. (1948) *Sesse del lago d'Orta.* **LIM**

147. Caloi P., Lo Surdo A., Peronaci F. (1948) *La determinazione dell'accelerazione massima nei fenomeni macrosismici.* **SIS**

148. Caloi P. (1948) *Sull'origine delle onde superficiali associate alle onde S, SS, SSS, ...* **SIS**

149. Santangelo M. (1948) *Ionizzazione specifica primaria della radiazione cosmica nell'aria.* **COS**

150. Valle P.E. (1948) *Sulle onde di Love.* **SIS**

151. Giorgi M. (1948) *Studio sulle sesse del lago di Albano.* **LIM**

152. Cialdea R. (1948) *Le dimensioni delle sonde radioattive e l'effetto di carica spaziale.* **EAT**

153. Giorgi M., Rosini E. (1948) *Contributo allo studio della circolazione atmosferica - a) la brezza tirrenica.* **MET**

154. Giorgi M., Valle P.E. (1948) *Tempi di tragitto delle onde "m" per l'Italia centrale.* **SIS**

155. Aliverti G. (1948) *Nuovo metodo per la misura del contenuto radioattivo dell'aria tellurica.* **RAD**

156. Caloi P. (1948) *Sui periodi di oscillazione libera del Verbano.* **LIM**

157. Marcelli L. (1948) *Sesse del lago di Lugano.* **LIM**

158. Aliverti G. (1948) *Su la camera di ionizzazione e il suo uso in misure quantitative di radioattività atmosferica.* **RAD**

159. Cialdea R., Lo Surdo A., Zanotelli G. (1948) *Influenza del vento sul funzionamento delle sonde radioattive.* **EAT**

160. Caloi P., Peronaci F. (1948) *Onde superficiali associate alle onde S, SS, ... Nel terremoto del Turkestan del 2 nov. 1946.* **SIS**

161. Caloi P. (1948) *Comportamento delle onde Rayleigh in un mezzo firmo-elastico indefinito.* **SIS**

162. Marcelli L., Pannocchia G. (1948) *Terremoto della cresta mediana atlantica del 24 aprile 1947.* **SIS**

163. Festa C., Santangelo M. (1948) *La radioattività della terra.* **RAD**

164. Festa C., Valle P.E. (1948) *Una valutazione dello spessore dello "strato del granito" nel mediterraneo centro-occidentale; 1948.* **SIS**

165. Morelli C. (1949) *Sulla revisione dei capisaldi per le misure di gravità.* **SIS**

166. Morelli C. (1948) *Contributo allo studio dei microsismi.* **SIS**

167. Morelli C. (1948) *Necessità di un maggior contributo dei servizi sismici nazionali alle determinazioni dell'International Seismological Summary.* **SIS**

168. CIALDEA R., LO SURDO A., ZANOTELLI G. (1949) *Il regime transitorio delle sonde radioattive.* **EAT**

169. CALOI P. (1949) *Le sesse del lago di Garda.* **LIM**

170. GIORGI M. (1949) *Su alcuni aspetti caratteristici dei microsismi a Roma in relazione con fattori meteorologici.* **SIS**

171. DI FILIPPO D. (1949) *Le sesse del lago di Santa Croce.* **LIM**

172. FESTA C. (1949) *Sul funzionamento dei contatori di Geiger-Mueller.* **RAD**

173. ALIVERTI G., LOVERA G. (1949) *Su la influenza di alcuni elementi meteorologici su la diffusione del radon nell'aria tellurica.* **RAD**

174. MORELLI C. (1949) *Studio di alcune esplosioni subacquee nel golfo di Trieste.* **SIS**

175. ALIVERTI G., LOVERA G. (1949). *Sulla esalazione del radon dal suolo.* **RAD**

176. CALOI P., MARCELLI L. (1949) *Oscillazioni libere del golfo di Napoli.* **LIM**

177. DI FILIPPO D. (1949) *Il terremoto di Teramo del 29 gennaio 1943.* **SIS**

178. MORELLI C. (1949) *Il geoide e la geofisica.* **GEO**

179. ALIVERTI G., LOVERA G. (1949) *Sul verificarsi o meno di una condizione presupposta nel nuovo metodo Aliverti per la misura della radioattività dell'aria tellurica.* **RAD**

180. PERONACI F. (1949) *Le sesse del lago di Iseo.* **LIM**

181. D'HENRY G., MORELLI C. (1949) *Sulle cause dei microsismi.* **SIS**

182. CALOI P., PERONACI F. (1949) *Ancora sulle onde di tipo superficiale associate alle S, SS, ... Nel terremoto del Turkestan del 2 novembre 1946.* **SIS**

183. CIALDEA R., LO SURDO A., ZANOTELLI G. (1949) *La carica delle sonde radioattive in presenza di vento.* **EAT**

184. CALOI P., MARCELLI L., PANNOCCHIA G. (1949) *Sulla velocità di propagazione delle onde superficiali in corrispondenza dell'atlantico.* **SIS**

185. VALLE P.E. (1949) *Sulla misure della velocità di gruppo delle onde sismiche superficiali.* **SIS**

186. BOLLE A., SILLENI S., TIBERIO C.A. (1949) *Registrazioni ionosferiche.* **ION**

187. SILLENI S. (1949) *Raccolta di dati ionosferici dedotti da prove dirette di collegamenti r.t. effettuati sulla rete dell'esercito.* **ION**

188. DI FILIPPO D. (1949) *Il terremoto delle Azzorre del 25 Nov. 1941.* **SIS**

189. Peronaci F. (1949) *Le sesse del lago di Iseo*. **LIM**

190. Morelli C. (1949) *L'età della terra*. **RAD**

191. Di Filippo D., Marcelli L. (1949) *La "magnitudo" dei terremoti e la sua determinazione nella stazione sismica di Roma*. **SIS**

192. Caloi P., Peronaci F. (1949) *Il batisismo del 28 agosto 1946 e la profondità del nucleo terrestre*. **SIS**

193. Festa C., Santangelo M. (1949) *La radioattività della terra*. **RAD**

194. Di Filippo D. (1949) *Le sesse del lago di Scanno*. **LIM**

195. Frank M. (1949) *Nuovo sistema di fac-simile*. **TEC**

196. Menis S., Morelli C. (1949) *Contributo allo studio della cosiddetta "fase principale" di un sismogramma*. **SIS**

197. Di Filippo D., Marcelli L. (1949) *Sul movimento iniziale delle onde sismiche registrate a Roma durante il periodo 1938-1943*. **SIS**

Ringraziamenti

Per la preziosa collaborazione ricevuta durante l'ideazione e la stesura di questo volume, gli Autori sono grati all'Istituto Nazionale di Geofisica e Vulcanologia (INGV) e in particolare a: prof. Enzo Boschi, presidente; dott. Tullio Pepe, direttore generale; dott. Rodolfo Console, dirigente di ricerca e dott.ssa Anna Nardi, ricercatrice; dott. Calvino Gasparini, dirigente di ricerca; dott. Graziano Ferrari, dirigente di ricerca; dott. Antonio Meloni, dirigente di ricerca e dott.ssa Lucilla Alfonsi, ricercatrice; dott. Gianluca Valensise, dirigente di ricerca; dott.ssa Silvia Filosa, collaboratrice tecnica; il personale della biblioteca "A. Lo Surdo": dott. Gabriele Ferrara, Robert Migliazza, Tiziana Persico e Maria Chiara Piazza; dott.ssa Sonia Topazio, capo ufficio stampa; Marcello Cardoni, collaboratore tecnico (in pensione).

Porgiamo i nostri ringraziamenti anche a: prof. Michele Dragoni, ordinario di Fisica Terrestre, Università di Bologna; prof. Giovanni Paoloni, ordinario di Archivistica Generale, Università La Sapienza, Roma; prof. Giovanni Battimelli, Dipartimento di Fisica, Università La Sapienza, Roma; prof. Ugo Amaldi, Università Bicocca di Milano; prof. Roberto Cassinis, fuori ruolo Università di Milano; prof. Renato Cialdea, fuori ruolo Università La Sapienza; prof.ssa Donatella Cialdea, preside Facoltà di Ingegneria, Università del Molise; ing. Francesco Caloi; prof. Marco Leone, fuori ruolo Università di Palermo; dott.ssa Margherita Martelli, responsabile archivi scientifici ed economici, Archivio Centrale dello Stato; sig.ra Rita Zanatta, Archivio Accademia Nazionale dei Lincei; dott.ssa Paola Cagiano De Azevedo, Ministero Beni e Attività Culturali; Unità di Ricerca per la Climatologia e la Meteorologia Applicate all'Agricoltura (ex Ufficio Centrale: dott.ssa Maria Carmen Beltrano, dott.ssa Franca Mangianti, dott. Luigi Iafrate);

dott. Sandro de Vita, ricercatore dell'Osservatorio Vesuviano; dott.ssa Barbara Valotti, Fondazione Guglielmo Marconi; dott. Marco Capasso, Archivio Società Italiana per il Progresso delle Scienze (SIPS); prof. Giorgio Dragoni, Museo di Fisica e Sistema Museale Università di Bologna; prof. Iginio Marson, presidente OGS Trieste; dott. Alessandro Allemano, direttore Museo Storico Badogliano; Ufficio Stampa INFN; Ufficio Stampa CNR; Ufficio Stampa CERN; dott. Pietro Greco, giornalista scientifico; dott. Fabio Pagan, giornalista scientifico; sig.ra Ute Dett.

Bibliografia

AA.VV. (1914) Società Italiana di Fisica, *L'elettrotecnica*, vol. I, n. 10, 5 maggio 1914

AA.VV. (2008) *Il museo Geofisico di Rocca di Papa*, Carsa Edizioni, Pescara

AA.VV. (1954) *Istituto Nazionale di Geofisica*, Supplemento a *Annali di Geofisica*

AA.VV. (2001) *Presenze scientifiche illustri al Collegio Romano*, Ufficio Centrale, Roma

AA.VV. (1994) *Girolamo Azzi. Il fondatore dell'ecologia agraria*, La Mandragola, Imola

AA.VV. (1949) Prof. A. Lo Surdo, *Nature*, 164, 3 September 1949

AGAMENNONE G. (1909) Brevi cenni sull'organizzazione del servizio sismico in Italia con l'elenco dei principali osservatori sismici italiani, BSSI, XIII, Roma

AGENO M. (1993) Non sono un ragazzo di via Panisperna..., *Sapere*, Anno 59, n. 4

AGENO M. (1939) Sull'esistenza di neutroni secondari nella radiazione cosmica, *PING* n. 12, 1939, estratto da *La Ricerca Scientifica*, X, n. 4

ALIVERTI G. (1932) Sul metodo dell'effluvio per misure di radioattività atmosferica, in *Atti della Reale Accademia delle Scienze di Torino*, vol. LXVII, Accademia delle Scienze, Torino, 22 maggio 1932

ALIVERTI G. (1948) Nuovo metodo per la misura del contenuto radioattivo dell'aria tellurica, *PING* n. 155, 1948, estratto da *Annali di Geofisica*, vol. I, n. 3

ALVAREZ W. (1998) Recent Developments in Particle Physics, in *Nobel Lectures. Physics 1963-1970*, World Scientific Publishing Co., Singapore

AMALDI E. (1997) *Da via Panisperna all'America*, Editori Riuniti, Roma

AMALDI E. (1998) *20th Century Physics. Essais and Recollections. A selection of Historical Writings by Edoardo Amaldi*. World Scientific Publishing Co., Singapore

BATTIMELLI G. (2002) Aspetti della formazione scientifica del giovane Fermi: il ruolo di Filippo Eredia e dell'Ufficio Centrale di Meteorologia e Geodinamica, in *Presenze scientifiche illustri al Collegio Romano*, Celebrazione del 125° anno di istituzione dell'Ufficio Centrale di Ecologia Agraria,Tipografia SK7, Roma, 26 novembre 2001

BATTIMELLI G. (2003) *L'eredità di Fermi*, Editori Riuniti, Roma

BATTIMELLI G., ORLANDO L. (2007) Scienze della natura e questione razziale. I fisici ebrei nell'Italia fascista, *Pristem Storia* 19-20

BELTRANO M.C. (1996) La rete di rilevamento sismico del Regio Ufficio Centrale di meteorologia e geodinamica, *Agricoltura. Speciale "120° Anniversario dell'UCEA"*, n. 277

BERNARDINI G. (1939) La registrazione sistematica dell'intensità dei raggi cosmici nell'Istituto Nazionale di Geofisica in Roma, *PING* n. 6, 1938, estratto da *La Ricerca Scientifica*, IX, vol. II, n. 7-8

BERNARDINI G., CACCIAPUOTI B.N, PICCIONI O. (1939) Sull'assorbimento della radiazione cosmica e la natura del mesotrone, *PING* n. 23, 1939, estratto da *La Ricerca Scientifica*, X, n.11

BERNARDINI G., CACCIAPUOTI B.N., FERRETTI B., PICCIONI O.,WICK G. (1939) Sulle condizioni di equilibrio delle componenti elettronica e mesotronica in mezzi diversi e a varie altezze sul livello del mare, *PING* n. 27, 1939, estratto da *La Ricerca Scientifica*, X, n. 11

BOLLE A. (1948) Un nuovo complesso per il rilevamento sistematico delle caratteristiche ionosferiche, *PING* n. 142, 1948, estratto da *Annali di Geofisica*, vol. I, n.2

BONOLIS L. (2008) *Bruno Rossi. Dai raggi cosmici alla fisica nello spazio*, Relazione per il XVIII Convegno nazionale dei dottorati di ricerca in Filosofia, Reggio Emilia, Gennaio 2008

BRUNETTI A. (1996) La storia dell'Ufficio Centrale di Ecologia Agraria attraverso gli atti normativi che lo hanno regolato, *Agricoltura. Speciale "120° Anniversario dell'UCEA"*, n. 277

BRUNETTI R. (1915) Altre ricerche sul fenomeno di Stark-Lo Surdo nell'elio, in *Ricerche sui fenomeni di Stark e Lo Surdo, compiute nel R. Istituto Fisico di Firenze 1913-1915*, estratto da *Il Nuovo Cimento*, vol. X, n. 1

BRUNETTI R. (1915) Il Fenomeno di Stark-Lo Surdo nell'elio, *Rendiconti della reale Accademia dei Lincei*, serie V, vol. XXIV

BRUNETTI R. (1932) *L'atomo e le sue radiazioni*, Zanichelli, Bologna

CALCARA G. (2004) Breve profilo dell'Istituto Nazionale di Geofisica, *Quaderni di Geofisica*, n. 36

Calcara G. (2009) The Istituto Nazionale di Geofisica and his historical archives, *Annals of Geophysics*, LII, n. 5

Caloi P. (1938) Sullo spessore dello strato delle onde Pg dell'Europa Centrale, *PING* n. 2, 1938, estratto da *La Ricerca Scientifica*, IX, n. 7-8

Caloi P. (1939) Analisi periodale delle onde sismiche e problemi ad essa connessi, *PING* n. 13, 1939, estratto da *La Ricerca Scientifica*, X, n. 4

Caloi P. (1939) Nuovi metodi per la determinazione delle coordinate epicentrali e della profondità ipocentrale di un terremoto ad origine vicina, *PING* n. 18, 1939, estratto da *La Ricerca Scientifica*, X, n. 7-8

Caloi P. (1940) Sopra un nuovo metodo per calcolare le profondità ipocentrali, *PING* n. 32, estratto da *La Ricerca Scientifica*, XI, n. 1-2

Caloi P. (1940) Sulla velocità di propagazione delle onde P* e sullo spessore dello strato di granito nell'Europa Centrale, *PING* n. 48, estratto da *La Ricerca Scientifica*, XI, n. 11

Caloi P., Lo Surdo A., Ponte G. (1948) Agitazioni microsismiche originate da attività vulcanica, *PING* n. 128, 1948, estratto da *Annali di Geofisica*, vol. I, n.1

Caloi P., Lo Surdo A. (1948) Nuovo smorzatore per i sismografi tipo Wiechert, *PING* n. 138, 1948, estratto da *Annali di Geofisica*, vol. I, n. 2

Caloi P., De Panfilis M., Giorgi M., Peronali F. (1948) Le sesse del lago Maggiore (Verbano), *PING* n. 141, 1948, estratto da *Annali di Geofisica*, vol. I, n. 2

Caloi P., Lo Surdo A., Peronaci F. (1948) La determinazione dell'accelerazione massima nei fenomeni macrosismici, *PING* n. 147, 1948, estratto da *Annali di Geofisica*, vol. I, n. 3

Caloi P. (1949) Le sesse del Lago di Garda, *PING* n. 169, 1949, estratto da *Annali di Geofisica*, vol. I, n.1

Caloi P., Peronaci F. (1949) Il batismo del 28 agosto 1946 e la profondità del nucleo terrestre, *PING* n. 192, 1949, estratto da *Annali di Geofisica*, vol. II, n. 4

Caloi P. (1978) *La Terra e i terremoti*, I volume: *Introduzione alla sismologia (Teorie, metodi, strumenti)*, Accademia Nazionale dei Lincei, Commissione di studio delle calamità naturali e della degradazione dell'ambiente, vol. XVI, Roma

CAMPRINI S., PORCHEDDU G.B. (1999) La storia degli strumenti di fisica coincide con la storia della fisica stessa: Rita Brunetti (1890-1942), tra fisica sperimentale e fisica teorica, in TUCCI P. (a cura di) *Atti del XVIII congresso di storia della fisica e dell'astronomia*, Università degli Studi di Milano, Istituto di fisica generale applicata, Sezione di storia della fisica, Milano

CHISTONI C., RIZZO G.B. (1909) Per l'istituzione di due nuove cattedre di Fisica Terrestre in Italia, in *Atti della Società Italiana per il Progresso delle Scienze. Seconda Riunione*, Tipografia Nazionale, Roma

CIALDEA R. (1947) Rilevamento sistematico dello stato di polarizzazione del cielo, *PING* n. 129, 1947, estratto da *Ricerca Scientifica e Ricostruzione*, XVII, n. 5

COCCONI G., FESTA C. (1946) La distribuzione della densità negli sciami estesi dell'aria, *PING* n. 126, 1946, estratto da *Il Nuovo Cimento*, serie IX, vol. III, n. 5

COCCONI F., FESTA C. (1946) Sulle particelle penetranti che accompagnano gli sciami estesi, *PING* n. 125, 1946, estratto da *Il Nuovo Cimento*, serie IX, vol. III, n. 5

CONVERSI M., PICCIONI O. (1943) Sulle registrazioni di coincidenza a piccoli tempi di separazione, *PING* n. 99, 1943, estratto da *Il Nuovo Cimento*, serie IX, vol. I, n. 3

CORIGLIONE P. (1993) *Antonino Lo Surdo Geofisico*, Flaccavento, Siracusa

CORIGLIONE P. (1998) Il siracusano di via Panisperna Antonino Lo Surdo, *I Siracusani*, III, n.16

DE ANGELIS A., GIGLIETTO N., GUERRIERO L., MENICHETTI E., SPINELLI P., STRAMAGLIA S. (2008) Domenico Pacini un pioniere dimenticato dello studio dei raggi cosmici, *Il Nuovo Saggiatore*, vol. 24, n. 5-6

DE FELICE R. (2008) *Mussolini il duce, II. Lo stato totalitario*, V Ed., Einaudi, ET Saggi, Torino

DESIO A. (1973) *Geologia applicata all'Ingegneria*, Hoepli, Milano

DI FILIPPO D., MARCELLI L. (1949) La Magnitudo dei terremoti e la sua determinazione nella stazione sismica di Roma, *PING* n. 191, 1949, estratto da *Annali di Geofisica*, vol. II, n. 4

DOMINICI P. (1998) My first fifty years in ionospheric research, *Annali di Geofisica*, vol. 41, n. 5-6

DRAGONI M. (2005) *Terrae Motus. La sismologia da Eratostene allo tsunami di Sumatra*, Utet, Torino

FEA G. (1948) Esperienze di controllo sulla misura della temperatura nella stratosfera, *PING* n. 144, 1948, estratto da *Annali di Geofisica*, vol. I, n. 2

FEA G. (1948) Esperienze di controllo sulla misura della temperatura nella stratosfera, *PING* n. 144, 1948, estratto da *Annali di Geofisica*, vol. I, n. 2

FERMI L. (1965) *Atomi in famiglia*, Mondadori, Milano

FERRARI G. (1990) La rete storica dell'osservazione scientifica dei terremoti: motivi e percorsi per un recupero, in *Gli strumenti sismici storici. Italia e contesto europeo*, ING, Bologna

FERRARI G. (2007) Cento anni fa nasceva Pietro Caloi, uno dei grandi sismologi del Novecento, *INGV Newsletter*, n. 5, marzo 2007

FERRARI G. (a cura di) (2004) *Viaggio nelle aree del terremoto del 16 dicembre 1857. L'opera di Robert Mallet nel contesto scientifico e ambientale attuale del Vallo di Diano e della Val d'Agri*, SGA, Bologna

FESTA C., SANTANGELO M. (1948) La radioattività della Terra [I parte], *PING* n. 163, 1948, estratto da *Annali di Geofisica*, vol. I, n. 4

FESTA C., SANTANGELO M. (1949) La radioattività della Terra [II parte], *PING* n. 193, 1949, estratto da *Annali di Geofisica*, vol. II, n. 4

FESTA C. (1949) Sul funzionamento dei contatori di Geiger-Mueller, *PING* n. 172, 1949, estratto da *Annali di Geofisica*, vol. II, n. 1

FESTA C., VALLE P.E. (1948) Una valutazione dello spèssore dello "strato del granito" nel Mediterraneo centro-occidentale, *PING* n. 164, 1948, estratto da *Annali di Geofisica*, vol I, n. 4

FORESTA MARTIN F. (2005) *Dall'atomo al cosmo*, Editoriale Scienza, Trieste

FORESTA MARTIN F. (1992) *Scienza in città. Guida ai luoghi e ai musei scientifici di Roma*, Electa, Milano

FRANK M. (1949) Nuovo sistema di fac-simile, *PING* n. 195, 1949, estratto da *Annali di Geofisica*, vol. II, n. 4

GARBASSO A. (1913) Sopra il fenomeno Stark-Lo Surdo, *Rendiconti della Reale Accademia dei Lincei*, serie V, vol. XXII, 2

GASPARINI C., CALCARA G. (2008) Osservatorio Geofisico di Rocca di Papa, in *Il museo Geofisico di Rocca di Papa*, Carsa Edizioni, Pescara

GASPARINI C. (1990) Lo Stato e i terremoti: evoluzione del servizio sismico, in *Gli strumenti sismici storici. Italia e contesto europeo*, ING, Bologna

GIORGI M. (1958) *Geofisica*, Eri, Torino

GRATZER W.G. (2000) *The Undergrowth of Science: Delusion, Self-Deception and Human Frailty*, Oxford University Press, New York

GUAGNINI A. (2001) Il Comitato di radiotelegrafia e gli sviluppi delle radiocomunicazioni, in G. PAOLONI, R. SIMILI, *Per una storia del Consiglio Nazionale delle Ricerche*, vol. I, Laterza, Bari

HAU E. (2009) *Wind Turbines*, Springer, Berlino

IAFRATE L. (2008) *Fede e Scienza: un incontro proficuo. Origini e sviluppo della meteorologia fino agli inizi del '900*, Ateneo Pontificio Regina Apostolorum, Roma

IMBÒ G. (1949) L'Osservatorio Vesuviano e la sua attività nel primo secolo di vita, *Annali dell'Osservatorio Vesuviano*, serie 5

IMBÒ G. (1957) Antonino Lo Surdo, in *Atti della Accademia Nazionale dei Lincei. Rendiconti Classe di Scienze fisiche, matematiche e naturali, Necrologi dei soci defunti nel decennio dicembre 1945 - dicembre 1955*, Accademia Nazionale dei Lincei, Roma

ISRAEL G., NASTASI P. (1998) *Scienza e razza nell'Italia fascista*, Il Mulino, Bologna

LEONE M., PAOLETTI A., ROBOTTI N. (2004) A Simultaneous Discovery: The Case of Johannes Stark and Antonio Lo Surdo, *Physics in Perspective*, 6

LO SURDO A. (1904) Sulle pretese variazioni di peso in alcune reazioni chimiche, *Il Nuovo Cimento*, serie V, vol. VIII

LO SURDO A. (1906) Un nuovo volumenometro, *Il Nuovo Cimento*, serie V, vol. XII

LO SURDO A. (1907) Un metodo per la misura continua della velocità di rotazione di un asse, *Il Nuovo Cimento*, serie V, vol. XIV

LO SURDO A. (1907) Intorno all'influenza del vento sulla quantità di pioggia raccolta dai pluviometri, *Il Nuovo Cimento*, serie V, vol. XIII

LO SURDO A. (1908) Sulla radiazione solare, *Rivista Scientifica Industriale*, XL

LO SURDO A. (1908) Sulla radiazione notturna, *Il Nuovo Cimento*, serie V, vol. XV

LO SURDO A. (1908) La condensazione del vapor d'acqua nelle emanazioni della Solfatara di Pozzuoli, *Il Nuovo Cimento*, serie V, vol. XVI

LO SURDO A. (1909) Il funzionamento dei sismografi, *Il Nuovo Cimento*, serie V, vol. XVIII

Lo Surdo A. (1909) Sulle osservazioni sismiche. Il comportamento di una colonna liquida usata come massa sismometrica, *Rendiconti della Reale Accademia dei Lincei*, serie V, vol. XVIII

Lo Surdo A. (1909) Sulle osservazioni sismiche. Condizioni alle quali debbono soddisfare i sismografi per registrare l'accelerazione sismica, *Rendiconti della Reale Accademia dei Lincei*, serie V, vol. XVIII

Lo Surdo A. (1910) Sulle osservazioni sismiche. La determinazione dell'intensità di un terremoto in misura assoluta, in *Rendiconti della Reale Accademia dei Lincei*, serie V, vol. XIX, V

Lo Surdo A. (1913) Sul fenomeno analogo a quello di Zeeman nel campo elettrico, *Rendiconti della Reale Accademia dei Lincei*, serie V, vol. XXII

Lo Surdo A. (1914) Accelerometri per la determinazione dell'intensità di un terremoto secondo una scala assoluta, in *Annuario del R. Osservatorio del Museo in Firenze 1911*, Ricci, Firenze

Lo Surdo A. (1914) La scomposizione catodica della quarta riga della serie di Balmer e probabili regolarità, *Rendiconti della Reale Accademia dei Lincei*, serie V, vol. XXIII

Lo Surdo A (1921) Elio e neon sintetici, *Rendiconti della Reale Accademia dei Lincei*, serie V, vol. XXX

Lo Surdo A. (1921) L'audizione biauricolare dei suoni puri, *Rendiconti della Reale Accademia dei Lincei*, serie V, vol. XXX, 1

Lo Surdo A. (1921) Spettroscopio a gradinata catottrica, *Rendiconti della Reale Accademia dei Lincei*, serie V, vol. XXX

Lo Surdo A. (1927) La corrente di saturazione delle valvole termoioniche, *Rendiconti della Reale Accademia dei Lincei*, serie VI, vol. V

Lo Surdo A. (1927) Sulla corrente elettrica filtrata attraverso ad una valvola termoionica saturata, *Rendiconti della Reale Accademia dei Lincei*, serie VI, vol. V

Lo Surdo A. (1927) Il passaggio dell'elettricità attraverso ai gas ionizzati, fascicolo speciale de *Energia Elettrica* nel I centenario della morte di Alessandro Volta

Lo Surdo A. (1928) Sulle caratteristiche dei triodi a tensione di griglia saturanti, *Rendiconti della Reale Accademia dei Lincei*, serie VI, vol. VII

Lo Surdo A., Medi E., Zanotelli G. (1938) Radiointerferometria con microonde. Esperienze sul lago di Albano, *PING* n. 1, 1938, estratto da *La Ricerca Scientifica*, IX, vol. 1, n. 9-10

Lo Surdo A., Zanotelli G. (1939) Analisi spettroscopica delle microonde mediante il reticolo concavo, *PING* n. 22, 1939, estratto da *Memorie della Classe di Scienze Fisiche, Matematiche e Naturali della Reale Accademia d'Italia*, serie VI, vol. XI

Lo Surdo A. (1940) La registrazione e lo studio dei fenomeni sismici nell'Istituto Nazionale di Geofisica del C.N.R., *PING* n. 51, estratto da *La Ricerca Scientifica*, XI, n. 10

Lo Surdo A. (1945) Il rilevamento dell'energia del vento ai fini della sua utilizzazione industriale, *PING* n.109, estratto da *Ricerca Scientifica e Ricostruzione*, XV, n. 2

Lo Surdo A., Medi E. (1946) Ricerche sull'elettricità atmosferica, *PING* n. 115, 1946, estratto da *Ricerca Scientifica e Ricostruzione*, XVI, n. 1-2

Maiocchi R. (2001) Il CNR da Badoglio a Giordani, in Simili R., Paoloni G., *Per una storia del Consiglio Nazionale delle Ricerche*, vol. I, Laterza, Bari

Maiocchi R. (2001) Il CNR e la ricostruzione, in Simili R., Paoloni G., *Per una Storia del Consiglio nazionale delle Ricerche*, vol. II, Laterza, Bari

Maiocchi R. (2007) *Gli scienziati del Duce*, Carocci, Roma

Mandò M. (1986) Notizie sugli studi di fisica (1859-1949), in *Storia dell'Ateneo Fiorentino*, vol.1, Parretti Grafiche, Firenze

Mangianti F. (1996) L'Ufficio Centrale di Ecologia Agraria e la sua sede nel Palazzo del Collegio Romano, *Agricoltura. Speciale "120° Anniversario dell'UCEA"*, n. 277

Mariotti D. (1991) Le voci più autorevoli del dibattito sismologico tra il 1850 e il 1880, in *Tromometri avvisatori sismografi. Osservazioni e teorie dal 1850 al 1880*, ING, Bologna

Medi E. (1940) Osservazioni sul raggio verde, *PING* n.64, estratto da *Rivista di Meteorologia*, vol.II, fasc. 3-4

Medi E. (1939) Polarizzazione della luce diffusa radiazione dell'atmosfera e probabili indizi sulla tendenza dello stato del tempo, *PING* n. 20, 1939, estratto da La Ricerca Scientifica, X, n. 9

Medi E. (1949) Antonino Lo Surdo, *Annali di Geofisica*, vol. II, n. 2

Meloni A., Alfonsi L. (2009) Geomagnetism and Aeronomy activities in Italy during IGY 1957/58, *Annals of Geophysics*, vol. 52, n. 2

Monaco G. (2000) *L'astronomia a Roma. Dalle origini al Novecento*, Osservatorio astronomico di Roma, Roma

Montessus de Ballore de Comte (1907) *La science séismologique*, Colin, Parigi

MORELLI C. (1943) Carte sismiche e applicazioni, *PING* n. 102, 1943, estratto da *Bollettino della Società Sismologica Italiana*, vol. XL, n.1-2

MORELLI C. (1949) Il geoide e la geofisica, *PING* n. 178, 1949, estratto da *Annali di Geofisica*, vol. II, n. 2

MORELLI C. (1949) L'età della Terra, *PING* n. 190, 1949, estratto da *Annali di Geofisica*, vol. II, n. 3

MORELLI C. (1946) La rete geofisica e geodetica in Italia nel suo stato attuale e nei suoi rapporti con la struttura geologica superficiale e profonda, *PING* n. 121

MORELLI C. (1941) La sismicità dell'Albania, *PING* n. 84, 1941, estratto da *Bollettino della Società Sismologica Italiana*, vol. XXXIX, n.1-2

MOSETTI F. (1984) Geofisica. *La ricerca scientifica, 1° aggiornamento dell'Enciclopedia monografica del Friuli-Venezia Giulia*, Istituto per l'Enciclopedia del Friuli-Venezia Giulia, Udine

MUSSOLINI R. (1979) *Mussolini privato*, Rusconi, Milano

PANCINI E., SANTANGELO M., SCROCCO E. (1940) Il rapporto fra l'intensità della componente elettronica e della componente mesotronica a 10 e 70 metri d'acqua equivalente sotto il livello del mare, *PING* n. 55, 1940, estratto da *La Ricerca Scientifica*, XI, n.12

PAOLONI G. (1994) Marconi, la politica e le istituzioni scientifiche italiane negli anni Trenta, *Lettera Pristem*, n. 13, settembre 1994

PAOLONI G., SIMILI R. (2004) *I Lincei nell'Italia Unita*, G. Bretschneider editore, Roma

PAOLONI G., SIMILI R. (2006) Vito Volterra, politico della scienza, *Le Scienze*, n. 460, dicembre 2006

PERONACI F. (1939) Limite di sensibilità umana alle accelerazioni sismiche orizzontali, *PING* n.15, 1939, estratto da *La Ricerca Scientifica*, X, n. 5

PERONACI F. (1941) Limite di sensibilità umana alle accelerazioni sismiche verticali, *PING* n. 72, 1941, estratto da *La Ricerca Scientifica*, XII, n. 10

PERONACI F. (1941) Limite di sensibilità umana alle accelerazioni sismiche, *PING* n 85, 1943, estratto dal *Bollettino della Società Sismologica Italiana*, vol. XXXIX, n. 1-2

PERONACI F. (1950) Rilevamento dell'energia del vento ai fini della sua utilizzazione mediante aeromotori, *Annali di Geofisica*, vol. III, n. 2

PICCIONI O. (1940) Circuiti di numerazione utilizzanti valvole a gas, *PING* n. 41, 1940, estratto da *La Ricerca Scientifica*, XI, n.6

RANZI I. (1932) Causes of Ionization in the Upper Atmosphere, *Nature*, 130, 8 October 1932

RANZI I. (1933) Recording Wireless Echoes at the transmitting Station, *Nature*, 132, 29 July 1933

RANZI I. (1934) Phase Variations of Reflected Radio-Waves, and Possible Connection with the Earth's Magnetic Field in the Ionosphere, *Nature*, 133, 16 June 1934

RANZI I. (1937) Sugli agenti di ionizzazione dell'alta atmosfera, *Il Nuovo Cimento*, vol. 14, n. 4

RANZI I. (1937) Stato della ionosfera durante l'eclisse solare dell'8 Giugno 1937, *Il Nuovo Cimento*, vol. 14, n. 6

RANZI I. (1938) La stazione ionosferica dell'Istituto Nazionale di Geofisica, *PING* n. 4, 1938, estratto da *La Ricerca Scientifica*, IX, Vol II, n. 5-6

RANZI I. (1939) Radiogoniometro registratore per atmosferici, *PING* n. 21, 1939, estratto da *La Ricerca Scientifica*, X, n. 7-8

RANZI I. (1940) Il nuovo apparato ionosferico dell'Istituto nazionale di geofisica in Roma, *PING* n. 35, 1940, estratto da *La Ricerca Scientifica*, XI, n. 3

RIZZO G. B. (1930) I nuovi orizzonti della Geofisica, in *Atti della Società Italiana per il Progresso delle Scienze*, vol. XI, Tipografia Nazionale, Roma

RIZZO G. B. (1930) Le radiazioni penetranti, in *Atti della Società Italiana per il Progresso delle Scienze*, XVIII, vol. I, Tipografia Nazionale, Roma

ROSSI B. (1971) *I raggi cosmici*, Einaudi, Torino

SALVINI G. (2009) Giuseppe Cocconi, *Il Nuovo Saggiatore*, vol. 25, n. 1-2

SALVINI G. (2004) La vita di Oreste Piccioni e la sua attività scientifica in Italia, *Rendiconti Lincei*, serie IX, vol. XV

SANTANGELO M., SCROCCO E. (1940) Sui rapporti d'intensità delle componenti elettronica e mesotronica, *PING* n. 47, 1940, estratto da *La Ricerca Scientifica*, XI, n. 9

SEGRÈ E. (1995) *Autobiografia di un fisico*, Il Mulino, Bologna

SEGRÈ E. (1976) *Enrico Fermi fisico. Una biografia scientifica*, Zanichelli, Bologna

SEGRÈ E. (1970) *Enrico Fermi Physicist*, University of Chicago Press, Chicago

SILLENI S. (1949) Raccolta di dati ionosferici dedotti da prove dirette di collegamenti R.T. effettuati sulla rete dell'Esercito, *PING* n. 187, 1949, estratto da *Annali di Geofisica*, vol. II, n. 3

SIMILI R. PAOLONI G. (2001), Per una storia del Consiglio nazionale delle Ricerche, Laterza, Bari

SIMILI R., PAOLONI G. (2001) Guglielmo Marconi Presidente del CNR, *Ricerca e futuro*, Rivista trimestrale del CNR, n. 21, ottobre 2001

SOLARI L. (1940) *Marconi*, Mondadori, Milano

STARK J. (1914) Bemerkung zu einer Mitteilung des Herrn A. Lo Surdo, *Phys. Zeit.*, 15

STARK J. (1913) Observation of the Separation of Spectral Lines by an Electric Field, *Nature*, 92, 4 December 1913

TOMMASINI L. (2001) Le origini, in PAOLONI G., SIMILI R. *Per una storia del Consiglio Nazionale delle Ricerche*, vol. I, Laterza, Bari

VALLE P.E. (1945) Sulla costituzione del nucleo terrestre, *PING* n. 108

VENTO D. (2002) Ricordo del prof. Ezio Rosini, Parma 1914 – Roma 2002, *AIAM news*. Notiziario dell'Associazione italiana di Agrometeorologia, VI, n. 2, aprile 2002

VENTURINI L. (1991) L'Ufficio Invenzioni e Ricerche e la mobilitazione scientifica dell'Italia durante la Grande Guerra: fonti e documenti, *Ricerche Storiche*, XXI

VIOLINI G. (2006) La fisica e le leggi razziali in Italia, *Il Nuovo Saggiatore*, n. 1-2

WOOFENDEN T.A. (2006) *Hunters of the Steel Sharks*, Signal Light Books, Bowdoinham, Maine

ZANOTELLI G. (1941) La luce delle nubi in relazione alla loro costituzione, *PING* n. 71, 1941, estratto da *Rivista di Meteorologia*, vol. III, fasc. 1-2

Bibliografia

Indice dei nomi[1]

[1] Non sono state riportate le ricorrenze di Antonino Lo Surdo, dal momento che il loro numero è molto elevato.

Indice dei nomi

Indice degli argomenti

i blu - pagine di scienza

Il ronzio delle api
J. Tautz

Perché Nobel?
M. Abate (a cura di)

Alla ricerca della via più breve
P. Gritzmann, R. Brandenberg

Gli anni della Luna
1950-1972: l'epoca d'oro della corsa allo spazio
P. Magionami

Chiamalo X!
Ovvero: cosa fanno i matematici?
E. Cristiani

L'astro narrante
La luna nella scienza e nella letteratura italiana
P. Greco

Il fascino oscuro dell'inflazione
Alla scoperta della storia dell'Universo
P. Fré

Sai cosa mangi?
La scienza del cibo
R.W. Hartel, A. Hartel

Water trips
Itinerari acquatici ai tempi della crisi idrica
L. Monaco

Pianeti tra le note
Appunti di un astronomo divulgatore
A. Adamo

I lettori di ossa
C. Tuniz, R. Gillespie, C. Jones

Il cancro e la ricerca del senso perduto
P.M. Biava

Il gesuita che disegnò la Cina
La vita e le opere di Martino Martini
G. O. Longo

La fine dei cieli di cristrallo
L'astronomia al bivio del '600
R. Buonanno

La materia dei sogni
Sbirciatina su un mondo di cose soffici (lettore compreso)
R. Piazza

Et voilà i robot!
Etica ed estetica nell'era delle macchine
N. Bonifati

Quale energia per il futuro?
Tutela ambientale e risorse
A. Bonasera

Per una storia della geofisica italiana
La nascita dell'Istituto Nazionale di Geofisica (1936)
e la figura di Antonino Lo Surdo
F. Foresta Martin, G. Calcara

Di prossima pubblicazione

Quei temerari sulle macchine volanti
Piccola storia del volo e dei suoi avventurosi interpreti
P. Magionami

Odissea nello zeptospazio
G.F. Giudice

L'universo a dondolo
P. Greco

ISBN 978-88-470-1577-7

€ 23.00

Finito di stampare nel mese di aprile 2010